改訂増補版

自動車整備士の数学

SI単位を分かり易く解説

大須賀和美編著

seibunkan

精文館

凡　　　例

(1)　全体を章・節の2段階に分け，各節の中でも大見出し・小見出しをつけ，そこで扱ってある内容や意味がはっきり分かるようにしてあります。

(2)　受験の対策に必要な自動車工学の理論とSI（国際単位系）の概要及びSIで解く計算問題を，初学者でも十分理解することができるように心掛けてあります。

(3)　自動車工学上の基礎的な原理・法則のおさらい内容を，過去の出題傾向より分析して編集し，その学習内容を熟知して頂くために各節末には多数の例題を入れ，理解度を自己診断できるようにしてあります。

(4)　実例問題については，3級と2級を中心に，電装整備士等の試験問題中から計算を伴なうもの全てとし，最新に至る約10年分を解説してあります。

(5)　解説は，問題を解く上で必要な知識及び関連して知っておいた方が良い内容をまとめてあります。また，どこから手をつけたらよいかという考え方の順序，解法の着眼点などをできるだけ一般的に記述してあります。

(6)　計算は筆算によるため，計算が苦手な人でも理解できるように，その過程をできるだけ丁寧に解説してあります。

(7)　計算式中，基本単位（m，N，s）のみのものは多く単位を省略し，答えのみ書き示し，トルクのN・mや速度のm/sのような組立単位の場合は，答えの単位を明確にするため計算過程に挿入してあります。ただし，簡単には説明できない場合は省いてあります。

(8)　解説中の計算式は解答に至る一方法で，最も平易な考え方で示してありますので，別途正解に至るものであれば，自分の学力に合わせた計算方法で結構であります。また，実力が十分な受験生にとっては，やや解説が回りくどいかも知れませんが，ご了承下さい。

(9)　本書は解説に必要な図解を出来るだけ多く挿入することを心掛けてありますが，ページ数の関係もあり，すみずみまで完全な説明を加えられないのが実情です。

(10)　内容には万全を期していますが，万が一，本書に誤字等がありましたら編集部までご一報下さるよう，よろしくお願い致します。

●自動車整備士の数学　　　　目　次

第1章　単　　　位……………………………………………………………… 1

　① 量 と 単 位……………………………………………………………………… 1
　② 国際単位系（SI）の経緯………………………………………………………… 1
　③ いろいろなメートル法の単位系……………………………………………… 2
　④ SIの構成と接頭語……………………………………………………………… 2
　　1　SI基本単位………………………………………………………………… 3
　　2　SI補助単位………………………………………………………………… 3
　　3　SI組立単位………………………………………………………………… 3
　　4　固有の名称で表すSI組立単位………………………………………… 5
　　5　SIの使い方（単位記号の使い方）……………………………………… 5
　　6　接頭語の選び方…………………………………………………………… 6
　　7　接頭語を使う場合の注意事項………………………………………… 7
　⑤ 接頭語の単位に用いられる指数の性質…………………………………… 7
　　1　指　　　数………………………………………………………………… 7
　　2　指数の性質………………………………………………………………… 8
　⑥ SI以外の単位…………………………………………………………………… 9
　　1　SI単位と併用する単位…………………………………………………… 9
　　2　SI単位と併用してよい単位……………………………………………… 10
　⑦ SIでの「重量」と「質量」について………………………………………… 10
　　1　重 量 と は………………………………………………………………… 10
　　2　質 量 と は………………………………………………………………… 10
　⑧ SIと重力単位系の一番の違い……………………………………………… 11
　⑨ SIにおける「力」の定義……………………………………………………… 11
　⑩ SIのまとめ……………………………………………………………………… 12

目　　　次

第 2 章　基礎的な原理・法則 ································15

[1]　速　　　度·······································15
　　1　速度の単位の換算と換算率·······················15
　　2　平　均　速　度································16
　　3　平均ピストン速度·······························17
　　4　回転体の周速度·······························18
　　5　速度＆時間線図と走行距離·······················20
　　6　加　速　度································21
　　7　減　速　度································23
　　8　速度計が示す速度の誤差と誤差率·················25
[2]　仕事と仕事率·······························26
[3]　圧　　　力·······································29
　　1　固体の圧力································30
　　2　流体（液体及び気体）の圧力·······················30
　　3　パスカルの原理の応用例·······················31
[4]　ト　ル　ク·······································34
　　1　軸トルク································35
　　2　駆動トルク································35
　　3　偶　　　力································36
[5]　テ　　　コ·······································41
　　1　テコの原理································41
　　2　テコの仕事と力のつり合い関係·················41
[6]　ギヤ比（歯車比）と回転速度比の関係·················44
　　1　3つのギヤの場合のギヤ比·······················46
　　2　中間ギヤ（アイドル・ギヤ）が2段階の場合のギヤ比 ·····47
[7]　ギヤ比とトルク比の関係·······················49
[8]　減速比と変速比·······························52
[9]　終減速比と総減速比·······························55
[10]　ディファレンシャル（差動装置）の仕組み·················56
[11]　プーリ比（滑車比）と回転速度比の関係·················59

— 2 —

目　　次

第3章　自動車の諸元 ………………………………………………62

| 1 | 排　気　量 ………………………………………………62

| 2 | 総排気量 ………………………………………………63

| 3 | 圧　縮　比 ………………………………………………63

| 4 | 自動車の荷重 ………………………………………………64

　　1　車両荷重 ………………………………………………64

　　2　車両総荷重 ………………………………………………65

| 5 | 「テコの原理」による自動車の軸荷重計算の考え方 ……………66

| 6 | エンジン性能曲線図 ………………………………………73

　　1　エンジン性能曲線図の読み方 …………………………74

| 7 | 走行性能曲線図 ………………………………………………77

　　1　走行性能曲線図の読み方 ………………………………78

　　2　駆動力曲線と走行抵抗曲線の関係 ……………………80

第4章　電気の基礎 ………………………………………………85

| 1 | 電気の基本は, 電圧, 電流, 抵抗 …………………………85

| 2 | 電気の単位 ………………………………………………86

| 3 | オームの法則 ………………………………………………86

| 4 | オームの法則の覚え方 ……………………………………87

| 5 | 抵抗の接続 ………………………………………………89

　　1　直　列　接　続 …………………………………………89

　　2　電圧の加わり方と電圧降下 ……………………………90

　　3　並　列　接　続 …………………………………………93

| 6 | 電力と電力量 ………………………………………………98

　　1　電　　　力 ………………………………………………98

　　2　電　力　量 ………………………………………………99

第5章　試験問題実例 ………………………………………………103

— 3 —

第1章　単　　位

① 量と単位

　私たちは生活の中で，長さや時間や質量などいろいろな量を取り扱っている。これらの量の基準となるものを単位といい，その表示に用いる記号，たとえば，m(メートル)，h(アワー)，kg(キログラム) などのことを単位記号という。また，量の大きさを表す，つまり量を計ることは基準になるものとの比較を行うことであるから，次のようにその単位の何倍かで表す。

　　　　量＝倍数×単位

　長さの単位をmとすると，この単位の50倍であれば，50mという量で表すことができる。また，この量をある文字，たとえばLという文字で代表すると，L＝50mと表すことが出来る。この場合，Lのことを量記号という。

　単位のうち，長さm，質量kg，時間 s (秒)などのように，単位の基本となるものを基本単位といい，速度m/s，加速度m/s²，面積m²などのような基本単位を割り算や掛け算により組み合わせて作った単位を，組立単位という。そして，これらの基本単位とそれから作られた組立単位との群を単位系という。

② 国際単位系(SI)の経緯

　従来の計量単位には，メートル法やヤード・ポンド法などの単位系が用いられてきたが，国際交流の促進を図るため，世界各国のメートル法への統一を目的として，1875年 (明治8年) にメートル条約が結ばれて以来，わが国も含め国際的にメートル法による単位への統一が進められてきた。しかし，産業の発達と共に，いろいろな物質量の単位ができ，同じメートル法で作られても系統の違ういくつかの単位系に分かれてしまい，必ずしも一量一単位とならず，混乱が生じてしまった。

　そこで，メートル法を基に，一量一単位の原則に立ち，あらゆる分野，科

— 1 —

第1章 単　　位

学，工業，教育，そして日常生活において共通的に使用できる合理的な単位
系が，1960年（昭和35年）の第11回国際度量衡総会で採用され，国際単位系
(SI) として誕生した。

　SIとは，フランス語の「Système International d'Unités」のはじめの2つ
の頭文字をとったもので，計量単位に関する「国際単位系の略称」で，MKS
単位系から発展した単位系である。

　わが国では，1974年（昭和49年）に日本工業規格 (JIS) で「国際単位系 (SI)
及びその使い方」(JIS Z 8203) が制定公布され（1985年改正），今日では工
業の各分野を始め，自動車整備関係もSIへの切り換えが行われている。

③　いろいろなメートル法の単位系

　CGS単位系　　長さcm(センチメートル)，質量 g (グラム)，時間 s (秒)を
基本単位とし，物理学方面で多く使用されている。

　MKS単位系　　長さm(メートル)，質量kg(キログラム)，時間 s (秒)を基
本単位とし，SIの発展の基になる。

　重力単位系（工学単位系）　　　長さm(メートル)，力kgf(キログラムエフ)，
時間 s (秒)を基本単位とし，私たちが親しんできた工学方面で多く使用され
ている。本来，kgfは「重量キログラム」というのが正式の名称であるが，工
学方面では，「キログラムエフ」又は「キログラムフォース」と呼ばれてきた
ので，本書ではkgfを「キログラムエフ」と書かせてもらった。

　MKSA単位系　　MKS単位系に電流のアンペア (A) を加えた単位系のこと。

　CGS静電単位系　　CGS単位系に，クーロンの法則による電気量を加えた
単位系のこと。

④　SIの構成と接頭語

　SIの内容は，次のように構成されている。

　　　　　　　　　　　┌ 7個の基本単位
　　　　　　┌ SI単位 ┤ 2個の補助単位
　　SI ┤　　　　　　　└ 多数の組立単位(固有の名称をもつもの19個を含む)
　　　　　└ 接頭語　（SI単位の10の整数乗倍）

— 2 —

第1章　単　　位

1　SI基本単位

便宜上，次元的に独立であると見なすことにした単位で，SIの基礎として明確に定義され，**表1−1**に示す7個の単位をいう。後述する他のすべてのSI単位は，この基本単位と補助単位との組み合わせた単位で誘導される。

表1−1　SI基本単位

量	単位の名称	単位記号
長　　さ	メートル	m
質　　量	キログラム	kg
時　　間	秒	s
電　　流	アンペア	A
熱力学温度	ケルビン	K
物 質 量	モ　ル	mol
光　　度	カンデラ	cd

2　SI補助単位

純粋に幾何学的な単位，すなわち次元をもたない組立量として位置づけられ，**表1−2**に示す2個の単位で組立単位を作るとき，基本単位と同様に使用される。

表1−2　SI補助単位

量	単位の名称	単位記号
平 面 角	ラジアン	rad
立 体 角	ステラジアン	sr

3　SI組立単位

基本単位及び補助単位を用いて乗法（掛け算），除法（割り算）の数学記号を使って表される単位で，**表1−3**に自動車整備関連単位を抜粋して示す。

表1−3　SI組立単位（自動車整備関連単位抜粋）

量	単位の名称	単位記号	定　義（計算式）
面積	平方メートル	m^2	1 m^2とは，辺の長さが1mの正方形の面積をいう。【1 m^2＝1m×1m】
体積	立方メートル	m^3	1 m^3とは，稜の長さが1mの立方体の体積をいう。【1 m^3＝1m×1m×1m】
速さ（速度）	メートル毎秒	m/s又は$m \cdot s^{-1}$	1 m/sとは，1秒につき1mの速さをいう。【1 m/s＝1m×1 s^{-1}＝1 $m \cdot s^{-1}$】
加速度	メートル毎秒毎秒	m/s^2又は$m \cdot s^{-2}$	1 m/s^2とは，1秒につき1 m/sの加速度の大きさをいう。【1 m/s^2＝1 $m \cdot s^{-1}$×1 s^{-1}＝1 $m \cdot s^{-2}$】

— 3 —

第1章　単　　位

表 1 − 4　固有の名称をもつSI組立単位（自動車整備関連単位抜粋）

量	固有の名称をもつSI組立単位		他のSI単位による表現	SI基本単位による表現	定義（計算式）
	単位の名称	単位記号			
周波数	ヘルツ	Hz		s^{-1} 又は 1/s	1Hzとは，周期現象が1秒間に1回繰り返される周波数をいう。【$1 \times s^{-1}=1s^{-1}$】
力	ニュートン	N		$kg \cdot m \cdot s^{-2}$ 又は $kg \cdot m/s^2$	1Nとは，1kgの質量の物体に働くとき，加速度の大きさが1m/s²の加速度を与える力の大きさをいう。【$1N=1kg \times 1m/s^2$ $=1kg \cdot m \cdot s^{-2}$】
圧力，応力	パスカル	Pa	N/m²	$kg \cdot m^{-1} \cdot s^{-2}$ 又は $kg/(m \cdot s^2)$	1Paとは，1m²につき1Nの圧力をいう。【$1Pa=1N \times 1m^{-2}=1kg \cdot m \cdot s^{-2} \times 1m^{-2}=1kg \cdot m^{-1} \cdot s^{-2}$】
エネルギー仕事，熱量	ジュール	J	N・m	$kg \cdot m^2 \cdot s^{-2}$ 又は $kg \cdot m^2/s^2$	1Jとは，1Nの力がその方向に物体を1m動かすときにする仕事をいう。【$1J=1N \times 1m=1kg \cdot m \cdot s^{-2} \times 1m=1kg \cdot m^2 \cdot s^{-2}$】
仕事率，工率，動力，電力	ワット	W	J/s	$kg \cdot m^2 \cdot s^{-3}$ 又は $kg \cdot m^2/s^3$	1Wとは，1秒につき1Jの工率をいう。【$1W=1J/s=1kg \cdot m^2 \cdot s^{-2} \times 1s^{-1}=1kg \cdot m^2 \cdot s^{-3}$】
電荷，電気量	クーロン	C		A・s	1Cとは，1Aの電流によって1秒間に運ばれる電気量をいう。【$1C=1A \times 1s=1A \cdot s$】
電位，電圧	ボルト	V	W/A	$kg \cdot m^2 \cdot s^{-3} \cdot A^{-1}$ 又は $kg \cdot m^2/(s^3 \cdot A)$	1Vとは，1Aの電流が流れる導体の2点間において消費される電力が1Wであるときに，その2点間の電圧をいう。【$1V=1W/A=1kg \cdot m^2 \cdot s^{-3} \times 1A^{-1}=1kg \cdot m^2 \cdot s^{-3} \cdot A^{-1}$】
静電容量	ファラド	F	C/V	$kg^{-1} \cdot m^{-2} \cdot s^4 \cdot A^2$ 又は $s^4 \cdot A^2/(kg \cdot m^2)$	1Fとは，1Cの電気量を充電したときに1Vの電圧を生じる2導体間の静電容量をいう。【$1F=1C/V=1A \cdot s \times 1kg^{-1} \cdot m^{-2} \cdot s^3 \cdot A^1=1kg^{-1} \cdot m^{-2} \cdot s^4 \cdot A^2$】
電気抵抗	オーム	Ω	V/A	$kg \cdot m^2 \cdot s^{-3} \cdot A^{-2}$ 又は $kg \cdot m^2/(s^3 \cdot A^2)$	1Ωとは，1Aの電流が流れる導体の2点間の電圧が1Vであるときに，その2点間の電気抵抗をいう。【$1Ω=1V/A=1kg \cdot m^2 \cdot s^{-3} \cdot A^{-1} \times 1A^{-1}=1kg \cdot m^2 \cdot s^{-3} \cdot A^{-2}$】
セルシウス温度	セルシウス度又は度	℃		K（ケルビン）	1℃とは，1気圧のとき水と氷が共存する温度を0℃とし，同じく，沸騰して出る水蒸気と水が共存する温度を100℃として，この間の1/100をいう。【$0℃=273.15K$，$100℃=373.15K$】

— 4 —

第1章　単　　位

4　固有の名称で表すSI組立単位

いくつかの組立単位には，より簡単に組立単位を表すために，**表1－4**に示すように固有の名称と記号が与えられている。また，**表1－5**に示すように，この固有の名称をもつ組立単位と基本単位を用いて，その他の組立単位を表すことができる。

表1－5　固有の名称を用いて表すSI組立単位の例（自動車整備関連単位抜粋）

量	固有の名称を用いたSI組立単位		SI基本単位による表現	定義（計算式）
	名　称	記号		
力のモーメント	ニュートン・メートル	N・m	$kg \cdot m^2 \cdot s^{-2}$ 又は $kg \cdot m^2/s^2$	1N・mとは，ある定点から1m離れた点に，その定点に向かって直角方向に1Nの力を加えたときのその定点の周りのモーメントをいう。【1N・m＝1kg・m・s^{-2}×1m＝1kg・m^2・s^{-2}】
比　熱	ジュール毎キログラム毎ケルビン	J/(kg・K)	$m^2 \cdot s^{-2} \cdot K^{-1}$ 又は $m^2/(s^2 \cdot K)$	1J/(kg・K)とは，1kgの質量の物質の温度を1K(1℃)上昇させるのに要する熱量が1Jであるときの比熱をいう。【1J/(kg・K)＝1kg・m^2・s^{-2}×1kg^{-1}・K^{-1}＝1m^2・s^{-2}・K^{-1}】
熱伝導率	ワット毎メートル毎ケルビン	W/(m・K)	$kg \cdot m \cdot s^{-3} \cdot K^{-1}$ 又は $kg \cdot m/(s^3 \cdot K)$	1W/(m・K)とは，断面に垂直な方向の長さ1mにつき，1Kの温度こう配がある1m^2の断面を通過して，1秒につき1Jの熱量が伝導されるときの熱伝導率をいう。【1W/(m・K)＝1kg・m^2・s^{-3}×1m^{-1}・K^{-1}＝1kg・m・s^{-3}・K^{-1}】

5　SIの使い方（単位記号の使い方）

(1)　書　　体

活字使用の場合：直立体（ローマン体）文字とし，数字との間に約½字の間隔をあける。

　　（例）　1 m, 1 s, 1 cd

手書きの場合：活字使用の場合に準ずるが，筆記体を用いてもよい。

— 5 —

第1章　単　　位

なお，単位記号は，単位の名称が固有名詞から導かれている場合には，第1番目の文字だけを大文字とし，その他のものはすべて小文字とする。

　　　（例）　A　アンペア　　　　　Pa　パスカル

(2)　**単位の積**

組立単位が2つ以上の単位の積で構成される場合には，次の例による。

　　　（例）　N・m（Nmでもよい）

なお，接頭語の記号と同一の単位記号m（ミリとメートル）を用いる場合には，混同を避けるために特別の注意を払わなければならない。

トルクの単位ニュートン・メートルは，ミリ・ニュートンと誤解されないために，m・Nと書くのではなく，N・mと書く。

(3)　**単位の商**

組立単位が1つの単位を他の単位で除して構成される場合には，次のいずれかの方法で書く。

　　　（例）　m/s, m・s^{-1}, $\dfrac{m}{s}$

ただし，括弧を付けることなしに斜線を同一の行に2つ以上重ねないようにする。また，複雑な場合には，負の整数乗倍又は括弧を用いる。

　　　（例）　m/s/s　→　m/s^2　又は　m・s^{-2}

　　　　　　 J/kg・K →　J/(kg・K)

6　接頭語の選び方

表1－6に示すように，SI単位に付してキロ(k)，ミリ(m)など10の整数乗

表1－6　接　頭　語

単位に乗ぜられる倍数	接頭語の名称	接頭語の記号	単位に乗ぜられる倍数	接頭語の名称	接頭語の記号
10^{24}	ヨ　タ	Y	10^{-24}	ヨクト	y
10^{21}	ゼ　タ	Z	10^{-21}	ゼプト	z
10^{18}	エクサ	E	10^{-18}	ア　ト	a
10^{15}	ペ　タ	P	10^{-15}	フェムト	f
10^{12}	テ　ラ	T	10^{-12}	ピ　コ	p
10^9	ギ　ガ	G	10^{-9}	ナ　ノ	n
10^6	メ　ガ	M	10^{-6}	マイクロ	μ
10^3	キ　ロ	k	10^{-3}	ミ　リ	m
10^2	ヘクト	h	10^{-2}	センチ	c
10^1	デ　カ	da	10^{-1}	デ　シ	d

— 6 —

第1章　単　　位

倍(10^3, 10^{-3}など)を表すもので構成される。一般的に, 数の値が0.1から1000の間に入るように適正な接頭語を選んで表している。

(例)　$0.05m \rightarrow 5 \times 10^{-2}m = 5\underset{(センチ)}{cm}$

　　　$12000N \rightarrow 12 \times 10^3N = 12\underset{(キロ)}{kN}$

　　　$0.00314m \rightarrow 3.14 \times 10^{-3}m = 3.14\underset{(ミリ)}{mm}$

　　　$8000000Pa \rightarrow 8 \times 10^6Pa = 8\underset{(メガ)}{MPa}$

7　接頭語を使う場合の注意事項

(1)　接頭語の意味

接頭語の記号は, すぐ後につけた単位記号と一体になったものとして扱う。

　　$1cm^3 = (10^{-2}m)^3 = 10^{-6}m^3$　　　$1\mu s^{-1} = (10^{-6}s)^{-1} = 10^6s^{-1}$　　　など

(2)　接頭語の合成

接頭語は, 2つ以上重ねて付けることは出来ない。たとえば, $\mu\mu F$と書くのは誤りで, $\mu\mu F \rightarrow pF$と書かなければならない。

なお, 基本単位の質量kgは, 接頭語の"キロ"を含んでいるので, 質量の単位の10の整数乗倍は"グラム"に接頭語を付けて構成する。μkgと書くのではなく, mgと書く。

(3)　組立単位への適用

接頭語の付いた単位を2つ以上集めて組立単位を作る場合, 複数の接頭語になるので, これを1つにまとめ, 接頭語は1つだけ用い, 原則として分子の方に付けるようにする。kN/mmはMN/mとし, MN・mmはkN・mとする。

ただし, 実用上必要な場合に限り, 分母に, または分子と分母の両方に接頭語の付いた単位を用いることができる。なお, 特例として, kgが分母にある場合には, kgの"k"は接頭語の数には含まない。kJ/kgの場合がそうである。

5　接頭語の単位に用いられる指数の性質

1　指　　数

10をいくつか掛け合わせるときは, たとえば, $10 \times 10 \times 10 = 10^3$というように, 10の右肩に掛け合わせた個数を小さな文字で書いて表す。

— 7 —

第1章　単　　位

一般に，$a \neq 0$ のとき，$a \times a = a^2$（a の2乗，a の平方）

$\qquad\qquad\qquad a \times a \times a = a^3$（$a$ の3乗，a の立方）

$$\underbrace{a \times a \times a \cdots\cdots \times a}_{n 個} = a^n（a の n 乗）で，$$

この場合，n を a^n の指数という。例えば，10^3 の指数は3である。

2　指数の性質

(1)　$10^2 \times 10^3 = (10 \times 10) \times (10 \times 10 \times 10) = 10^5$ であるから，

$\qquad 10^2 \times 10^3 = 10^{2+3} = 10^5$ となる。

(2)　$(10^2)^3 = 10^2 \times 10^2 \times 10^2 = 10^{2+2+2} = 10^6$ であるから，

$\qquad (10^2)^3 = 10^{2 \times 3} = 10^6$ となる。

(1)，(2)より，一般に指数 m，n を正の整数とするとき，次の指数法則が成り立つ。

☆指数法則　　　I．$a^m \times a^n = a^{m+n}$

$\qquad\qquad\qquad$ II．$(a^m)^n = a^{m \times n} = a^{mn}$

(3)　$10^6 \times 10^{-3}$ のように，指数の一方が負の場合でも指数法則 I により求められる。

$\qquad 10^6 \times 10^{-3} = 10^{6+(-3)} = 10^3$ となる。

(4)　一方，$10^6 \times \dfrac{1}{10^3} = \dfrac{10^6}{10^3} = \dfrac{10 \times 10 \times 10 \times 10 \times 10 \times 10}{10 \times 10 \times 10} = 10^3$ であるから，

$\qquad$ (3)の式の 10^{-3} は，$10^{-3} = \dfrac{1}{10^3}$ でなければならない。

従って，10^{-n} は，$10^{-n} = \dfrac{1}{10^n}$ で表すことができる。

以上のことから，0.001 は $\dfrac{1}{1000} = \dfrac{1}{10^3} = 10^{-3}$ と書き直すことができるので，小数点の場合は次のように表すことができる。

$$\underbrace{0.00\cdots\cdots 01}_{0 の数が n 個} = \frac{1}{10^n} = 10^{-n}$$

(5)　指数法則を適用すると，割り算は次のようになる。

$$a^m \div a^n = a^m \times \frac{1}{a^n} = a^m \times a^{-n} = a^{m-n}$$

すなわち，$a^m \div a^n = \dfrac{a^m}{a^n} = a^{m-n}$　となる。

第1章　単　　位

(6)　指数法則を利用した接頭語の計算例

　(例)次の単位を正しい接頭語を付けた単位で表しなさい。

　①　MN・mm

　　　M(メガ)＝10^6，m(ミリ)＝10^{-3}であるから，この接頭語の指数計算
　　をすると，$10^6 \times 10^{-3} = 10^{6+(-3)} = 10^3$となり，正しい接頭語はk(キロ)と
　　なる。

　　　従って，MN・mmを正しく表すとkN・mとなる。

　②　kN/mm

　　　k(キロ)＝10^3，m(ミリ)＝10^{-3}であるから，この接頭語の指数計算は，

　　$10^3 \div 10^{-3} = \dfrac{10^3}{10^{-3}} = 10^{3-(-3)} = 10^6$となり，正しい接頭語はM(メガ)となる。

　　　従って，kN/mmを正しく表すとMN/mとなる。

⑥　SI以外の単位

　国際度量衡委員会は，SIと併用する単位と併用してよい単位を，次のよう
にあげている。

1　SI単位と併用する単位

　SI以外の単位であるが，従来から広く使用されていて，しかも重要な役割
を果しているものであることから，SIとの併用を将来とも認められている単
位で**表1－7**に示す8個の単位をいう。

表1－7　**SI単位と併用する単位**

量	単位の名称	単位記号	定　　　　義
時　　間	分	min	1 min＝60s
	時	h	1 h＝60min
	日	d	1 d＝24h
平 面 角	度	°	1°＝$(\pi/180)$rad
	分	′	1′＝(1/60)°
	秒	″	1″＝(1/60)′
体　　積	リットル	L	1 L＝1dm³＝10^{-3}m³
質　　量	トン	t	1 t＝10^3kg

— 9 —

第1章　単　　位

2　SI単位と併用してよい単位

SI以外の単位であり，しかもSIと併用する単位ほどには一般的ではないが，特殊な分野での有用さから，その特殊な分野に限りSI単位と併用してもよい単位で，**表1－8**に自動車整備関連単位を抜粋して示す。

表1－8　SI単位と併用してよい単位（自動車整備関連単位抜粋）

量	単位の名称	単位記号	定　　義
回転速さ 回 転 数	回 転 分	r/min min⁻¹ rpm	1r/min 1min⁻¹ 1rpm ⎫⎬⎭ $=\dfrac{1}{60}$ s⁻¹
レベル差など	デシベル	dB	

7　SIでの「重量」と「質量」について

1　重量とは

地球上のすべての物体は，つねに地球の中心へ向かって引っ張られている力（引力）を受けている（ニュートンの万有引力の法則）。この引力を重力といい，重力の単位にはN（ニュートン）を用いる。

また，物体に働く重力の大きさを物体の「重量」または「重さ」という。

すなわち，重量とは，物体に地球重力が作用して引っ張っている力で，「力」と同じ性質をもつ1つの物理量を表す。従って，ある物体の重量は，その物体の質量と地球重力の加速度との積で表される（ニュートンの運動方程式より）。

2　質量とは

物体が本質的にもっている量（物体を作っている原子や分子の数）で，重力を生じさせる原因となるものを，その物体の質量という。物体の質量は，国際キログラム原器の質量を1kgとし，このキログラム原器と比較して質量を決め，単位にはkgを用いる。

また，質量は本質的な量なので，地球上でも月面上でも不変である。しかし，地球の引力に対し月の引力は1／6しかないので，同じ質量の物体でも地球上と月面上ではその物体に働く引力の大きさが異なるので，重量も異なる。

以上のことから，「重量」は物体に働く重力の大きさで，重力を基準にして大きさを決め，場所によって値が変わる。これに対し，「質量」は物質の量を

— 10 —

第1章　単　　位

表し物質固有のもので，物体がどこにあっても値が変わらないことになる。

　☆**重力加速度**について

　地上の物体に地球が及ぼす引力を重力という。この重力によって物体は同じ場所では質量によらず一定の加速度で落下する。この落下のとき物体に生じる加速度を重力加速度(g)という。

　gの値は地表の場所によって少し異なるが，地球の標準重力加速度は$g＝9.80665m/s^2$(ドイツのポツダムで測定した値)で，数値計算では近似値として，$g＝9.8m/s^2$を使う。

表 I - 9　主な各地のgの値

地　　　　名	緯　　　度	高さ(m)	$g(m/s^2)$
パリ（フランス）	北緯48度49.8分	65.9	9.80925
ワシントン（アメリカ）	北緯38度53.6分	0.2	9.80104
京都（日本）	北緯35度 1.6分	59.9	9.79707
メキシコシティ（メキシコ）	北緯19度20.0分	2268.5	9.77926
ケープタウン（南アフリカ）	南緯33度57.1分	38.4	9.79632
昭和基地	南緯69度 0.3分	14	9.82525

⑧　SIと重力単位系の一番の違い

　重力単位系の基本単位は，長さ(m)，時間(s)，力(kgf)で，SIの基本単位は，長さ(m)，時間(s)，質量(kg)である。

　双方を比較すると，長さ(m)と時間(s)は共通で，違いは力(kgf)と質量(kg)になる。従って，SIと重力単位系の根本的な違いは「力と質量の位置づけの違い」になる。

⑨　SIにおける「力」の定義

　SIにおける「力」は運動の法則から導かれ，ニュートンの運動方程式より，力＝質量×加速度　によって定義されており，質量1kgの物体に$1m/s^2$の加速度を生じさせるような力がSIにおける力の単位と定め，場所に関係なく定まる。これを力の「絶対単位」という。

— 11 —

第1章　単　　位

　従って，力＝質量×加速度＝1kg×1m/s²＝1kg·m/s²となり，このkg·m/s²という組立単位にN（ニュートン）という固有の名称が与えられ，1N＝1kg·m/s²と定められた。

　これに対し，重力単位系の「力」の表し方は，質量1kgの物体に働く重力を単位として，1kgfで表す。この1kgfをSIで表すと，「1kgfの力」は「1kgの質量に，地球の重力加速度g＝9.8m/s²（近似値）が作用したときに生じる力」であるから，先ほどのニュートンの運動方程式にあてはめてみると，次のようになる。

　　　　力＝質量×加速度　より，

　　　1kgf＝1kg×9.8m/s²＝9.8kg·m/s²となり，

　ここで，1N＝1kg×1m/s²＝1kg·m/s²であるから，

　　　1kgf＝9.8kg·m/s²＝9.8Nとなる。

　この1kgf＝9.8Nが重力単位系における力の単位kgfとSIにおける力の単位Nとの間の換算率になる。

　従って，重力単位で力の意味で用いる荷重100kgfを，SI単位の力Nに換算すると，100kgf＝100×1kgf＝100×9.8N＝980Nとなる。逆に，SI単位の力980Nを重力単位の力に換算するには，1kgf＝9.8Nにより，$1N＝\dfrac{1kgf}{9.8}$となるので，$980N＝980×1N＝980×\dfrac{1kgf}{9.8}＝100kgf$となる。

🔟　SIのまとめ

(1)　SIとは，計量単位を国際的に統一するために作られた単位系であり，国際単位系の略称である。

　　この単位系は，まったく新しい単位系ではなく，MKS単位系を発展させたものである。

(2)　「質量」と「重量」のあいまいさをなくす必要から，国際度量衡総会で次の内容が決定された。

　①　キログラム（kg）は質量の単位であって，それは国際キログラム原器の量に等しい。

　②　「重量」という言葉は，「力」と同じ性質をもつ1つの物理量を表し，ある物体の重量は，その物体の質量と地球重力の加速度との積に等しい。特にある物体の標準重量は，その物体の質量と標準重力との積である。

— 12 —

第1章　単　　位

③　度量衡の国際的使用のために採用された地球重力の標準の値は，
9.80665m/s²を採用する。

　　こうして，国際的に，そして公的に「質量」と「重量」とは区別さ
れ，重量は「力」と同じ性質の物理量と約束された。

(3)　SIという単位系の中には，質量kgという単位記号はあっても，重量kgf
という単位記号は存在しない。逆にkgfは重力単位系の中にあって，質量
kgという単位記号は存在しない。

(4)　SIでは，「重量や荷重」は力の意味で，単位記号はN（ニュートン）を
用いる。

　　従来，「力」を表す単位のキログラムフォース(kgf)を使用すべきとこ^{*)}
ろを，「質量」を表すキログラム(kg)で代用していた。

(5)　力は，力＝質量×加速度　で表され，1Nは，質量1kgの物体に1m/s²
の加速度を与える力のことで，1N＝1kg×1m/s²＝1kg・m/s²で表される。

(6)　重力単位系の1kgfの力は，SIで表示すると1kgf＝9.8Nとなり，重力
単位系における力(kgf)とSIにおける力(N)との間の換算率になる。また，
重力単位系とSIとをつなぐ橋とでもいうべき数式になるので，しっかり
覚えておく必要がある。

(7)　自動車整備関係で比較的よく使われる接頭語は以下のとおり。

　　　　　M（メガ）──→10⁶　　　μ（マイクロ）──→10⁻⁶

　　　　　K（キロ）──→10³　　　m（ミ　　リ）──→10⁻³

　　　　　da（デカ）──→10¹　　　c（セ ン チ）──→10⁻²

(8)　自動車整備関係で比較的よく使われる固有の名称をもつSI組立単位を
表1－10に示す。

表1－10　SI組立単位

量	単位の名称	単位記号	定　　義
力	ニュートン	N	$1N=1kg \cdot m/s^2$
圧力，応力	パスカル	Pa	$1Pa=1N/m^2$
仕事，熱量	ジュール	J	$1J=1N \cdot m$
仕事率，電力	ワ　ッ　ト	W	$1W=1J/s$
電　圧	ボ　ル　ト	V	$1V=1W/A$
電気抵抗	オ　ー　ム	Ω	$1Ω=1V/A$

───────────────
*　正式には重量キログラムという名称である。

─ 13 ─

第1章 単　　位

(9) SI化に伴って単位が変更となる主なもの（自動車整備関係抜粋）

　　力(kgf)——→N

　　駆動力，走行抵抗(kgf)——→N

　　トルク，モーメント(kgf・m)——→N・m

　　仕事量(kgf・m)——→J

　　仕事率，出力(PS)——→W又はkW

　　燃料消費率(g/PS・h)——→g/kW・h

　　圧力(kgf/cm²)——→PaやkPa又はMPa

　　回転数(rpm)——→回転速度min^{-1}又はr/min

第2章　基礎的な原理・法則

1　速　　度

　速度とは，物体が移動したとき，単位時間当たりの移動距離を表したものである。すなわち，走行距離L (m)を所要時間 t (s)で割り算したものが速度Vであり，次の式で表される。

$$速度 = \frac{走行距離}{所要時間}$$

$$V = \frac{L\,(m)}{t\,(s)}$$

　この場合，走行距離の単位がmで，所要時間の単位が s (秒)で表しているので，速度の組立単位は，秒速m/s（メートル毎秒）になる。

　自動車では，一般に1時間h（アワー）にどれだけの距離kmを走れるかを表した時速km/h（キロメートル毎時）を単位として用いることが多い。

1　速度の単位の換算と換算率

　時速と秒速の間の換算は，次のようにして行う。

　時速1km/hを秒速に換算すると1kmは1m×1000＝1000mであり，1hは1min×60で，1minは60sなので，1h＝1min×60＝60s×60＝3600sとなり，1km/h＝$\frac{1km}{1h}$＝$\frac{1000m}{3600s}$＝$\frac{1}{3.6}$m/sとなる。

　従って，1km/h＝$\frac{1}{3.6}$m/sは，時速を秒速に換算するときに使われ，時速の値に$\frac{1}{3.6}$m/sを掛ければ秒速に換算することができる。時速36km/hを秒速にすると，36km/h＝36×1km/h＝36×$\frac{1}{3.6}$m/s＝10m/sとなる。

　反対に，秒速を時速に換算するには，先程の1km/h＝$\frac{1}{3.6}$m/sの式の両辺に3.6を掛けると，1 m/s＝3.6km/hとなるので，秒速の値に3.6km/hを掛ければ時速に換算することができる。秒速20m/sを時速に換算すると，20m/s＝20×1m/s＝20×3.6km/h＝72km/hとなる。

　以上のことから，

― 15 ―

第2章　基礎的な原理・法則

> 時速を秒速に換算する換算率は，1km/h＝$\frac{1}{3.6}$m/sを使う。
>
> 秒速を時速に換算する換算率は，1m/s＝3.6km/hを使う。

この換算率は，暗記しておくと大変便利である。

なお，1m/s＝3.6km/hは，成人が普通に歩くときの速さに相当する。

▌ 例題 2－1 ▌

ある自動車が150mの区間を通過するのに10秒かかりました。この自動車の時速は何km/hですか。

〔解　答〕

$V(\text{m/s})＝\dfrac{L(\text{m})}{t(\text{s})}＝\dfrac{150\text{m}}{10\text{s}}＝15\text{m/s}$となり，1m/s＝3.6km/hなので，秒速15m/sは，

$$15\text{m/s}＝15×1\text{m/s}＝15×3.6\text{km/h}＝\underline{54\text{km/h}}$$

▌ 例題 2－2 ▌

時速72km/hで走行している自動車が，10秒間に進む距離は何mですか。

〔解　答〕

1km/h＝$\frac{1}{3.6}$m/sなので，時速72km/hは，72km/h＝72×1km/h＝72×$\frac{1}{3.6}$m/s＝20m/sとなる。従って，1秒間に20mを走行していることになるので，10秒間に進む距離は，その10倍の200mとなる。式より求めると次のようになる。

$V(\text{m/s})＝\dfrac{L(\text{m})}{t(\text{s})}$より，$L(\text{m})＝V(\text{m/s})×t(\text{s})$に変形し，

$$＝20\text{m/s}×10\text{s}$$
$$＝\underline{200\text{m}}$$

2　平均速度

人が歩く場合でも，乗り物が走る場合でも，速度は絶えず変化しているのが普通であるが，このような変化を無視して，全体を通じて物体が移動した距離を，全体を通じての所要時間で割って求めた速度を，平均速度という。

— 16 —

例題 2 − 3

自動車で15kmの坂道を往復したところ、上りに45分、下りに15分を要しました。次の各々の問に答えなさい。

問 1 上りの速度は、何km/hですか。
問 2 下りの速度は、何km/hですか。
問 3 上り下りを通じた平均速度は、何km/hですか。

〔解　答〕

問 1 時速で求めるので、所要時間45分を時間（h）の単位に換算すると、$1\text{min}=\frac{1\text{h}}{60}$なので、$45\text{min}=45\times 1\text{min}=45\times\frac{1\text{h}}{60}=\frac{3\text{h}}{4}$となる。従って、

$$V(\text{km/h})=\frac{L(\text{km})}{t(\text{h})}=\frac{15\text{km}}{\frac{3\text{h}}{4}}=15\text{km}\times\frac{4}{3\text{h}}=\underline{20}\text{km/h}$$

問 2 問1と同様に、時間は$15\text{min}=15\times 1\text{min}=15\times\frac{1\text{h}}{60}=\frac{1\text{h}}{4}$となる。従って、

$$V(\text{km/h})=\frac{L(\text{km})}{t(\text{h})}=\frac{15\text{km}}{\frac{1\text{h}}{4}}=15\text{km}\times\frac{4}{1\text{h}}=\underline{60}\text{km/h}$$

問 3 全体を通じての走行距離は、15kmを往復したので15km×2＝30km、その時の所要時間は45min＋15min＝60min、すなわち1h。従って、

$$V(\text{km/h})=\frac{L(\text{km})}{t(\text{h})}=\frac{30\text{km}}{1\text{h}}=\underline{30}\text{km/h}$$

3　平均ピストン速度

図2−1において、ピストンはクランクシャフトの1回転によって上死点、下死点間を1往復（2L）するが、ピストン速度は上死点及び下死点でゼロとなり、ストロークの中間付近で最大となる。つまり、ピストン速度はピストン位置によって刻々変化するので、ピストンが1往復したときの平均速度で表すことにしている。

これを平均ピストン速度といい、ク

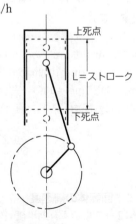

図 2 − 1

ランクシャフト1回転当たりのピストン移動距離$2L$(m)に，クランクシャフト（エンジン）の回転速度N(min^{-1})を掛けて求められる。すなわち，$2L$(m)$\times N$(min^{-1})となる。

ここで，回転速度を表すのに用いられているミニット(min)インバース1($^{-1}$)は，逆数を示す記号であるから，min^{-1}は次のように表すことができる。min$^{-1}=\dfrac{1}{\text{min}}$となる。ゆえに，$2L(m)\times N$(min^{-1})は$2L(m)\times\dfrac{N}{\text{min}}$となり，この式の単位は分速を表すm/minとなる。

しかし，平均ピストン速度の単位は一般に秒速m/sで表すので，毎分回転速度(min^{-1})で表しているNを毎秒回転速度$\left(\text{s}^{-1}=\dfrac{1}{\text{s}}\right)$にする必要がある。従って，1min＝60sであるから，1min$^{-1}=\dfrac{1}{1\text{min}}=\dfrac{1}{60\text{s}}$となり，$N$(min^{-1})は次のように書き換えることができる。

$$N(\text{min}^{-1})=N\times1(\text{min}^{-1})=N\times\frac{1}{60(\text{s})}=\frac{N}{60(\text{s})}$$

以上のことから，平均ピストン速度V(m/s)は，次の式で表される。

$$V(\text{m/s})=\frac{2L(\text{m})\times N}{60(\text{s})}=\frac{L(\text{m})\times N}{30(\text{s})}$$

▌ 例題 2 − 4 ▌

ピストンのストローク100mmのエンジンが，回転速度3000min^{-1}で回転しているときの平均ピストン速度は何m/sですか。

〔解　答〕

ストロークの単位がmmとなっているから，mの単位に換算する。1cm＝10mmで，1m＝100cmであるから，1m＝100$\times$1cm＝100$\times$10mm＝1000mmとなる。従って，1m＝1000mmの換算率より，1mm＝$\dfrac{1\text{m}}{1000}$となり，ストローク100mm＝100$\times$1mm＝100$\times\dfrac{1\text{m}}{1000}$＝0.1mとなる。

ゆえに，平均ピストン速度V(m/s)は，公式より次のようになる。

$$V(\text{m/s})=\frac{2L(\text{m})\times N}{60(\text{s})}=\frac{L(\text{m})\times N}{30(\text{s})}=\frac{0.1\text{m}\times\overset{100}{\cancel{3000}}}{\underset{1}{\cancel{30}}\text{s}}=\underline{10}\text{m/s}$$

4　回転体の周速度

図2−2に示す有効半径r(m)のタイヤの回転速度N(min^{-1})から，車速を求める場合について考えてみる。

— 18 —

図に示すように、タイヤが1回転して進む距離は、タイヤの円周＝$2\pi r$(m)で、N(min^{-1})回転している場合の車速Vは、N倍した$2\pi r$(m)×N(min^{-1})となる。すなわち、V＝$2\pi r$(m)×N(min^{-1})であり、この式の単位は分速m/minを表す。

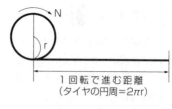

図2－2

しかし、自動車の車速を表したり求めたりする場合、秒速m/sや時速km/hで表すことが多いので、次に先程の分速の式を秒速及び時速に換算する方法を紹介する。

(1) 分速を秒速に換算

分速m/minを秒速m/sに換算するには、毎分回転速度(min^{-1})で表しているNを、毎秒回転速度(s$^{-1}=\frac{1}{s}$)にすればよい。1 min＝60sであるから、1min$^{-1}=\frac{1}{1\text{min}}=\frac{1}{60\text{s}}$となり、N(min^{-1})は次のように書き換えることができる。

$$N(\text{min}^{-1}) = N \times 1(\text{min}^{-1}) = N \times \frac{1}{60(\text{s})} = \frac{N}{60(\text{s})}$$

以上のことから、分速を秒速に換算すると、

$$V = 2\pi r(\text{m}) \times N(\text{min}^{-1}) = 2\pi r(\text{m}) \times \frac{N}{60(\text{s})} = \frac{2\pi r \times N}{60}(\text{m/s})$$

(2) 分速を時速に換算

分速m/minを時速km/hに換算するには、Nを毎時回転速度(h$^{-1}=\frac{1}{h}$)にし、さらにmをkmにすればよい。従って、1min＝$\frac{1h}{60}$であるから、1min$^{-1}=\frac{1}{1\text{min}}=\frac{1}{1h/60}=\frac{60}{1h}$となり、N(min^{-1})は次のように書き換えることができる。

$$N(\text{min}^{-1}) = N \times 1(\text{min}^{-1}) = N \times \frac{60}{1(\text{h})} = \frac{60N}{1(\text{h})}$$

また、1m＝$\frac{1\text{km}}{1000}$であるから、$2\pi r$(m)は、

$$2\pi r \times 1(\text{m}) = 2\pi r \times \frac{1(\text{km})}{1000} = \frac{2\pi r(\text{km})}{1000}$$

以上のことから、分速を時速に換算すると、

$$V = 2\pi r(\text{m}) \times N(\text{min}^{-1}) = \frac{2\pi r(\text{km})}{1000} \times \frac{60N}{1(\text{h})} = \frac{2\pi r \times 60N}{1000}(\text{km/h})$$

例題2-5

有効半径0.3mのタイヤが500min^{-1}の速さで回転しているとき，その自動車の速度は何km/hですか。ただし，円周率は3.14，タイヤのスリップはないものとして計算しなさい。また，答えは小数点第1位を四捨五入しなさい。

〔解　答〕

順序立てて解いてみると，次のようになる。

タイヤが1回転して進む距離は，タイヤの円周であるから，$2\pi r = 2 \times 3.14 \times 0.3m= 1.884$m。

自動車が1分間に進む距離は，$2\pi rN = 1.884$m$\times 500$min$^{-1} = 942$m/minとなる。942m/minは分速なので，これを時速に換算すると，1m$=\frac{1\text{km}}{1000}$であり，1min$=\frac{1\text{h}}{60}$であるから，

$$942\text{m/min} = 942 \times 1\text{m} \times \frac{1}{1\text{min}} = 942 \times \frac{1\text{km}}{1000} \times \frac{60}{1\text{h}}$$

$$= \frac{942 \times 60}{1000} \text{km/h}$$

$$= 56.52\text{km/h} \longrightarrow \underline{57\text{km/h}}$$

（小数点第1位四捨五入）

5　速度＆時間線図と走行距離

速度V(m/s)を縦軸に，時間t(s)を横軸にとって，速度と時間の関係を表したグラフを速度＆時間線図といい，**図2-3**のように書き表す。

速度＝走行距離÷時間　より，走行距離＝速度×時間　となるから，例えば秒速20m/s一定で10秒間に走行した距離は，20m/s×10s＝200mとなる。

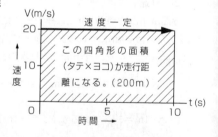

図2-3

これは**図2-3**に示した長方形の面積（タテ×ヨコ）に相当する値である。従って，走行距離は速度＆時間線図の面積の値に等しいことになる。

6 加速度

図2−4のように直線上を走っている自動車の速度が，時間 t (s)の間に初速度V_1(m/s) から終速度V_2(m/s) になったとき，単位時間当たり（1秒間当たり）の速度の変化量が加速度であり，加速度を一定とすれば加速度の大きさ a は，次の式で表される。

$$加速度 = \frac{速度の変化量}{変化に要した時間} = \frac{終速度 - 初速度}{変化に要した時間}$$

$$a = \frac{V_2(\text{m/s}) - V_1(\text{m/s})}{t(\text{s})}$$

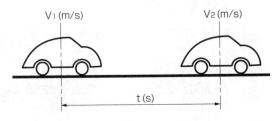

図2−4

加速度の単位は，上記の式から，(m/s)÷(s)＝(m/s²)となり，これを「メートル毎秒毎秒」と読む。

また，時間 t (s)間に移動する距離 L (m)は，平均速度の t (s)倍であるから，次の式で表される。

$$走行距離 = 平均速度 \times 時間 = \left(\frac{初速度 + 終速度}{2}\right) \times 時間$$

$$L(\text{m}) = \left(\frac{V_1(\text{m/s}) + V_2(\text{m/s})}{2}\right) \times t(\text{s})$$

例題2−6

自動車の速度を，36km/hから72km/hまで加速するのに10秒間を要した場合について，次の各問に答えなさい。ただし，加速度は一定として計算しなさい。

問1 加速度は，何m/s²ですか。

問2 10秒間に走行した距離は，何mですか。

〔解　答〕

問1　最初に，速度の単位を時速から秒速に換算しておく。$1\text{km/h}=\dfrac{1000\text{m}}{3600\text{s}}=\dfrac{1}{3.6}\text{m/s}$なので，

$$初速度 V_1 = 36\text{km/h} = 36\times 1\text{km/h} = 36\times\dfrac{1}{3.6}\text{m/s} = 10\text{m/s}$$

同様にして，

$$終速度 V_2 = 72\text{km/h} = 72\times 1\text{km/h} = 72\times\dfrac{1}{3.6}\text{m/s} = 20\text{m/s}$$

従って，加速度 $=\dfrac{終速度-初速度}{変化に要した時間}$

$$a(\text{m/s}^2) = \dfrac{V_2(\text{m/s})-V_1(\text{m/s})}{t(\text{s})} = \dfrac{20(\text{m/s})-10(\text{m/s})}{10\text{s}} = \underline{1}\text{m/s}^2$$

問2　走行距離＝平均速度×時間

$$L(\text{m}) = \left(\dfrac{V_1(\text{m/s})+V_2(\text{m/s})}{2}\right)\times t(\text{s}) = \left(\dfrac{10(\text{m/s})+20(\text{m/s})}{2}\right)\times 10\text{s} = \underline{150}\text{m}$$

参考までに，この例題の状態を速度＆時間線図で表すと，**図2－5**のようになる。

図2－5のグラフは，時速36km/hから72km/hに加速したとき，すなわち秒速10m/sから20m/sに加速したときのグラフで，①の三角形の面積と②の四角形の面積の和が全走行距離となる。

①の三角形の面積＝底辺×高さ×$\dfrac{1}{2}$

より，　走行距離 $= 10\text{s}\times 10\text{m/s}\times\dfrac{1}{2}$

$\qquad\qquad\quad = 50\text{m}$

②の四角形の面積＝タテ×ヨコ　より，

　　　走行距離 $= 10\text{m/s}\times 10\text{s}$

$\qquad\qquad\quad = 100\text{m}$

全走行距離＝①＋②＝50m＋100m

$\qquad\qquad\; = 150\text{m}$

また，初速度10m/s（36km/h）から，

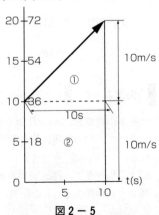

図2－5

10秒後の終速度20m/s (72km/h) にかけて描かれている右上がりの直線はこう配になり、この直線のこう配の値は次のようになる。

$$こう配 = \frac{高さ}{底辺} = \frac{10\text{m/s}}{10\text{s}} = 1\text{m/s}^2$$

すなわち、グラフ上の速度を表す直線のこう配の値が加速度の値を表していることになる。このことから、速度が一定の場合はこう配がないので、加速度はゼロとなる。

7 減 速 度

ある自動車が、制動初速度72km/hからブレーキを踏んで、5秒後に停止した場合の加速度を求めてみると、$1\text{km/h} = \frac{1}{3.6}\text{m/s}$なので、

$$初速度V_1 = 72\text{km/h} = 72 \times 1\text{km/h} = 72 \times \frac{1}{3.6}\text{m/s} = 20\text{m/s}$$

終速度は停止のため、$V_2 = 0\text{m/s}$となる。従って、

$$加速度 = \frac{終速度 - 初速度}{変化に要した時間} = \frac{0\text{m/s} - 20\text{m/s}}{5\text{s}} = \frac{-20\text{m/s}}{5\text{s}} = -4\text{m/s}^2$$

この計算で分かるように、減速の場合は加速の場合と反対で、終速度は初速度より小さくなるので、加速度の値は負（マイナス）となる。

また、加速度がマイナスの値になるということは、加速度の方向が自動車の進行方向に対して反対の方向を向いているということになる。この状態を図2－6に示す速度&時間線図でみると、速度を表す直線のこう配がマイナス、すなわち右下がりになることを意味する。

ここで、減速の場合によく「減速度」という言葉を使うが、減速の場合、先ほど求めたように加速度がマイナスの値になることから、いちいちマイナスの符号をつける代わりに、用語の方を減速度として、プラスの値になるように速度の変化量を表す「終速度V_2－初速度V_1」を「初速度V_1－終速度V_2」に置き換えて計算したものである。

従って、減速度を一定とすれば減速度の大きさ$d (\text{m/s}^2)$は次の式で表される。

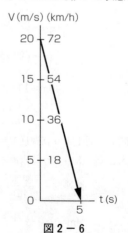

図2－6

第2章　基礎的な原理・法則

$$減速度＝\frac{初速度－終速度}{変化に要した時間}$$

$$d\,(m/s^2)＝\frac{V_1\,(m/s)－V_2\,(m/s)}{t\,(s)}$$

なお，加速度と減速度とは，絶対値は同じで符号が反対となり，「$-4m/s^2$の加速度」と「$4m/s^2$の減速度」は同じ意味を表す。

例題2－7

制動初速度72km/hから一定減速度でブレーキをかけて，制動距離40mで停止しました。次の各問に答えなさい。

問1　ブレーキの効き始めから停止までに要した時間は，何秒ですか。

問2　減速度は，何m/s²ですか。

〔解　答〕

問1　初速度V_1＝72km/hを秒速m/sに換算すると，1km/h＝$\frac{1}{3.6}$m/sなので，72km/h＝72×1km/h＝72×$\frac{1}{3.6}$m/s＝20m/sとなり，終速度は停止のため，V_2＝0m/sとなる。

従って，停止までに要した時間を$t\,(s)$とし，初速度V_1＝20m/s，終速度V_2＝0m/sと距離L＝40mを次の式に代入して求める。

走行距離＝平均速度×時間

$$L\,(m)＝\left(\frac{V_1\,(m/s)＋V_2\,(m/s)}{2}\right)×t\,(s)$$

$$40m＝\left(\frac{20\,(m/s)＋0\,(m/s)}{2}\right)×t\,(s)$$

$$40m＝10m/s×t\,(s)$$

$$t\,(s)＝\frac{40m}{10m/s}＝\underline{4}s$$

問2　問1より初速度V_1＝20m/s，終速度V_2＝0m/sなので，減速度の式に代入して，次のように求める。

$$減速度＝\frac{初速度－終速度}{変化に要した時間}$$

$$d\,(m/s^2)＝\frac{V_1\,(m/s)－V_2\,(m/s)}{t\,(s)}$$

— 24 —

第2章　基礎的な原理・法則

$$=\frac{20\mathrm{m/s}-0\mathrm{m/s}}{4\mathrm{s}}=\underline{5}\mathrm{m/s^2}$$

8　速度計が示す速度の誤差と誤差率

　前項までに求めた自動車の速度は測定した時間内における平均の速度であり，これに対し，速度計（スピードメータ）はそのときの瞬間の速度を表し，運転者はこの速度計によって車の走っている速度を確認している。

　従って，もし速度計が大幅に狂っていると危険を生じるおそれがあるので，速度計が正しいかどうかを検査する装置がスピードメータ・テスタである。一般に，このような検査では，速度計が示す値を測定値とし，スピードメータ・テスタが示す値，すなわち自動車の実際の速度を真の値としている。そして，測定値と真の値の差を誤差といい，次のように表す。

　　　　誤差＝測定値－真の値

　また，誤差と真の値との比を誤差率といい，一般に百分率(%)または小数で表す。

　誤差率を式で示すと，次のように表される。

$$誤差率＝\frac{誤差}{真の値}＝\frac{測定値－真の値}{真の値}$$

　この式から，メータの誤差率は，真の値（自動車の実際の速度）より測定値（速度計が示す速度）が大きい場合はプラス，逆の場合はマイナスになる。

■ 例題2－8 ■

　ある自動車が，スピードメータの指針を40km/hに合わせて一定速度で走行しているとき，100m区間の所要時間を計測したところ，10秒で通過しました。次の各問に答えなさい。答えは小数点以下を切り捨てて記入しなさい。

　問1　一定速度で走行しているときの実際の速度は，何km/hですか。

　問2　スピードメータの誤差は，何%ですか。

〔解　答〕

　問1　実際の速度，すなわち真の値は100mを10秒で通過したのだから，100m÷10s＝10m/sとなる。これを時速km/hに換算すると，1m/s＝3.6km/hだから，10m/s＝10×1m/s＝10×3.6km/h＝\underline{36}km/h。

　問2　スピードメータの誤差は，メータ指示速度が40km/hで，真の速度が問1より36km/hであるから，40km/h－36km/h＝4km/hとなり，メータのほ

— 25 —

第2章　基礎的な原理・法則

うが4km/hぶん速く表示していることになる。

従って，真の速度36km/hに対する誤差％は，次のようになる。

$$メータの誤差(\%) = \frac{誤差}{真の速度} \times 100$$

$$= \frac{4km/h}{36km/h} \times 100 = 11.1\cdots \longrightarrow \underline{11}\%$$

（設問により，小数点以下切り捨て）

▌▌ 例題 2 − 9 ▌▌

ある自動車のスピードメータの指示速度を55km/hに合わせて定速走行しているとき，メータの誤差率が10％であったとすると，このときの真の速度は何km/hですか。

〔解　答〕

真の速度をV_t(km/h) とし，測定値（メータ指示速度）55km/hと誤差率10％，すなわち0.10を，次の式に代入して求める。

$$誤差率 = \frac{測定値 - 真の速度}{真の速度}$$

$$0.10 = \frac{55km/h - V_t}{V_t} = \frac{55km/h}{V_t} - \frac{\frac{1}{V_t}}{\frac{V_t}{1}}$$

$$0.10 = \frac{55km/h}{V_t} - 1$$

$$1.10 = \frac{55km/h}{V_t}$$

$$V_t = \frac{55km/h}{1.10} = \underline{50}km/h$$

② 仕事と仕事率

人が重い荷物を押してある距離を動かしたときや，チェーンブロックで物を引っ張り上げたとき，この人は仕事をしたことになり，強い力で押したり引っ張ったりするほど，また長い距離を動かすほど大きな仕事をしたと感じる。

図2−7のように，物体に一定の力の大きさＦ(Ｎ)を加えて，その力の向きに距離Ｌ(ｍ)だけ動かしたとき，加えた力の大きさＦと，力の向きに動い

— 26 —

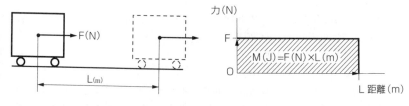

図 2-7

た距離Lとの積を,その力がした仕事と定義する。従って,この場合の仕事量Mは,次のように表すことができる。

　　仕事量＝一定の力の大きさ×動いた距離
　　$M = F(N) \times L(m)$

仕事量の単位はジュール(J)という固有名の単位記号が用いられ,1Jは,1Nの力で,物体を力の向きに1m動かしたときの仕事量を表す。すなわち,$1J = 1N \times 1m = 1N \cdot m$のことである。

また,単位時間当たりにされる仕事量を仕事率といい,仕事の能率を表す。仕事率は,工率・動力などともいわれ,M(J)の仕事量をするのに時間がt(s)かかったとすると,そのときの仕事率Pは次のように表される。

$$\text{仕事率} = \frac{\text{仕事量}}{\text{時間}} = \frac{\text{力} \times \text{距離}}{\text{時間}}$$

$$P = \frac{M(J)}{t(s)} = \frac{F(N) \times L(m)}{t(s)}$$

仕事率の単位はワット(W)という固有名の単位記号を用い,1Wは1秒間当たり1Jの仕事量を表す。すなわち,$1W = 1J \div 1s = 1J/s$のことである。

なお,1000Wを1キロワット(kW)という。1000W＝1kW。

☆参考　仕事率のもう一つ別の表し方

仕事率の基本は,仕事量を時間で割り算したものであるが,もう少し噛み砕いてみると次のようになる。

$$\text{仕事率}P(W) = \frac{\text{仕事量}M(J)}{\text{時間}t(s)} = \frac{\text{力}F(N) \times \text{距離}L(m)}{\text{時間}t(s)}$$

この式の中で,$\frac{\text{距離}L(m)}{\text{時間}t(s)}$の部分は速度V(m/s)を表すので,さらに次のように表すことができる。

$$\text{仕事率}P(W) = \frac{\text{仕事量}M(J)}{\text{時間}t(s)} = \frac{\text{力}F(N) \times \text{距離}L(m)}{\text{時間}t(s)} = \text{力}F(N) \times \text{速度}V(m/s)$$

第2章　基礎的な原理・法則

となり，仕事率P（W）は，力F（N）と速度V（m/s）の積になることが分かる。

　ゆえに仕事率のもう一つの表し方は，

　　　仕事率＝力×速度

　　　P（W）＝F（N）×V（m/s）

　このことから，自動車が急な坂道を上るとき，トランスミッションのギヤ
をなぜ切り換えて（シフトダウンして），タイヤの回転速度を遅くするのか考
えてみると，エンジンの出力（仕事率）Pには上限があるので，公式P＝F
×Vにおいて，Pが一定のとき，自動車の推進力Fを大きくするためには，速
度Vを遅くしなければならないのである。

▌▌ **例題2－10** ▌▌

　荷重12000Nの自動車を2柱リフトで2mの高さまで10秒間で持ち上げた場
合，リフトのモータがした仕事率は何kWですか。ただし，動力損失はなく，
モータの出力（仕事率）が全て自動車を持ち上げるのに使われたとします。

〔解　答〕

　モータがした仕事率Pは，仕事率＝$\dfrac{仕事量}{時間}$＝$\dfrac{力×距離}{時間}$

$$P（W）=\frac{F（N）×L（m）}{t（s）}$$

$$=\frac{12000N×2m}{10s}=2400W$$

1000W＝1kWであるから，1W＝$\dfrac{1kW}{1000}$となり，2400Wは，

$$2400×1W=2400×\frac{1kW}{1000}=\underline{2.4kW}$$

　また，別の求め方として，12000N＝12kNとして式に代入して求めると，

$$P=\frac{F×L}{t}=\frac{12kN×2m}{10s}=\frac{24kN・m}{10s}=\frac{24kJ}{10s}=\underline{2.4kW}$$

　このように，最初に12000Nにkの接頭語を用いて12kNに直して求めた方
が，計算過程で「0」が少なくなると共に，最後にkWに換算する必要もなく
なり，計算間違いが少なくなる。

▌▌ **例題2－11** ▌▌

　ある自動車が駆動力3000Nを発揮しながら，一定速度36km/hで走行してい

— 28 —

第2章　基礎的な原理・法則

るとき，自動車の出力（仕事率）は何kWですか。

〔解　答〕

　仕事率である出力P(W)は力F(N)×速度V(m/s)で求められるので，この自動車が1秒間にどれだけの仕事(N・m/s)をするかを求め，これをkWに換算すればよい。

　従って，速度36km/hを秒速(m/s)に換算すると，1km＝1000m，1h＝3600sより，$36km/h＝36×1km/h＝36×\dfrac{1000m}{3600s}＝10m/s$となる。

　駆動力3000Nを発揮しながら，10m/sの速度で走行したときの出力は，

$$P(W)＝F(N)×V(m/s)$$
$$＝3000N×10m/s$$
$$＝30000W$$

$1W＝\dfrac{1kW}{1000}$なので，$30000W＝30000×1W＝30000×\dfrac{1kW}{1000}＝\underline{30}kW$

③ 圧　　力

　力がある面全体に加わるとき，面の単位面積当たりに垂直に加わる力の大きさを圧力という。いま，面積S (m²)の面にF (N)の力が加わったとすると，その面の圧力Pは，次の式で表される。

$$圧力＝\dfrac{面を押す力}{力を受ける面積}$$

$$P＝\dfrac{F(N)}{S(m²)}$$

　圧力の単位はパスカル(Pa)という固有名の単位記号が用いられ，1Paは，1Nの力を1m²の面積で受けとめている圧力を表す。

　すなわち，1Pa＝1N÷1m²＝1N/m²のことである。

　また，パスカルの単位として気象関係では，1Paの100倍のヘクトパスカル(hPa)を用い，自動車関係では，1Paの1000倍のキロパスカル(kPa)や，100万倍のメガパスカル(MPa)を用いることが多い。

　　　1hPa＝100Pa＝100N/m²

　　　1kPa＝1000Pa＝1000N/m²

　　　1MPa＝1000000Pa＝1000000N/m²

1 固体の圧力

図2-8のように，荷重W＝12000N，a面＝4m²，b面＝2m²の面積をもつ物体を，それぞれ異なる面積の部分で接地すると，単位面積当たりの力の分担が違ってくる。すなわち，固体の場合は底面だけに圧力が加わるので，荷重12000Nが接地面aに及ぼす圧力P_1は，

$$\frac{W(N)}{a(m^2)} = \frac{12000N}{4m^2} = 3000N/m^2 = 3kPa$$

となり，これに対し接地面bの圧力P_2は，

$$\frac{W(N)}{b(m^2)} = \frac{12000N}{2m^2} = 6000N/m^2 = 6kPa$$

従って，固体の場合，同じ力を受けても受けている面積により圧力が異なる。

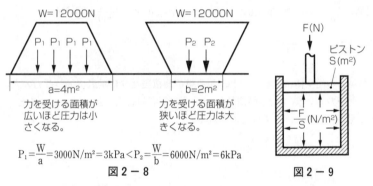

図2-8　　　　図2-9

2 流体（液体及び気体）の圧力

図2-9のように，密閉された液体の入った容器の断面積S(m²)のピストンにF(N)の力を加えた場合，容器内の液体には$\frac{F}{S}$(N/m²)の圧力が加わり，この圧力は液体の接する面，すなわち，容器内のすべての面に加わることになる。

このように，密閉された一部に圧力を加えると，液体のすべての点でそれと同じだけの圧力が増加する。これを「パスカルの原理」と呼び，自動車では，曲がりくねった管の中でも圧力を伝えることができるので，油圧式ブレーキやパワー・ステアリングにこの原理が応用されている。

3 パスカルの原理の応用例

図2−10に示す油圧式ブレーキについて，断面積$S_1(m^2)$のマスタ・シリンダのピストンに押す力$F_1(N)$を加えると，$\frac{F_1}{S_1}(N/m^2)$の圧力がマスタ・シリンダ内に発生し，その圧力がホイール・シリンダに伝えられる。すなわち，パスカルの原理により，液体のすべての点でそれと同じだけの圧力が増加することから，マスタ・シリンダ内の圧力＝ホイール・シリンダ内の圧力となる。従って，ホイール・シリンダのピストンを押す力を$F_2(N)$とし，ホイール・シリンダのピストンの断面積を$S_2(m^2)$とすれば，次の関係式が成り立つ。

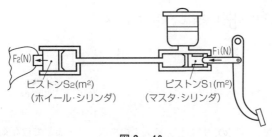

図2−10

$\frac{F_1(N)}{S_1(m^2)} = \frac{F_2(N)}{S_2(m^2)}$　この式を変形すると，

$\frac{F_2(N)}{F_1(N)} = \frac{S_2(m^2)}{S_1(m^2)}$となる。

この式から，マスタ・シリンダとホイール・シリンダのピストンに作用する力は，互いの面積に比例することが分かる。油圧式ブレーキでは，この面積比$\frac{S_2}{S_1}$を大きくして，わずかな踏力で大きなブレーキ力が得られるようにしてある。

例題2−12

図2−10の油圧式ブレーキにおいて，マスタ・シリンダの内径が24mm，ホイール・シリンダの内径が48mmの場合，マスタ・シリンダのピストンを300Nの力で押すと，ホイール・シリンダのピストンには何Nの力が発生しますか。

〔解　答〕

マスタ・シリンダの内径をD_1，ホイール・シリンダの内径をD_2として，そ

第2章　基礎的な原理・法則

れぞれの面積を求めると次のようになる。

マスタ・シリンダの面積$S_1 = \pi r^2 = \pi \times \left(\dfrac{D_1}{2}\right)^2 = \dfrac{\pi}{4} D_1{}^2$ ……………①

ホイール・シリンダの面積$S_2 = \pi r^2 = \pi \times \left(\dfrac{D_2}{2}\right)^2 = \dfrac{\pi}{4} D_2{}^2$ …………②

①と②の式からともに共通の$\dfrac{\pi}{4}$を消すと，$D_1{}^2$と$D_2{}^2$が残ることから，断面積S_1とS_2の比は，内径の自乗の比に等しいことになる。

従って，$\dfrac{F_1}{S_1} = \dfrac{F_2}{S_2}$の式は，$\dfrac{F_1}{D_1{}^2} = \dfrac{F_2}{D_2{}^2}$の式に書き換えることが出来る。ゆえに，この式を$F_2 = F_1 \times \dfrac{D_2{}^2}{D_1{}^2}$に変形し，設問を求める。

ホイール・シリンダのピストンを押す力$F_2 = F_1 \times \dfrac{D_2{}^2}{D_1{}^2}$

$$= 300\text{N} \times \left(\frac{48\text{mm}}{24\text{mm}}\right)^2$$

$$= \underline{1200\text{N}}$$

注意として，今回の設問は圧力そのものを求めているのではなく，圧力を介して力を求めている。このような場合は，圧力の比，すなわち，面積の比が分かれば力を求めることが出来るので，面積の単位mm²をそのまま計算過程に使用する。

以上のことから，別解として面積の比から求めると，

$$\frac{S_2}{S_1} = \frac{D_2{}^2}{D_1{}^2} = \left(\frac{48\text{mm}}{24\text{mm}}\right)^2 = 4$$

各シリンダに作用する力は，互いの面積の比に等しいことから$\dfrac{F_2}{F_1} = \dfrac{S_2}{S_1}$となり，これよりホイール・シリンダのピストンに作用する力は，$F_2 = F_1 \times \dfrac{S_2}{S_1} =$ $300\text{N} \times 4 = 1200\text{N}$と求めることが出来る。すなわち，面積比が4倍になると，力も面積比に比例して4倍となる。

例題 2－13

図2－10の油圧式ブレーキにおいて，マスタ・シリンダのピストン断面積S_1を4cm²，ピストンに加えた力F_1を120Nとすると，マスタ・シリンダの液圧は何kPaですか。

〔解　答〕

圧力＝力÷面積　の式において，Paの単位の場合，力はN，面積はm²であ

— 32 —

るから，マスタ・シリンダのピストンの断面積4cm²をm²に換算する必要がある。従って，1m＝100cmであるから，$1cm=\dfrac{1m}{100}$となり，$1cm^2=\dfrac{1m}{100}\times\dfrac{1m}{100}=\dfrac{1m^2}{10000}$となる。

　ゆえに，$4cm^2=4\times1cm^2=4\times\dfrac{1m^2}{10000}=\dfrac{4m^2}{10000}$となる。

　以上のことから，

$$圧力=\frac{力}{面積}=\frac{120N}{\dfrac{4m^2}{10000}}=\overset{30}{\cancel{120}}N\times\frac{10000}{\underset{1}{\cancel{4}}m^2}=300000N/m^2$$

$$=300000Pa$$

$$=\underline{300}kPa$$

　この計算過程で分かるように，cm²をm²に換算すると，ゼロが多くなってしまい，計算間違いしやすい。

　そこで，もっとすっきり計算出来る方法を次に紹介する。

　Paの単位にするには，先程に述べたように面積の単位cm²をm²に換算する必要があるので，あらかじめ1N/cm²をN/m²に換算し，Paに直しておくと次のようになる。

　$1cm=\dfrac{1m}{100}$であるから，

$$1N/cm^2=\frac{1N}{\left(\dfrac{1m}{100}\right)^2}=\frac{1N}{\dfrac{1m^2}{10000}}=1N\times\frac{10000}{1m^2}=10000N/m^2$$

従って，10000N/m²＝10000Pa＝10kPaとなる。

　すなわち，1N/cm²＝10kPaとなるので，これを憶えておいて計算過程に使うと，ゼロがいっぱい出ず桁数が多くならないので，計算間違いが少なくなる。

　以上のことから，この1N/cm²＝10kPaを使って設問を求め直すと，次のようになる。

$$圧力=\frac{力}{面積}=\frac{120N}{4cm^2}=30N/cm^2$$

1N/cm²＝10kPaなので，30N/cm²＝30×1N/cm²＝30×10kPa＝300kPaとなる。

　ゆえに，この方法で求めた方がゼロが少なく計算過程もスッキリする。ただし，1N/cm²＝10kPaを忘れてはならない。

— 33 —

☆参考

従来単位の圧力1kgf/cm²は、1cm²当たりに1kgfの力が加わっている状態であるから、これをSI単位のPa(N/m²)と同じように1m²当たりにすると、

$$1kgf/cm^2 = \frac{1kgf}{\left(\frac{1m}{100}\right)^2} = 1kgf \times \frac{10000}{1m^2} = 10000kgf/m^2$$

となり、力も10000倍となる。しかし、1kgf/cm²と10000kgf/m²は単位が違うだけで圧力は同じであることを意味する。すなわち、1kgf/cm²=10000kgf/m²となる。

また、換算率1kgf=9.8Nであるから、10000kgf=10000×1kgf=10000×9.8N=98000N=98kNとなる。

従って、10000kgf/m²=98kN/m²=98kPaとなり、1kgf/cm²=10000kgf/m²=98kPa、すなわち1kgf/cm²=98kPaとなる。

以上のことから、1kgf/cm²=98kPaが従来単位からSI単位に換算するときに使う換算率になる。

例えば、従来単位で表示されているタイヤの空気圧2kgf/cm²はSI単位で表すと、1kgf/cm²=98kPaであるから、2kgf/cm²=2×1kgf/cm²=2×98kPa=196kPaとなる。

逆に、SI単位で表示されている196kPaを従来単位に直すには、1kgf/cm²=98kPaより、$1kPa=\frac{1}{98}kgf/cm^2$となり、$196kPa=196\times 1kPa=196\times\frac{1}{98}kgf/cm^2=2kgf/cm^2$となる。

4 トルク

トルクとは、回転軸を回そうとする能力の大きさ、すなわち回転力のことで、図2-11のように、スパナでナットの中心O点からr(m)の位置にF(N)を作用させ、締め付けて得られる回転力を表す場合などに用いられる。この場合、ナットの中心O点でのトルクTは、スパナに加えた力F(N)と、O点から力の作用線までの距離r(m)との積で表される。

従って、トルク=力×距離 すなわち、T=F(N)×r(m)となり、SIによる

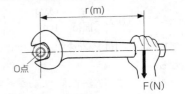

図2-11

計算では，力はN，長さはmであるから，トルクの単位はN・mとなる。

また，自動車関係では，エンジンのクランクシャフトの回転力を表す軸トルクや，タイヤを回転させる力を表す駆動トルクなどのように，自動車の性能を表す場合に，トルクという言葉を用いている。

1 軸トルク

エンジンのシリンダ内で混合ガスが燃焼すると，図2－12のようにピストンに燃焼ガス圧力が作用し，その力はコンロッドを介してクランクシャフトを回転させる。この場合，クランク・アームに対し直角方向の力F(N)と，クランク・アームの長さr(m)を掛けた力が軸トルクT(N・m)として，クランクシャフトを回転させる働きとなる。

従って，燃焼圧力が高いほどクランク・アームの直角方向の力Fも大きくなり，また，同じ燃焼圧力ならば，クランク・アームが長いほど，すなわちロング・ストロークのエンジンほど軸トルクは大きくなる。

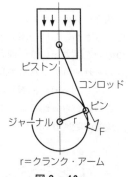

r＝クランク・アーム

図2－12

2 駆動トルク

エンジンで発生した軸トルクは，トランスミッション，ファイナル・ギヤを経由してドライブ・シャフト（FR車ではリヤ・アクスル・シャフト）に伝えられ，最終的には図2－13のようにクルマを前進させるための駆動力F(N)になる。

このとき，タイヤを回す力，すなわち，ドライブ・シャフトの回転力が駆動トルクT(N・m)になる。また駆動力と駆動トルクの関係は，次の式で表される。

図2－13

$$F(N) = \frac{T(N・m)}{r(m)}$$

F：駆動力(N)
T：ドライブ・シャフト又はリヤ・アクスル・シャフトの駆動トルク(N・m)
r：タイヤの有効半径(m)

この式からクルマを力強く前進させるには，ドライブ・シャフト等の駆動トルクを大きくするか，または同じ駆動トルクならば，タイヤの有効半径を小さくして駆動力を大きくする。この例が，駆動トルクが小さい軽自動車であり，ただ単にボディが小さいからということではなく，小さいタイヤを付けることによって，駆動力を確保している。

3 偶 力

図2－14のように，ステアリング・ホイールを両手で回すと，向きが反対で大きさが等しい一組の平行な力が働く。このように，一対になっている2つの力を偶力という。偶力が作用するときのトルクは，次式のようにO点周りのそれぞれのトルクの和になる。

$$T(N \cdot m) = F(N) \times r(m) + F(N) \times r(m) = F(N) \times d(m)$$

この式から分かるように，偶力が働く場合のトルクは，偶力$F(N)$とその作用線間の距離$d(m)$によって決まる。

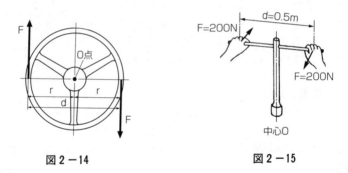

図2－14　　　　　　　**図2－15**

従って，**図2－15**のように，T型スライド・ハンドルでボルトを締め付ける場合，ハンドルの回転中心Oの位置を**図2－16**(1)～(3)のようにそれぞれ異なる位置にとっても，左右に加える力が等しければ，①～③に示す計算例の通り，同じトルクが得られる。

① $T = F \times r_1 + F \times r_2$
　　$= (200N \times 0.25m) + (200N \times 0.25m)$
　　$= 50N \cdot m + 50N \cdot m$
　　$= 100N \cdot m$

② $T = F \times r_1 + F \times r_2$

— 36 —

$= (200N \times 0.1m) + (200N \times 0.4m)$
$= 20N \cdot m + 80N \cdot m$
$= 100N \cdot m$

③ $T = F \times r_1 + F \times r_2$
$= (200N \times 0m) + (200N \times 0.5m)$
$= 0N \cdot m + 100N \cdot m$
$= 100N \cdot m$

また，**図2-16**(3)のように片側に全部寄せて計算した場合，左の力は0mの位置で力を加えているので，回転力は0N・mとなる。これは丁度，片手スパナでナットを締め付ける場合と同じで，左の力はレンチに加える力に対して，レンチが傾いたり，ナットからレンチがはずれないように支えているだけの力となる。

しかし，この力はレンチに加える力と同じ力で対抗しているので，偶力の一方の力が作用していることになる。従って，片手スパナでナットを締め付けている場合でも，実は偶力が作用していることになる。つまり，トルクの本当の姿は，大きさが等しく方向が反対の2つの力が，ある距離をへだてて作用している状態ということになる。

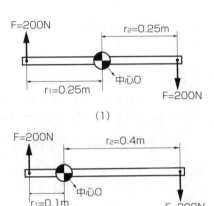

図2-16

例題2-14

図に示すようにトルク・レンチにアダプタを取り付け，矢印の部分に200Nの力をかけてナットを締め付けた場合について，次の各問

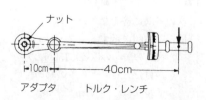

— 37 —

に答えなさい。

問1 トルク・レンチの読みは，何N・mですか。

問2 ナットを締め付けるトルクは，何N・mですか。

〔解 答〕

問1 トルク・レンチの目盛に表示される数値Tは，握りにかけた力F＝200Nとトルク・レンチの有効長さL＝40cmとの積で表示される構造になっている。従って，右図のAのトルクではなく，Bの位置でのトルクになる。

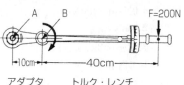

アダプタ　　　トルク・レンチ

ゆえに，トルク・レンチの読みは，次の式により求められる。ただし，トルクの単位がN・mなので，長さ40cmをm単位に換算して式に代入する。

$$1\text{cm}=\frac{1\text{m}}{100}より，40\text{cm}=40\times 1\text{cm}=40\times\frac{1\text{m}}{100}=0.4\text{m}$$

$$\begin{aligned}T(\text{トルク})&=F(力)\times L(距離)\\&=200\text{N}\times 0.4\text{m}\\&=\underline{80\text{N}\cdot\text{m}}\end{aligned}$$

問2 ナットを締め付けるトルクは，握りに加えた力200Nに，ナットまでの距離(40＋10)cmをかけて求める。ただし，トルクの単位がN・mなので，長さ50cmをm単位に換算して式に代入する。

$$1\text{cm}=\frac{1\text{m}}{100}より，50\text{cm}=50\times 1\text{cm}=50\times\frac{1\text{m}}{100}=0.5\text{m}$$

$$\begin{aligned}T(\text{トルク})&=F(力)\times L(距離)\\&=200\text{N}\times 0.5\text{m}\\&=\underline{100\text{N}\cdot\text{m}}\end{aligned}$$

例題 2－15

次の各問に答えなさい。

問1 右図に示すトルク・レンチの握りの矢印の位置に150Nの力をかけたとき，ナットの締め付けトルクは，何N・mですか。

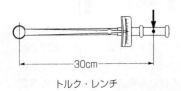

トルク・レンチ

問2 右図に示すトルク・レンチにアダプタを取り付けてナットを締め付けたとき，トルク・レンチの読みが60N・mでした。ナットを締め付けたトルクは，何N・mですか。

アダプタ

〔解　答〕

問1　トルク(T)は，加えた力(F)と力点から作用点（ナット中心）までの距離(L)との積で求められる。従って，ナットを締め付けるトルクは，握りに加えた力F＝150Nに，ナットまでの距離，すなわちトルク・レンチの有効長さL＝30cmをかけて求める。

ただし，トルクの単位がN・mなので，長さ30cmをm単位に換算して式に代入する。

$$1cm = \frac{1m}{100} より，30cm = 30 \times 1cm = 30 \times \frac{1m}{100} = 0.3m$$

$$T(トルク) = F(力) \times L(距離)$$
$$= 150N \times 0.3m$$
$$= \underline{45}N \cdot m$$

問2　トルク・レンチはアダプタを取り付けた場合でも，目盛に表示される数値は右図のAのトルクではなく，Bの位置のトルクが表示される構造になっている。すなわちトルク・レンチの有効長さ

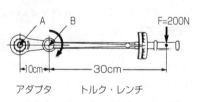
アダプタ　　　　トルク・レンチ

30cmの位置でのトルクが60N・mということになる。

従って，トルク・レンチの読みが60N・mで，トルク・レンチの有効長さが30cmならば，ナットを締め付けたときの握りに加えた力Fは，次のように求まる。ただし，長さの単位をmに換算して代入する。

$$1cm = \frac{1m}{100} より，30cm = 30 \times 1cm = 30 \times \frac{1m}{100} = 0.3m$$

$T(トルク) = F(力) \times L(距離)$ を $F(力) = \frac{T(トルク)}{L(距離)}$ に変形して求めると，

$$F(力) = \frac{T(トルク)}{L(距離)} = \frac{60N \cdot m}{0.3m} = 200N$$

ゆえに、Aでのナットを締め付けたトルクは、握りに加えた力F＝200Nに、ナットまでの距離(10＋30)cmをかけて求める。ただし、長さの単位をmに換算して代入する。

$1cm = \dfrac{1m}{100}$ より、 $40cm = 40 \times 1cm = 40 \times \dfrac{1m}{100} = 0.4m$

$$T(トルク) = F(力) \times L(距離) = 200N \times 0.4m = \underline{80N \cdot m}$$

例題 2－16

次の各問に答えなさい。

問1 右図に示すT型レンチのAとBに、それぞれ50Nの力を矢印の方向に加えて回転させた場合、締め付けトルクは、何N・mになりますか。

問2 右図に示すT型レンチのAとBに、それぞれ100Nの力を矢印の方向に加えて、ナットを締め付けトルク50N・mで締め付けるためには、AとBは中心からそれぞれ等しく何cm離せばよいですか。

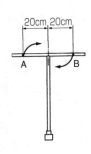

〔解　答〕

問1 次図のようなT型レンチに、向きが反対で大きさが等しい一対になっている2つの力が働くことは「偶力」になる。偶力が作用するときのO点周りのトルクTは、A側のトルクT_1とB側のトルクT_2の和になる。

従って、O点周りのトルク $T = T_1 + T_2 = (F \times r_1) + (F \times r_2)$
$\qquad\qquad\qquad\qquad\qquad = F \times (r_1 + r_2)$
$\qquad\qquad\qquad\qquad\qquad = F \times d$

この式から分かるように、「偶力」が働く場合のトルクは、偶力F(N)とそ

〈T型レンチを上から見た図〉

の作用線間の距離d(m)との積で求まる。ただし，長さの単位はmに換算する必要がある。

$1cm = \dfrac{1m}{100}$より，$40cm = 40 \times 1cm = 40 \times \dfrac{1m}{100} = 0.4m$

ゆえに，締め付けトルク$T = F \times d = 50N \times 0.4m = \underline{20}$N・m

問2 問1の解説より，偶力が働く場合のトルクの式は$T = F \times d$なので，これより作用線間距離d(m)を求めると，次のようになる。

$T = F \times d$より，$d = \dfrac{T}{F} = \dfrac{50 N \cdot m}{100 N} = 0.5m$

この0.5mはＡＢ間の距離なので，中心からそれぞれの距離は$0.5m \div 2 = 0.25$mとなる。しかし，長さの単位はcmに換算する必要がある。従って，

$1m = 100cm$より，$0.25m = 0.25 \times 1m = 0.25 \times 100cm = \underline{25}cm$

5 テ　　コ

1 テコの原理

図2－17のように，棒を支点で支え，力点に力を加え，作用点で物に力が働くようにして棒が使われているとき，この仕組みをテコという。テコを利用すれば小さな力で重い物を動かすことができる。

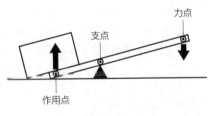

図2－17

この場合，支点から作用点までの距離に比べて，支点から力点までの距離が長くなるほど，より小さな力で物を動かすことができる。

テコの3つの点
○力　点（テコに加える力が働く点）
○支　点（テコを支えている力が働く点）
○作用点（物を動かそうとする力が働く点）

2 テコの仕事と力のつり合い関係

図2－18のように，力点に力F(N)を加えてh_1だけ押し下げたとき，重さW(N)の物体がh_2だけ上に持ちあがったとすると，力Fがテコにした仕事量はF×

h_1であり、それによって、テコが物体にした仕事量は$W \times h_2$となる。

この場合、テコが物体を持ち上げる仕事量は、力Fがテコにした仕事量以上にはならないので、テコの両端における仕事量は相等しいことになる。

従って、次の関係式が成り立つ。

$W \times h_2 = F \times h_1$ ……①

また、テコの両端の動き量h_1とh_2の比はテコが変形しない限り、支点からそれぞれの力の作用線（力の方向を示す線）までの距離L_1とL_2の比に等しいので、$\dfrac{h_2}{h_1} = \dfrac{L_2}{L_1}$となる。

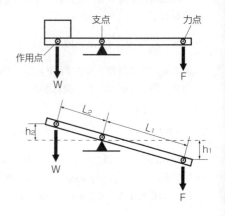

図2－18

ゆえに、①式は次のように書き直すことができる。

$W \times L_2 = F \times L_1$ ……………………………②

ここで、$W \times L_2$と$F \times L_1$は「力×距離」を表しているので、トルク（力のモーメント）になる。すなわち、②式は支点周りに働く左右のトルク（力のモーメント）が等しくテコがつり合っていることを意味するので、これを「テコのトルク（力のモーメント）のつり合い条件」と呼び、これを分かりやすく言葉で表すと、次のようになる。

「テコのトルク（力のモーメント）のつり合い条件」

　　（作用点の力）×（作用点から支点までの距離）＝

　　　　　　　　　　　　（力点の力）×（力点から支点までの距離）

また、このつり合い条件は、図2－19に示すように作用点、支点、力点の並べ方を変えても、$W \times L_2 = F \times L_1$の関係式が成り立つ。

以上のことから、テコの原理を用いた計算問題では、作用点、支点、力点に着目して、支点周りのトルク（力のモーメント）のつり

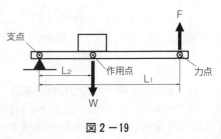

図2－19

合い式を立てて求めればよいことになる。

☆**参　考**

力のモーメントとは，ボルト，ナットなどを締める場合や，ドアノブを回してドアを開くときに経験するように，物体をある軸を中心として回転させようとする力(回転力)を表す用語で，その大きさは，トルクと同じ「力(N)×距離(m)」で表される。従って，トルクは「力×距離」で表される「力のモーメント」であると言ってもよいが，自動車工学の用語としては次のように使い分けている。

トルクは，軸（クランクシャフト，ドライブ・シャフト）や車（歯車，タイヤ）などの回転中心に働くねじり力を表す場合に用い，これに対し，テコの原理や自動車の荷重計算などの支点周りに働く回転力を表す場合には，力のモーメントを用いる。どちらにしても，「力×距離」で表し，物を回転させる力のことである。

例題 2-17

右図のようなバルブ機構について，カムが120Nの力でロッカ・アームを押し上げたとき，バルブ・ステム・エンドに加わる力は，何Nですか。

〔解　答〕

次図に示すように，ロッカ・アーム・シャフト中心を支点として，ロッカ・アームを押し上げた力をF_1，バルブ・ステム・エンドを押す力＝バルブ・ステム・

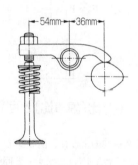

エンドの反力をF_2とし，支点から各力までの距離をそれぞれL_1，L_2とすると，支点周りの力のモーメントのつり合い条件は，次のようになる。

$$F_2 \times L_2 = F_1 \times L_1$$

ゆえに，$F_2 = F_1 \times \dfrac{L_1}{L_2}$

$\qquad = 120\mathrm{N} \times \dfrac{36\mathrm{mm}}{54\mathrm{mm}}$

$\qquad = \underline{80\mathrm{N}}$

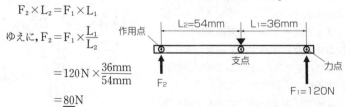

例題 2-18

右図に示す油圧式ブレーキのペダルを矢印の方向に200Nの力で踏み込んだ場合、プッシュ・ロッドがマスタ・シリンダのピストンを押す力は何Nですか。

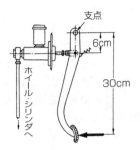

〔解答〕

次図に示すように、ペダル踏力をF_1、プッシュ・ロッドがピストンを押す力＝プッシュ・ロッドがピストンから受ける反力をF_2とし、支点から各力までの距離をそれぞれL_1, L_2とすると、支点周りの力のモーメントのつり合い条件は、次のようになる。

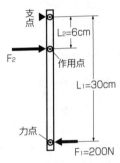

$$F_2 \times L_2 = F_1 \times L_1$$

ゆえに、$F_2 = F_1 \times \dfrac{L_1}{L_2}$

$$= 200\text{N} \times \frac{30\text{cm}}{6\text{cm}}$$

$$= \underline{1000\text{N}}$$

6 ギヤ比（歯車比）と回転速度比の関係

図2-20のように、歯数Z_AのギヤAと、歯数Z_BのギヤBがかみ合っているとき、ギヤAがN_A回転すると回転した総歯数は、$N_A \times Z_A$の歯数となり、ギヤが欠けない限り、ギヤBもギヤAの総歯数分回転する。

例えば、ギヤAの歯数が10枚、ギヤBの歯数を20枚とし、ギヤAを1回転させると、ギヤBは歯数20枚の内、10枚の歯数だけかみ合って回転する。すなわち、ギヤBの回転は、10枚/20枚回転するので、1/2回転となる。

従って、図2-20に示すギヤのかみ合いで、入力側であるギヤAが$N_A \times Z_A$

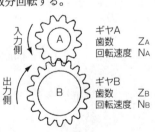

図2-20

の歯数を回転しているとき，出力側である歯数Z_BのギヤBがN_B回転すれば，ギヤBの回転した総歯数は$N_B \times Z_B$となり，ギヤが欠けない限り，入力側も出力側も同じ総歯数分となることから，次の関係式が成り立つ。

（入力側ギヤの回転速度）×（入力側ギヤの歯数）
＝（出力側ギヤの回転速度）×（出力側ギヤの歯数）
$$N_A \times Z_A = N_B \times Z_B \cdots\cdots\cdots\cdots\cdots\cdots\cdots\cdots\cdots\cdots①$$

次に，ギヤ比（歯車比）とは，出力側ギヤを1回転させるには入力側ギヤを何回転させなければならないかを数字で表すもので，式で表すと次のようになる。

$$ギヤ比 = \frac{入力側ギヤの回転分}{出力側ギヤ1回転分} = \frac{N_A}{N_B}$$

また，歯数から求めると，①式の$N_A \times Z_A = N_B \times Z_B$の式を変形して，$\frac{N_A}{N_B}$で表せばよいので次のように求められる。

$$N_A \times Z_A = N_B \times Z_B \longrightarrow \frac{N_A}{N_B} \times Z_A = Z_B \longrightarrow \frac{N_A}{N_B} = \frac{Z_B}{Z_A} となり，$$

$\frac{N_A}{N_B}$はギヤ比なので，ギヤ比$= \frac{Z_B}{Z_A}$となる。

以上のことから，ギヤ比は次のように表すことができる。

$$ギヤ比 = \frac{入力側ギヤ回転速度}{出力側ギヤ回転速度} = \frac{出力側ギヤ歯数}{入力側ギヤ歯数}$$

$$= \frac{N_A}{N_B} = \frac{Z_B}{Z_A} \cdots\cdots\cdots\cdots\cdots\cdots\cdots\cdots\cdots\cdots②$$

②式より，2つのギヤがかみ合う場合，その回転速度の比は歯数の比の逆数となる。又は，反比例するともいう。

例題2－19

右図のようにかみ合ったA，Bのギヤがあります。ギヤAの歯数を20枚，ギヤBの歯数を30枚とし，ギヤAを毎分300回転で回した場合，ギヤBの回転速度は何min^{-1}ですか。

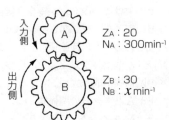

$Z_A : 20$
$N_A : 300 min^{-1}$

$Z_B : 30$
$N_B : x\ min^{-1}$

— 45 —

第2章　基礎的な原理・法則

〔解　答〕

(1)　ギヤ比 $=\dfrac{Z_B}{Z_A}=\dfrac{30}{20}=\dfrac{3}{2}$

ギヤ比 $=\dfrac{N_A}{N_B}$ より，$N_B=\dfrac{N_A}{\text{ギヤ比}}$

$$=300\text{min}^{-1}\div\dfrac{3}{2}$$

$$=300\text{min}^{-1}\times\dfrac{2}{3}$$

$$=\underline{200\text{min}^{-1}}$$

(2)　$N_A\times Z_A=N_B\times Z_B$ より，$N_B=N_A\times\dfrac{Z_A}{Z_B}$

$$=300\text{min}^{-1}\times\dfrac{20}{30}$$

$$=300\text{min}^{-1}\times\dfrac{2}{3}$$

$$=\underline{200\text{min}^{-1}}$$

☆要点！

解答(1)と(2)の計算例からも分かるように，出力側の回転速度を求める場合，入力側の回転速度にギヤ比の逆数を掛けて求めればよい。

1　3つのギヤの場合のギヤ比

図2−21のようにA，B，Cの3つのギヤがかみ合って回転しているとき，ギヤが欠けない限り，かみ合う総歯数はどのギヤをとってみても等しいので，それぞれのギヤの回転速度を N_A，N_B，N_C とし，歯数を Z_A，Z_B，Z_C とすると，次の関係式が成り立つ。

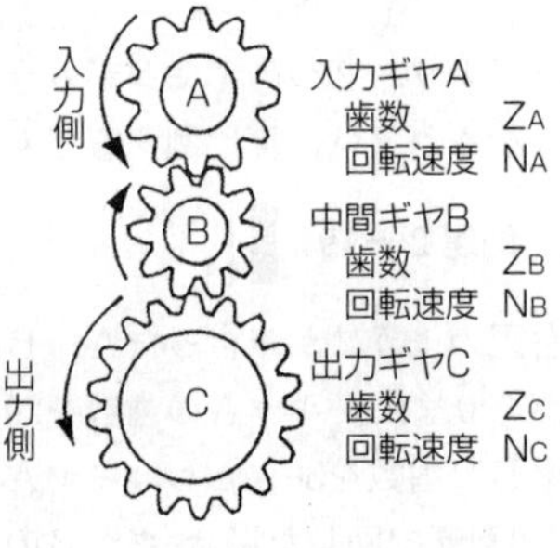

入力ギヤA
歯数　　Z_A
回転速度 N_A

中間ギヤB
歯数　　Z_B
回転速度 N_B

出力ギヤC
歯数　　Z_C
回転速度 N_C

ギヤAとギヤBの関係式

$$N_A\times Z_A=N_B\times Z_B \text{ より，}$$

図2−21

$$N_A=\dfrac{Z_B}{Z_A}\times N_B \cdots\cdots\cdots\cdots\cdots\cdots\cdots\cdots\cdots\cdots ①$$

ギヤBとギヤCの関係式

$$N_B \times Z_B = N_C \times Z_C \text{より}, \quad N_B = \frac{Z_C}{Z_B} \times N_C \quad \cdots\cdots\cdots\cdots\cdots ②$$

ここで，①式に②式を代入すると，$N_A = \frac{Z_B}{Z_A} \times \frac{Z_C}{Z_B} \times N_C$ となり，この場合のギヤ比は次のように表せる。

$$\text{ギヤ比} = \frac{\text{入力側ギヤ回転速度}}{\text{出力側ギヤ回転速度}} = \frac{\text{出力側ギヤ歯数}}{\text{入力側ギヤ歯数}}$$

$$= \frac{N_A}{N_C} = \frac{Z_B}{Z_A} \times \frac{Z_C}{Z_B} = \frac{Z_C}{Z_A} \quad \cdots\cdots\cdots\cdots\cdots\cdots\cdots\cdots ③$$

③式より，ギヤ比の計算ではギヤBの歯数は関係がなくなり，ギヤ比は直接ギヤAとギヤCの歯数から求めればよいことが分かる。

従って，ギヤBのようにギヤ比に関係がなく，ただ力の伝達を行うものとして使用するギヤをアイドル・ギヤとか単にアイドラと呼んでいる。ただし，ギヤBの有無によって，ギヤCの回転方向は反対になる。

2 中間ギヤ（アイドル・ギヤ）が2段階の場合のギヤ比

図2-22のようにかみ合ったA，B，C，Dの4つのギヤで，中間ギヤBとギヤCを同軸上に固定し，2段階でかみ合わせてギヤ伝達をした場合，それぞれのギヤ回転速度をN_A，N_B，N_C，N_Dとし，ギヤの歯数をZ_A，Z_B，Z_C，Z_Dとすると，次の関係式が成り立つ。

ギヤAとギヤBの関係式

$$N_A \times Z_A = N_B \times Z_B \text{より},$$

$$N_A = \frac{Z_B}{Z_A} \times N_B \quad \cdots\cdots\cdots ①$$

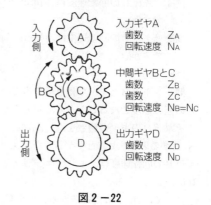

図2-22

ギヤCとギヤDの関係式

$$N_C \times Z_C = N_D \times Z_D \text{より}, \quad N_C = \frac{Z_D}{Z_C} \times N_D \quad \cdots\cdots\cdots\cdots\cdots ②$$

ここで，ギヤBとギヤCは同軸上（直結）なので，$N_B = N_C$となり，②式のN_CをN_Bに置き換えて①式に代入すると，次のようになる。

$$N_A = \frac{Z_B}{Z_A} \times \frac{Z_D}{Z_C} \times N_D \cdots\cdots\cdots\cdots\cdots\cdots\cdots\cdots\cdots\cdots\cdots\cdots\cdots\cdots ③$$

従って,ギヤA～ギヤDまでのギヤ比は③式より,次のように表せる。

$$ギヤ比 = \frac{入力側ギヤ回転速度}{出力側ギヤ回転速度} = \frac{出力側ギヤ歯数}{入力側ギヤ歯数}$$

$$= \frac{N_A}{N_D} = \frac{Z_B}{Z_A} \times \frac{Z_D}{Z_C}$$

例題2-20

右図のように4つのギヤがかみ合っているとき,ギヤAを回転速度2000 min^{-1}で回転させた場合について,次の各問に答えなさい。

なお,図中の( )の数字はギヤの歯数を示し,ギヤBとギヤCは同軸上に固定されています。

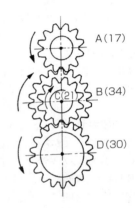

問1 ギヤCの回転速度は,何min^{-1}ですか。

問2 ギヤDの回転速度は,何min^{-1}ですか。

〔解 答〕

問1 ギヤBとギヤCは直結なので,ギヤBの回転速度を求めれば,ギヤCの回転速度となることから,次のようになる。

それぞれのギヤの歯数をZ_A, Z_B, Z_C, Z_Dとし,回転速度をN_A, N_B, N_C, N_Dとすると,ギヤAとギヤBのギヤ比は,ギヤ比$=\frac{Z_B}{Z_A}=\frac{34}{17}=2$ となるから,ギヤBの回転速度は,ギヤ比$=\frac{N_A}{N_B}$より,$N_B=N_A\div$ギヤ比$=2000$min$^{-1}\div 2=1000$min^{-1}となる。

従って,$N_B=N_C$であるから,ギヤCの回転速度は$\underline{1000\text{min}^{-1}}$

問2 ギヤCとギヤDのギヤ比は,ギヤ比$=\frac{Z_D}{Z_C}=\frac{30}{21}=\frac{10}{7}$で,ギヤCが問1より1000min^{-1}で回転するので,ギヤDの回転速度は,ギヤ比$=\frac{N_C}{N_D}$より,

$$N_D = N_C \div ギヤ比 = 1000\text{min}^{-1} \div \frac{10}{7} = 1000\text{min}^{-1} \times \frac{7}{10} = \underline{700}\text{min}^{-1}$$

また,次の関係式から求めることもできる。

ギヤ比 $=\dfrac{N_A}{N_D}=\dfrac{Z_B}{Z_A}\times\dfrac{Z_D}{Z_C}$ より，ギヤAからギヤDまでのギヤ比は，

$$\text{ギヤ比}=\frac{Z_B}{Z_A}\times\frac{Z_D}{Z_C}=\frac{34}{17}\times\frac{30}{21}=\frac{20}{7}\text{となり，}$$

ギヤ比 $=\dfrac{N_A}{N_D}$ より，$N_D=\dfrac{N_A}{\text{ギヤ比}}$

$$=2000\text{min}^{-1}\div\frac{20}{7}$$

$$=2000\text{min}^{-1}\times\frac{7}{20}$$

$$=\underline{700\text{min}^{-1}}$$

7 ギヤ比とトルク比の関係

　図2−23において，入力側であるギヤAがトルクT_Aで駆動しているとき，出力側のギヤBとの接点（*ピッチ点）に働く力Fは，ギヤAのピッチ円半径をr_Aとすると，次のようになる。

$$F=\frac{T_A}{r_A}\quad\cdots\cdots\cdots\cdots\cdots\cdots①$$

　また，この力Fは，ピッチ円半径r_BのギヤBに作用するので，ギヤBのトルクT_Bは次のように表される。

図2−23

$$T_B=F\times r_B\cdots\cdots\cdots\cdots\cdots\cdots\cdots\cdots\cdots②$$

　ここで，①式のFと②式のFは同じなので，①式を②式に代入するとギヤBのトルクT_Bは，次のようになる。

$$T_B=F\times r_B=\frac{T_A}{r_A}\times r_B=T_A\times\frac{r_B}{r_A}$$

＊　一対のギヤにおいて，両ギヤの中心を結ぶ線上で，歯と歯が接触する点をピッチ点といい，このピッチ点を通る円をピッチ円という。

第2章　基礎的な原理・法則

　さらに，ギヤの歯数は，ピッチ円半径に比例するので，ギヤAの歯数をZ_A，ギヤBの歯数をZ_Bとすると，上式は次のように表すことができる。

$$T_B = T_A \times \frac{r_B}{r_A} = T_A \times \frac{Z_B}{Z_A} \quad\cdots\cdots\cdots\cdots\cdots\cdots\cdots\cdots\cdots\cdots③$$

　また，③式中の$\frac{Z_B}{Z_A}$はギヤ比であるので，$T_B = T_A \times$ギヤ比　となる。

　すなわち，ギヤにより伝達されるトルクは，そのギヤ比に比例することになる。

　以上のことから，ギヤ比は次のように表すことができる。

$$ギヤ比 = \frac{出力側トルク}{入力側トルク} = \frac{出力側ギヤ歯数}{入力側ギヤ歯数}$$

$$= \frac{T_B}{T_A} = \frac{Z_B}{Z_A}$$

▌▎ 例題 2－21 ▌▎

　図 2－23において，ギヤAの歯数Z_Aを16枚，ギヤBの歯数Z_Bを24枚とし，ギヤAをトルク$T_A = 80N\cdot m$で駆動させた場合について，次の各問に答えなさい。

　問 1　ギヤ比はいくつですか。

　問 2　ギヤBに伝達されるトルクT_Bは，何$N\cdot m$ですか。

〔解　答〕

　問 1　ギヤ比$= \dfrac{Z_B}{Z_A} = \dfrac{24}{16} = \underline{\dfrac{3}{2}}$

　問 2　ギヤ比$= \dfrac{T_B}{T_A}$より，$T_B = T_A \times$ギヤ比$= 80N\cdot m \times \dfrac{3}{2} = \underline{120N\cdot m}$

▌▎ 例題 2－22 ▌▎

　次図のようにかみ合ったギヤA～Eの5個のギヤで，ギヤAが回転速度1800min^{-1}，トルク200$N\cdot m$で回転している場合について，次の各問に答えなさい。ただし，伝達による機械損失はないものとし，ギヤCとギヤDは同軸上に固定されています。

　なお，（　）内の数字はギヤの歯数を示しています。

　問 1　ギヤCの回転速度は，何min^{-1}ですか。

　問 2　ギヤDのトルクは，何$N\cdot m$ですか。

— 50 —

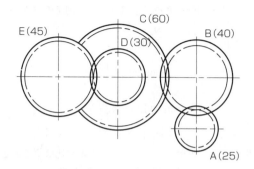

問3 ギヤEの回転速度は,何min^{-1}ですか。

問4 ギヤEのトルクは,何N・mですか。

〔解 答〕

問1 ギヤA〜ギヤCまでの歯数を,それぞれZ_A, Z_B, Z_Cとし,ギヤ比を求めると,ギヤ比$=\dfrac{Z_B}{Z_A}\times\dfrac{Z_C}{Z_B}=\dfrac{Z_C}{Z_A}=\dfrac{60}{25}=\dfrac{12}{5}$となる。

次に,ギヤAの回転速度をN_A,ギヤCの回転速度をN_Cとすると,

ギヤ比$=\dfrac{N_A}{N_C}$より,$N_C=\dfrac{N_A}{\text{ギヤ比}}$

$=1800\text{min}^{-1}\div\dfrac{12}{5}$

$=\overset{300}{\cancel{1800}}\text{min}^{-1}\times\dfrac{5}{\underset{2}{\cancel{12}}}$

$=\underline{750\text{min}^{-1}}$

問2 ギヤCとギヤDは同軸上なので,ギヤCのトルクを求めれば,ギヤDのトルクとなることから,次のようになる。

問1より,ギヤA〜ギヤCまでのギヤ比は$\dfrac{12}{5}$であるので,ギヤAのトルクをT_A,ギヤCのトルクをT_Cとするならば,

ギヤ比$=\dfrac{T_C}{T_A}$より,$T_C=T_A\times\text{ギヤ比}=\overset{40}{\cancel{200}}\text{N・m}\times\dfrac{12}{\underset{1}{\cancel{5}}}=480\text{N・m}$

従って,ギヤCのトルク=ギヤDのトルクなので,$\underline{480\text{N・m}}$

問3 ギヤA〜ギヤEまでの歯数を,それぞれZ_A, Z_B, Z_C, Z_D, Z_Eとし,ギヤ比を求めると,ギヤ比$=\dfrac{Z_B}{Z_A}\times\dfrac{Z_C}{Z_B}\times\dfrac{Z_E}{Z_D}=\dfrac{Z_C}{Z_A}\times\dfrac{Z_E}{Z_D}=\dfrac{60}{25}\times\dfrac{45}{30}=\dfrac{18}{5}$となる。

次に、ギヤAの回転速度をN_A、ギヤEの回転速度をN_Eとすると、

ギヤ比$=\dfrac{N_A}{N_E}$より、$N_E=\dfrac{N_A}{\text{ギヤ比}}$

$$= 1800\text{min}^{-1} \div \dfrac{18}{5}$$

$$= 1800\text{min}^{-1} \times \dfrac{5}{18}$$

$$= \underline{500}\text{min}^{-1}$$

問4 問3より、ギヤA～ギヤEまでのギヤ比は$\dfrac{18}{5}$であるので、ギヤAのトルクをT_A、ギヤEのトルクをT_Eとするならば、

ギヤ比$=\dfrac{T_E}{T_A}$より、$T_E = T_A \times \text{ギヤ比}$

$$= 200\text{N·m} \times \dfrac{18}{5}$$

$$= \underline{720}\text{N·m}$$

8 減速比と変速比

　エンジンは限られた回転数の範囲で動力を発生するので、クルマが様々な速度で走行するには、**図2-24**に示すトランスミッション（変速機）及びファイナル・ギヤ（終減速機）などのギヤ装置を介して、駆動ホイールに伝達されるエンジン回転速度とエンジン・トルクを調整する必要がある。

　その中で、トランスミッションは数組のギヤを備え、そのギヤの組み合わ

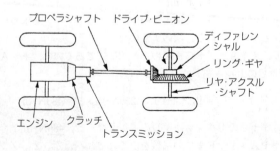

図2-24

せにより出力側のプロペラシャフトに伝達されるエンジン回転速度とトルクを変えている。

例えば、**図2-25**のような組み合わせのギヤを用いると、ギヤ比は$\frac{Z_B}{Z_A}=\frac{20}{10}=2$となり、ホイールに伝達される回転速度はギヤ比に反比例するので½回転し、トルクはギヤ比に比例するので2倍になってホイールに伝達される。

このように出力軸の回転速度が減少し、反対にトルクが増大することを減速といい、減速に用いる組み合わせギヤのギヤ比を減速比という。

この場合の減速比を式で表すと、次のようになる。

$$減速比 = \frac{入力軸回転速度}{出力軸回転速度} = \frac{出力側ギヤ歯数}{入力側ギヤ歯数}$$

$$= \frac{N_A}{N_B} = \frac{Z_B}{Z_A}$$

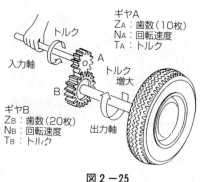

図2-25

しかし、実際のトランスミッションは**図2-26**に示すように減速だけでなく、等速や増速も出来る数段のギヤの組み合わせによる変速機であり、この変速機、すなわちトランスミッションに用いる組み合わせギヤのギヤ比を変速比と呼んでいる。

変速比を式で表すと次のようになる。ただし、T/Mはトランスミッションの略記とする。

$$変速比 = \frac{T/Mの入力軸回転速度（エンジン回転速度）}{T/Mの出力軸回転速度（プロペラシャフト回転速度）}$$

第2速の動力伝達経路（減速）

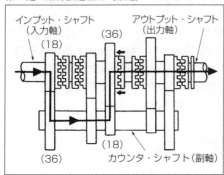

〔変速比〕 $\dfrac{36}{18} \times \dfrac{36}{18} = 4$

〔回転速度比〕（入力軸：出力軸）
　$1 : \dfrac{1}{4}$ 回転

〔トルク比〕（入力軸：出力軸）
　$1 : 4$ 倍

〔出力軸の回転速度とトルクの関係〕
　回転速度＜トルク

第4速の動力伝達経路（等速）

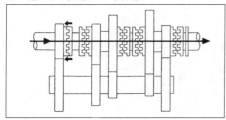

〔変速比〕 1（インプットとアウトプット・シャフト直結）

〔回転速度比〕（入力軸：出力軸）
　$1 : 1$ 回転

〔トルク比〕（入力軸：出力軸）
　$1 : 1$ 倍

〔出力軸の回転速度とトルクの関係〕
　回転速度＝トルク

第5速の動力伝達経路（増速）

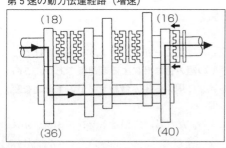

〔変速比〕 $\dfrac{36}{18} \times \dfrac{16}{40} = \dfrac{4}{5} = 0.8$

〔回転速度比〕（入力軸：出力軸）
　$1 : \dfrac{5}{4}(1.25)$ 回転

〔トルク比〕（入力軸：出力軸）
　$1 : \dfrac{4}{5}(0.8)$ 倍

〔出力軸の回転速度とトルクの関係〕
　回転速度＞トルク

図 2−26

$$= \frac{\text{T/Mの出力側ギヤ歯数}}{\text{T/Mの入力側ギヤ歯数}}$$

上式より,プロペラシャフト回転速度は次のように求められる。

　　プロペラシャフト回転速度＝エンジン回転速度÷変速比

また,伝達されるトルクはギヤ比に比例したので,トランスミッションにより変速されたトルク,すなわちプロペラシャフトのトルクは,次のように求められる。

　　プロペラシャフトのトルク＝エンジン・トルク×変速比

⑨ 終減速比と総減速比

トランスミッションで変速されたエンジン回転速度とトルクは,プロペラシャフトを介して更に図2-27に示すドライブ・ピニオンとリング・ギヤで構成されたファイナル・ギヤで最終減速(トルク増大)されてから駆動ホイールに伝えられる。

従って,ファイナル・ギヤはギヤ装置の中で最終減速をすることから,終減速機と呼ばれ,そのギヤ比を終減速比と呼んでいる。

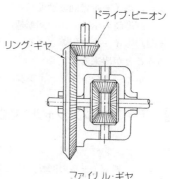

図2-27

終減速比を式で表すと次のようになる。ただし,F/Gはファイナル・ギヤの略記とする。

$$\text{終減速比} = \frac{\text{F/Gの入力軸回転速度（プロペラシャフト回転速度）}}{\text{F/Gの出力軸回転速度（直進時のホイールの回転速度）}}$$

$$= \frac{\text{リング・ギヤ歯数}}{\text{ドライブ・ピニオン歯数}}$$

上式より,直進時のホイールの回転速度は次のように求められる。

　　直進時のホイールの回転速度＝プロペラシャフト回転速度÷終減速比

また,ホイールに伝達されるトルクは,ギヤ比に比例するので次のように求められる。

　　ホイールのトルク＝プロペラシャフトのトルク×終減速比

第2章　基礎的な原理・法則

次に，トランスミッションとファイナル・ギヤを経由した動力伝達装置全体のギヤ比を総減速比といい，次の式で表される。

総減速比＝変速比×終減速比

$$=\frac{\text{T/Mの入力軸回転速度}}{\text{T/Mの出力軸回転速度}}\times\frac{\text{F/Gの入力軸回転速度}}{\text{F/Gの出力軸回転速度}}$$

$$=\frac{\text{エンジン回転速度}}{\text{プロペラシャフト回転速度}}\times\frac{\text{プロペラシャフト回転速度}}{\text{ホイールの回転速度}}$$

$$=\frac{\text{エンジン回転速度}}{\text{ホイールの回転速度}}$$

従って，総減速比はエンジン回転速度とホイールの回転速度比を表し，上式より，ホイールの回転速度は次のように求められる。

直進時のホイールの回転速度＝エンジン回転速度÷総減速比

また，ホイールに伝達されるトルクはギヤ比に比例するので，次のように求めることが出来る。

ホイールのトルク＝エンジン・トルク×総減速比

⑩　ディファレンシャル(差動装置)の仕組み

ディファレンシャルは，クルマが旋回する時や路面の状況により，右側ホイールと左側ホイールの回転速度に差を与え，タイヤをスリップさせることなくクルマを旋回させたり直進させる装置であり，次の関係式がある。

$$\text{F/Gのリング・ギヤ回転速度}=\frac{\text{左側ホイールの回転速度}+\text{右側ホイールの回転速度}}{2}$$

上式から，左右輪にどのような変化が生じても，左右輪の回転速度の平均が常にリング・ギヤの回転速度であり，同時に直進時のホイールの回転速度になる。

■　例題2−23　■

図のような前進4段のトランスミッションとファイナル・ギヤを備えた自動車について，次の各問に答えなさい。なお，図の（　）内の数値は各ギヤの歯数を示しています。

問1　第3速の変速比はいくらですか。

問2　第3速にシフトしたときの総減速比はいくらですか。

— 56 —

第2章 基礎的な原理・法則

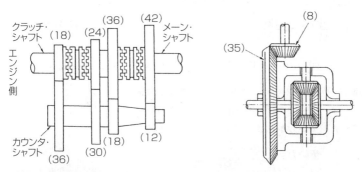

問3 第3速にシフトし,エンジン回転速度を3500min⁻¹で直進した場合の駆動輪の回転速度は,何min⁻¹ですか。

問4 問3の状態で走行しているときの自動車の速度は何km/hですか。ただし,タイヤの有効半径を0.3m,円周率は3として計算しなさい。

問5 問3の状態で走行しているとき,エンジンの軸トルクが150N・mとすると,駆動輪の駆動力は,何Nですか。

〔解 答〕

問1 第3速の変速比

$$=\frac{36}{18}\times\frac{24}{30}=\frac{8}{5} 又は \underline{1.6}$$

問2 第3速の総減速比
=第3速の変速比×終減速比

$$=\frac{\overset{1}{\cancel{8}}}{\underset{1}{\cancel{5}}}\times\frac{\overset{7}{\cancel{35}}}{\underset{1}{\cancel{8}}}$$

$$=\underline{7}$$

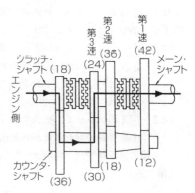

問3 駆動輪の回転速度=エンジン回転速度÷第3速の総減速比

$$=3500\text{min}^{-1}\div 7$$
$$=\underline{500\text{min}^{-1}}$$

問4 タイヤが1回転して進む距離はタイヤの円周であるから,$2\pi r=2\times 3\times 0.3\text{m}=1.8\text{m}$となり,1分間に進む距離は,$2\pi rN=1.8\text{m}\times 500\text{min}^{-1}=900$ m/minとなる。

これは分速なので，時速に換算すると，次のようになる。

$1\text{min} = \frac{1\text{h}}{60}$ $1\text{m} = \frac{1\text{km}}{1000}$ より，

$$900\text{m/min} = 900 \times 1\text{m} \times \frac{1}{1\text{min}} = 900 \times \frac{1\text{km}}{1000} \times \frac{60}{1\text{h}} = \underline{54\text{km/h}}$$

問5 駆動トルク＝エンジン・トルク×総減速比
$$= 150\text{N·m} \times 7 = 1050\text{N·m}$$

駆動トルクが分かれば，駆動力は次式で求められる。

$$駆動力 = \frac{駆動トルク}{タイヤの有効半径}$$

$$= \frac{1050\text{N·m}}{0.3\text{m}} = \underline{3500\text{N}}$$

例題 2 −24

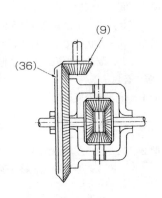

右図に示すファイナル・ギヤを備え，トランスミッションの第2速の変速比が2.0である自動車について，次の各問に答えなさい。なお，図の（ ）内の数値は各ギヤの歯数を示したものです。

問1 トランスミッションを第2速にし，エンジンの回転速度を4000 min^{-1}で直進した場合の駆動輪の回転速度は，何min^{-1}ですか。

問2 問1のエンジン回転速度を保ったままカーブを走行したところ，内側の駆動輪の回転速度が450min^{-1}になりました。このとき外側の駆動輪の回転速度は，何min^{-1}ですか。

〔解　答〕

問1 終減速比＝$\dfrac{リング・ギヤの歯数}{ドライブ・ピニオンの歯数} = \dfrac{36}{9}$

第2速の総減速比＝第2速の変速比×終減速比＝$2.0 \times \dfrac{36}{9} = 8$

駆動輪の回転速度＝エンジン回転速度÷第2速の総減速比
$$= 4000\text{min}^{-1} \div 8$$

$= \underline{500\mathrm{min}^{-1}}$

問2 自動車がカーブを走行すると，ディファレンシャル作用により，直進時に比べて内側の駆動輪の回転速度が遅くなり，そのぶん外側の駆動輪の回転速度が速くなる。すなわち問1の直進時の駆動輪の回転速度500min⁻¹は，カーブを走行することにより内側が450min⁻¹になったので，その差50min⁻¹ぶんだけ直進時に比べて外側の駆動輪は速くなる。従って，

外側の駆動輪の回転速度＝500min⁻¹＋50min⁻¹＝$\underline{550\mathrm{min}^{-1}}$

11 プーリ比（滑車比）と回転速度比の関係

図2－28のようなベルト伝動において，回転を伝える側（入力側）のプーリAの有効半径をr_A,回転を受け取る側（出力側）のプーリBの有効半径をr_B,それぞれの回転速度をN_A, N_Bとすると，ベルトにすべりが生じなければ，プーリAの周速度はプーリBの周速度に等しいので，次の関係式が成り立つ。

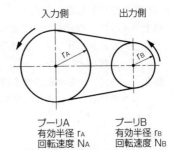

図2－28

プーリAの周速度＝プーリBの周速度
プーリAの円周×回転速度＝プーリBの円周×回転速度

$$2\pi r_A \times N_A = 2\pi r_B \times N_B \cdots\cdots\cdots①$$

①式より，入力側プーリの出力側プーリに対する回転速度比$\dfrac{N_A}{N_B}$は次のように表せる。

$$\frac{N_A}{N_B} = \frac{2\pi r_B}{2\pi r_A} = \frac{r_B}{r_A} \cdots\cdots\cdots②$$

②式を分かりやすく示すと次のようになる。

$$\frac{入力側プーリ回転速度}{出力側プーリ回転速度} = \frac{出力側プーリ円周}{入力側プーリ円周} = \frac{出力側プーリ有効半径}{入力側プーリ有効半径}$$

すなわち，ベルト伝動において，プーリの回転速度比は有効半径の比の逆数（反比例）となる。

また，②式中の$\dfrac{r_B}{r_A}$をプーリ比（滑車比）という。従って，プーリ比は次のように表すことができる。

$$プーリ比 = \frac{入力側プーリ回転速度}{出力側プーリ回転速度} = \frac{出力側プーリ有効半径}{入力側プーリ有効半径}$$

$$= \frac{N_A}{N_B} = \frac{r_B}{r_A}$$

例題 2 −25

右図のようなベルト伝動機構について，次の各問に答えなさい。ただし，滑り及び機械損失はないものとして計算しなさい。なお，図中の（　）内の数値はプーリの有効半径を示しています。

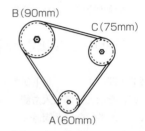

問1 Aのプーリが3000min^{-1}で回転しているとき，Bのプーリの回転速度は，何min^{-1}ですか。

問2 Cのプーリを回転させるのに15N・mのトルクを必要とします。ベルトを手で引いてCのプーリを回転させるには何Nの力を必要としますか。

〔解　答〕

問1　Aのプーリの回転速度をN_A，有効半径をr_A，Bのプーリの回転速度をN_B，有効半径をr_Bとすると，次の関係式が成り立つ。

$$プーリ比 = \frac{N_A}{N_B} = \frac{r_B}{r_A}$$

この式より，$N_B = N_A \times \frac{r_A}{r_B} = 3000\text{min}^{-1} \times \frac{\overset{2}{\cancel{60}\text{mm}}}{\underset{3}{\cancel{90}\text{mm}}}$

$= \underline{2000\text{min}^{-1}}$

問2　右図のように，半径75mmのCのプーリの中心Oのトルクが15N・mのとき，ベルトを手で引く力をFとすると，トルク(T)は力(F)×距離(r)なので，次のように求められる。

ただし，トルクの単位がN・mなので，有効半径75mmをmの単位に換算する必要がある。

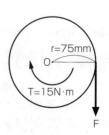

第 2 章　基礎的な原理・法則

1m＝100cm＝1000mmより，1mm＝$\dfrac{1m}{1000}$であるから，

$$75mm＝75×1mm＝75×\dfrac{1m}{1000}＝0.075m$$

T（トルク）＝F（力）×r（距離）　より，

$$F＝\dfrac{T}{r}＝\dfrac{15N \cdot m}{0.075m}＝\underline{200}N$$

第3章　自動車の諸元

1 排　気　量

　排気量は，**図3－1**の斜線部分の容積で，ピストンが下死点から上死点に移動する間に排出できる容積のことである。

　すなわち，**図3－2**に示した内径D(cm)とピストン・ストロークL(cm)の円柱の体積になる。

　従って，円柱の体積は「円の面積×高さ」なので，排気量をVとして式で表すと，次のようになる。

　　円柱の体積＝円の面積×高さ
　　排気量＝(半径)^2×π×ピストン・ストローク

$$V(cm^3) = \left(\frac{D(cm)}{2}\right)^2 \times \pi \times L(cm)$$

$$= \frac{D^2(cm^2)}{4} \times \pi \times L(cm)$$

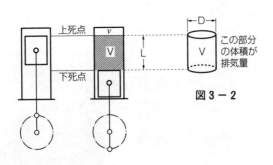

図3－2

図3－1

2 総排気量

排気量は1つのシリンダが排出する容積だから、シリンダ数 n 個からなる多シリンダ・エンジンの場合、シリンダ1個当たりの排気量V(cm³)の n 倍が総排気量になる。

従って、総排気量を V_T として式で表すと、次のようになる。

総排気量＝排気量×シリンダ数

$$V_T(cm^3) = V(cm^3) \times n$$
$$= \frac{D^2(cm^2)}{4} \times \pi \times L(cm) \times n$$

3 圧縮比

圧縮比は、吸入された気体がどれだけ圧縮されたかを表す数値で、図3-3のようにピストンが下死点にあるときのピストン上部の容積（排気量V＋燃焼室容積 v ）と、ピストンが上死点にあるときのピストン上部の容積（燃焼室容積 v ）との比をいう。

従って、圧縮比をRとして式で表すと、次のようになる。

$$圧縮比 = \frac{排気量＋燃焼室容積}{燃焼室容積} = \frac{排気量}{燃焼室容積} + 1$$

$$R = \frac{V(cm^3) + v(cm^3)}{v(cm^3)} = \frac{V(cm^3)}{v(cm^3)} + 1$$

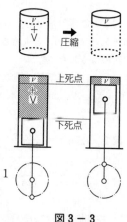

図3-3

例題3-1

次に示す諸元のエンジンについて、次の各問に答えなさい。ただし、円周率は3として計算しなさい。

問1 排気量は、何cm³ですか。
問2 総排気量は、何cm³ですか。

```
シリンダ内径：80mm
ピストン行程：90mm
シリンダ数：4
燃焼室容積：36cm³
```

第 3 章　自動車の諸元

問 3　圧縮比はいくらですか。

〔解　答〕

問 1　$V(cm^3) = \dfrac{D^2(cm^2)}{4} \times \pi \times L(cm)$ より求めるが，内径と行程の単位がmmなのでcmに換算して代入する。

従って，$1mm = \dfrac{1cm}{10}$ より，

$$シリンダ内径80mm = 80 \times 1mm = 80 \times \frac{1cm}{10} = 8cm$$

$$ピストン行程90mm = 90 \times 1mm = 90 \times \frac{1cm}{10} = 9cm$$

ゆえに，$V(cm^3) = \dfrac{D^2(cm^2)}{4} \times \pi \times L(cm) = \dfrac{(8cm)^2}{4} \times 3 \times 9cm$

$$= \frac{64cm^2}{4} \times 3 \times 9cm = \underline{432cm^3}$$

問 2　総排気量は排気量とシリンダ数の積で求められる。従って，問 1 より排気量は432cm³と求められていて，シリンダ数が 4 であるから，総排気量は次のようになる。

総排気量＝排気量×シリンダ数

$V_T(cm^3) = V(cm^3) \times n$

$\qquad = 432cm^3 \times 4 = \underline{1728cm^3}$

問 3　圧縮比$= \dfrac{排気量}{燃焼室容積} + 1$

$$R = \frac{V(cm^3)}{v(cm^3)} + 1 = \frac{432cm^3}{36cm^3} + 1 = \underline{13}$$

④　自動車の荷重

1　車 両 荷 重

車両荷重とは空車状態の自動車の荷重をいう。

空車状態とは，自動車に燃料，冷却水，潤滑油などを全量搭載し，運行に必要な装備をした状態であり，この状態における左右前車輪にかかる荷重のことを空車状態前軸荷重といい，左右後車輪にかかる荷重のことを空車状態後軸荷重という。

第3章　自動車の諸元

以上のことから，車両荷重を式で表すと次のようになる。

　　　車両荷重＝空車状態前軸荷重＋空車状態後軸荷重

2　車両総荷重

　車両総荷重とは積車状態の自動車の荷重をいう。

　積車状態とは，空車状態の自動車に乗車定員の人員が乗車し，最大積載荷重の物品を積載した状態のことで，この状態における左右前車輪にかかる荷重のことを積車状態前軸荷重といい，左右後車輪にかかる荷重のことを積車状態後軸荷重という。

　以上のことから，車両総荷重を式で表すと次のようになる。ただし，乗員の荷重は1人当たり550Nとする。

　　　車両総荷重＝車両荷重＋最大積載荷重＋乗車定員荷重(550N×定員数)
　　　　　　　　＝積車状態前軸荷重＋積車状態後軸荷重

　また，積車状態前軸荷重を式で表すと次のようになる。

　　　積車状態前軸荷重＝空車状態前軸荷重＋最大積載荷重の前軸荷重配分
　　　　　　　　　　　　＋乗車定員荷重の前軸荷重配分

　積車状態後軸荷重を求めるには，一般にまず，積車状態前軸荷重を求め，車両総荷重から積車状態前軸荷重を差し引くことで求められる。

　　　車両総荷重＝積車状態前軸荷重＋積車状態後軸荷重　より，

　　　積車状態後軸荷重＝車両総荷重－積車状態前軸荷重

▌ 例題3－2 ▌

次の諸元を有する自動車の車両総荷重はいくらですか。

車両荷重	前軸重	22150N
	後軸重	24200N
最大積載量		32000N
乗車定員		3名

〔解　答〕

　　　　車両荷重＝空車状態前軸荷重＋空車状態後軸荷重

　　　　　　　　＝22150N＋24200N＝46350N

　　　車両総荷重＝車両荷重＋最大積載荷重

　　　　　　　　＋乗車定員荷重（550N×定員数）

— 65 —

第 3 章　自動車の諸元

$$= 46350\mathrm{N} + 32000\mathrm{N} + (550\mathrm{N} \times 3)$$
$$= 46350\mathrm{N} + 32000\mathrm{N} + 1650\mathrm{N}$$
$$= \underline{80000\mathrm{N}}$$

■ 例題 3 − 3 ■

次の諸元を有する自動車について，次の各問に答えなさい。

車　両　荷　重	30350N
最　大　積　載　量	38000N
乗　車　定　員	3名
空車状態前軸重	16200N
積車状態前軸重	34320N

問 1　車両総荷重はいくらですか。

問 2　空車状態の後軸荷重はいくらですか。

問 3　積車状態の後軸荷重はいくらですか。

〔解　答〕

問 1　車両総荷重＝車両荷重＋最大積載荷重
　　　　　　　　　＋乗車定員荷重（550N×定員数）
　　　　　　＝30350N＋38000N＋（550N×3）
　　　　　　＝30350N＋38000N＋1650N
　　　　　　＝$\underline{70000\mathrm{N}}$

問 2　車両荷重＝空車状態前軸荷重＋空車状態後軸荷重　より，
　　　　空車状態後軸荷重＝車両荷重−空車状態前軸荷重
　　　　　　　　　　　　＝30350N−16200N
　　　　　　　　　　　　＝$\underline{14150\mathrm{N}}$

問 3　車両総荷重＝積車状態前軸荷重＋積車状態後軸荷重　より，
　　　　積車状態後軸荷重＝車両総荷重−積車状態前軸荷重
　　　　　　　　　　　　＝70000N−34320N
　　　　　　　　　　　　＝$\underline{35680\mathrm{N}}$

⑤　「テコの原理」による自動車の軸荷重計算の考え方

次の諸元を有する**図 3 − 4** のようなトラックの前軸荷重及び後軸荷重を求

— 66 —

第3章 自動車の諸元

める場合，トラックを1本のテコと考えて，テコの支点周りにどのような力が働いているか図解してみると理解しやすい。

車両荷重：F＝20000(N)
ホイールベース：L＝3000(mm)
前軸から重心までの水平距離：
　　　　　　　l_1＝1200(mm)
後軸から重心までの水平距離：
　　　　　　　l_2＝1800(mm)

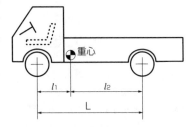

図3－4

そこで，諸元から分かっていることを図示すると，**図3－5**のようになる。

この図に示すF_1とF_2は車両荷重Fによって前軸と後軸に配分されたそれぞれの荷重を支持する力を表す。すなわち，前軸の支持力F_1＝前軸荷重であり，後軸の支持力F_2＝後軸荷重を意味する。従って，F_1，F_2を求めれば，前軸荷重及び後軸荷重を求めたことになる。

では，車両荷重Fがかかっている場合，前軸の支持力F_1を求めるにはどのように計算したらよいか，それは「テコの原理」と同様に，ある点を支点とし，その支点周りの力

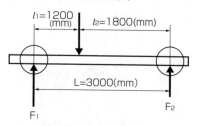

図3－5

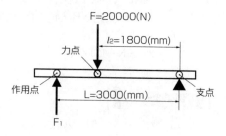

図3－6

のモーメントのつり合い条件を考えればよい。

従って，前軸の支持力F_1を求めるには**図3－6**のように後軸を支点としてつり合いが保たれていると考えれば，次の関係式が成り立ち求められる。

　　　$F_1 \times L = F \times l_2$

$$F_1 = \frac{F \times l_2}{L}$$

$$= \frac{20000\text{N} \times 1800\text{mm}}{3000\text{mm}}$$

$$= 12000\text{N}$$

逆に，後軸の支持力F_2を求める場合，図3-7に示すように前軸を支点としてつり合いが保たれていると考えればよい。従って，次の関係式が成り立ち求められる。

$$F_2 \times L = F \times l_1$$

$$F_2 = \frac{F \times l_1}{L}$$

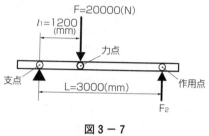

図3-7

$$= \frac{20000\text{N} \times 1200\text{mm}}{3000\text{mm}}$$

$$= 8000\text{N}$$

また，後軸荷重を求めるには，次のような求め方もある。

それは，車両荷重は空車状態前軸荷重＋空車状態後軸荷重で表されたので，$F = F_1 + F_2$の関係式が成り立ち，この式より後軸荷重を容易に求めることができる。すなわち，$F = F_1 + F_2$を$F_2 = F - F_1$に変形し求める。

$$F_2 = F - F_1$$
$$= 20000\text{N} - 12000\text{N}$$
$$= 8000\text{N}$$

例題3-4

図のようなレッカー車について，次の各問に答えなさい。ただし，空車時のレッカー車の前軸荷重は10000N，後軸荷重は4000Nとし，つり上げによるレッカー車の姿勢の変化はないものとします。

問1 図のようにワイヤに6000Nの荷重をかけたとき，前軸荷重は何Nですか。

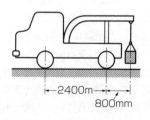

— 68 —

問2 問1のとき，後軸荷重は何Nですか。

〔解　答〕

問1 ワイヤで6000Nの荷重をつり上げると，次図のように後軸が支点となり，6000Nの荷重とこの荷重による前軸荷重を減少させようとする力xNが働いて，後軸周りの力のモーメントがつり合うことになる。

従って，つり上げたときの前軸荷重は，元々の前軸荷重10000Nから，前軸荷重を減少させる力xNを引いた残りとなる。

以上のことから，後軸周りのモーメントのつり合い条件より，次の関係式が成り立ち求められる。

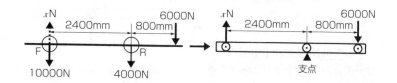

$$x \times 2400\text{mm} = 6000\text{N} \times 800\text{mm}$$

$$x = \frac{6000\text{N} \times 800\text{mm}}{2400\text{mm}}$$

$$= 2000\text{N}\ （前軸荷重減少分）$$

ゆえに，前軸荷重＝10000N－2000N＝<u>8000N</u>

問2 後軸荷重を求める方法で一番簡単な方法は，車両総荷重＝積車状態前軸荷重＋積車状態後軸荷重となることを利用して求める方法である。

すなわち，6000Nの荷重をつり上げているときのレッカー車の全荷重を車両総荷重とし，その荷重から6000Nの荷重をつり上げたときの前軸荷重（積車状態前軸荷重）を差し引けば，つり上げたときの後軸荷重（積車状態後軸荷重）が求められる。以上のことから，次のようになる。

レッカー車の全荷重（車両総荷重）＝空車状態前軸荷重＋空車状態後軸荷重
　　　　　　　　　　　　　　　　＋積載荷重
　　　　　　　　　　　　　　　＝10000N＋4000N＋6000N
　　　　　　　　　　　　　　　＝20000N

レッカー車の全荷重（車両総荷重）＝積車状態前軸荷重
　　　　　　　　　　　　　　　　＋積車状態後軸荷重
　　　20000N＝8000N＋積車状態後軸荷重

ゆえに，積車状態後軸荷重＝20000N－8000N＝12000Nとなる。

上記の方法で求めれば，計算間違いも少なくなる。では，次に「テコの原理」と同様に，支点周りの力のモーメントのつり合い条件から，積車状態の後軸荷重を求めてみると次のようになる。

レッカー車の後軸から800mmの所に6000Nの荷重がかかっているので，この荷重に対して丁度つり合う後軸の支持力すなわち後軸荷重の増加分をxNとすれば，次図のように前軸周りの力のモーメントのつり合い条件より，次の関係式が成り立ち求められる。

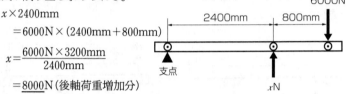

$x \times 2400\text{mm}$
 $= 6000\text{N} \times (2400\text{mm} + 800\text{mm})$

$x = \dfrac{6000\text{N} \times 3200\text{mm}}{2400\text{mm}}$

 $= 8000\text{N}$（後軸荷重増加分）

従って，つり上げたときの後軸荷重は，元々の後軸荷重4000Nにさらに8000Nの荷重が加わるので，4000N＋8000N＝12000Nとなり，前述の車両総荷重から求めた値と同じになる。

例題 3－5

次の諸元を有する図のような空車状態のトラックについて，後軸から重心までの水平距離Aは，何mmですか。

| ホイールベース：3600mm |
| 前 軸 荷 重：18000N |
| 後 軸 荷 重：22000N |

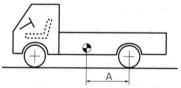

〔解 答〕

次図に示すように前軸荷重をF_1，後軸荷重をF_2とし，ホイールベースをLとすると，重心から前軸までの距離はL－Aとなる。従って重心を支点として，前軸荷重F_1と後軸荷重F_2がつり合っていると考えれば，支点周りの力のモーメントのつり合い条件から，次の関係式が成り立ち求められる。

$F_1 \times (L-A) = F_2 \times A$ より，

$18000\text{N} \times (3600\text{mm} - A) = 22000\text{N} \times A$

$18000\text{N} \times 3600\text{mm} - 18000\text{N} \times A = 22000\text{N} \times A$

$$18000\text{N} \times 3600\text{mm} = 40000\text{N} \times \text{A}$$

$$\text{A} = \frac{18000\text{N} \times 3600\text{mm}}{40000\text{N}}$$

$$= \underline{1620}\text{mm}$$

もう一つの考え方として、前軸荷重＋後軸荷重＝車両荷重だから、車両荷重をF、また前軸荷重は車両荷重Fによる前軸の支持力でもあるのでこの支持力をF_1とし、これらの荷重が後軸を支点としてつり合いを保っていると考えれば、支点周りの力のモーメントのつり合い条件から、次の関係式が成り立ち求められる。

$F_1 \times L = F \times A$ より、

$$\text{A} = \frac{F_1 \times L}{F}$$

$$= \frac{18000\text{N} \times 3600\text{mm}}{40000\text{N}}$$

$$= \underline{1620}\text{mm}$$

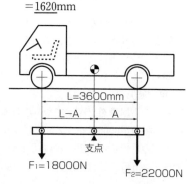

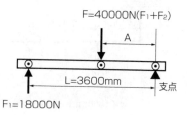

例題 3-6

図に示す方法により、平坦な路面においてレッカー車で乗用車をつり上げる場合について、次の各問に答えなさい。この場合において、レッカー車及び乗用車の諸元は図及び表に示すとおりで、それぞれは空車状態とします。なお、つり上げによって生じる乗用車の重心の移動及びレッカー車の姿勢の変化はないものとします。

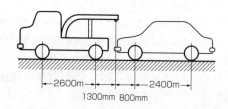

	空車状態前軸荷重	空車状態後軸荷重
レッカー車	10000N	14000N
乗　用　車	6000N	4500N

問1 つり上げたときにレッカー車のワイヤにかかる荷重は，何Nですか。

問2 つり上げたときの乗用車の後軸荷重は，何Nになりますか。

問3 つり上げたときのレッカー車の前軸荷重は，何Nになりますか。

問4 つり上げたときのレッカー車の後軸荷重は，何Nになりますか。

〔解　答〕

問1　乗用車をワイヤでつり上げた場合，乗用車の後軸を支点として乗用車の前軸荷重6000Nを，ワイヤと後軸で分担して支えることになる。従って，ワイヤの分担する荷重をxNとすれば，次図のように乗用車の後軸周りの力のモーメントのつり合い条件より，次の関係式が成り立ち求められる。

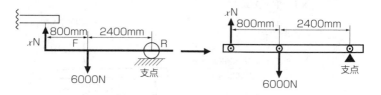

$$x \times (800\text{mm} + 2400\text{mm}) = 6000\text{N} \times 2400\text{mm}$$

$$x = \frac{6000\text{N} \times 2400\text{mm}}{3200\text{mm}}$$

$$= \underline{4500\text{N}}$$

問2　問1の解説より，乗用車の前軸荷重6000Nの内，4500N分の荷重はワイヤが受け持つので，残りの1500Nの荷重は支点である乗用車の後軸が受け持つことになる。従って，つり上げたときの乗用車の後軸荷重は，元々の乗用車の後軸荷重4500Nに，つり上げたときの後軸が受け持つ荷重1500Nが加わるので，4500N+1500N=<u>6000N</u>となる。

問3　乗用車をつり上げると次図のようにレッカー車の後軸が支点となり，ワイヤに掛ける荷重4500Nとこの荷重による前軸荷重を減少させようとする力xNが働いて，後軸周りの力のモーメントがつり合うことになる。従って，つり上げたときのレッカー車の前軸荷重は，元々の前軸荷重10000Nから，前軸荷重を減少させる力xNを引いたものとなる。

以上のことから，レッカー車の後軸周りのモーメントのつり合い条件より前軸荷重を減少させる力xNを求め，元々の前軸荷重10000Nからその分を差し引くと，次のようになる。

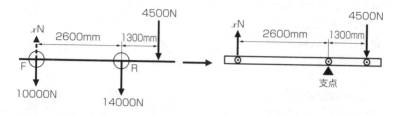

$$x \times 2600\text{mm} = 4500\text{N} \times 1300\text{mm}$$

$$x = \frac{4500\text{N} \times 1300\text{mm}}{2600\text{mm}}$$

$$= 2250\text{N（前軸荷重減少分）}$$

つり上げたときのレッカー車の前軸荷重＝10000N－2250N

$$= \underline{7750\text{N}}$$

問4 つり上げたときのレッカー車の全荷重（車両総荷重）からつり上げたときのレッカー車の前軸荷重を差し引いて求める。

従って，レッカー車の全荷重を求めると，空車状態前軸荷重＋空車状態後軸荷重＋積載荷重　より，10000N＋14000N＋4500N＝28500Nとなり，レッカー車の全荷重は，つり上げたときの前軸荷重＋つり上げたときの後軸荷重で表すことができるので，これより次のように求められる。

レッカー車の全荷重＝つり上げたときの前軸荷重

＋つり上げたときの後軸荷重　より，

つり上げたときの後軸荷重＝レッカー車の全荷重

－つり上げたときの前軸荷重

$$= 28500\text{N} - 7750\text{N}$$

$$= \underline{20750\text{N}}$$

6 エンジン性能曲線図

エンジン性能曲線図は，エンジンにかかる負荷を一定（全負荷状態）としたときのエンジンの発生する軸トルク，軸出力及び燃料消費率がエンジン回

転速度に応じて,どのような変化をするかグラフ上に示したもので,**図3-8**に示すように横軸にエンジン回転速度をとり,縦軸に軸出力,軸トルク,燃料消費率をとって表される。

この性能曲線図より,それぞれのエンジン回転速度の変化に対する軸出力と軸トルクの発生傾向や,エンジン回転速度に対する実際の燃料消費量及び燃料の消費する傾向を図から読み取ることができる。

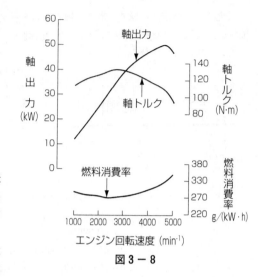

図3-8

まず,この線図からこれらの発生傾向をみることにする。

軸トルクは,エンジン回転速度のいかんにかかわらず比較的一定であるが,一般に最高回転速度の約2/3の付近で最大値を示し,それ以下では幾分低くなり,それ以上でも回転速度の増加とともに次第に低くなる。つまり体積効率のよいエンジン回転速度付近で最大値を示す。

軸出力は,発生するトルクと回転速度との積に比例するから回転数の上昇に伴ってほぼ直線的に増加する。しかし,ある回転数を超えるとこの出力は逆に低下する。これは高速回転になると体積効率の低下によって発生トルクが減少するとともに摩擦などの機械的損失が増大するためである。

燃料消費率は,最大トルクを示す回転数付近で最低値を示し,それより回転数が減っても増えても消費率は増加してくるなどの傾向が分かる。これは体積効率の一番よい運転状態では,圧縮圧力も高くなり燃焼が最も有効に行われるので発生トルクも大きくなり,出力当たりの燃料消費率は最低を示すようになる。

1 エンジン性能曲線図の読み方

図3-9において,最大軸トルクを読み取るには,軸トルク曲線の最も高

第3章 自動車の諸元

い点Aを求め，その点から水平に右へいった軸トルクの目盛の値を読めばよい。すると最大軸トルクは約135N・mとなる。また，このときに発生している軸出力を知るには，A点から垂直に下方に下がり，軸出力曲線と交わったB点を求め，そこから左へ水平にいき，軸出力の目盛に突き当たった数値がそのときの軸出力であり，約33kWとなる。

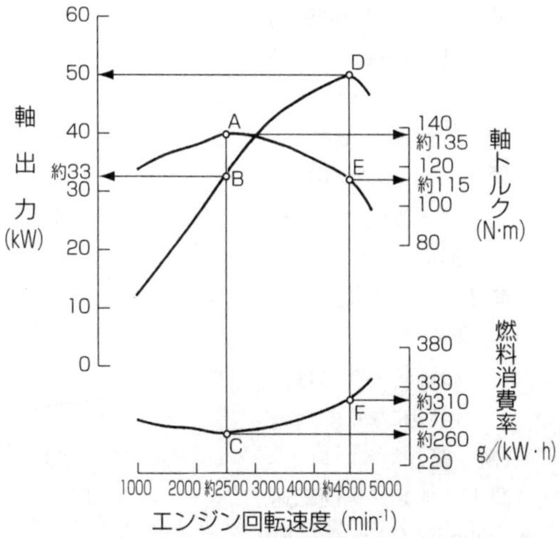

図 3 - 9

さらに，このときの燃料消費率はB点より燃料消費率曲線まで垂直に下方へ下がりC点を求め，この点から水平に右にいった燃料消費率の目盛を読み取ると約260g/(kW・h)となり，燃料消費率は最も小さい値となる。また，この場合のエンジン回転速度は約2500min⁻¹となる。

次に，軸出力の最大値すなわち最高軸出力を読み取ると，軸出力曲線の最も高くなるD点を求め，この点から水平に左にいき軸出力の目盛を読み取ると約50kWとなる。なお，このときの軸トルクはE点で約115N・mとなり，さらに燃料消費率はF点で約310g/(kW・h)となる。

また，この性能曲線図よりエンジン回転速度が2500min⁻¹で回転しているときの1時間に消費する燃料消費量は，次式のようにして求めることができる。

$$燃料消費量(kg) = 燃料消費率 \times 軸出力 \times 時間 \times \frac{1}{1000}$$

$$= 260g/(kW・h) \times 33kW \times 1h \times \frac{1}{1000}$$

$$= 8.58kg$$

▌ 例題 3 - 7 ▌

次図に示すエンジンの性能曲線図について，次の各問に答えなさい。

— 75 —

問1 エンジン回転速度が4000min^{-1}のときの軸トルクは，約何N・mですか。

問2 問1の状態における軸出力は，約何kWですか。

問3 問1の状態で1時間運転したときの燃料消費量は，何kgになりますか。

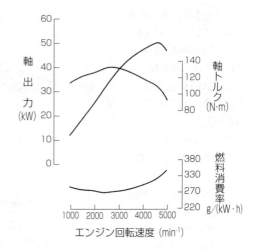

〔解　答〕

問1　エンジン回転速度4000min^{-1}の点を垂直に上方に上がり，トルク曲線の交点から水平に右へいった軸トルクの目盛の数値を読むと約120N・mとなる。

問2　エンジン回転速度4000min^{-1}の点を垂直に上方に上がり，軸出力曲線の交点から水平に左へいった軸出力の目盛の数値を読むと約47kWとなる。

問3　エンジン回転速度4000min^{-1}の点を垂直

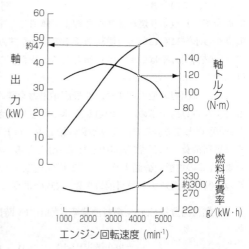

に上方に上がり，燃料消費率曲線との交点を水平に右に読むと約300g/(kW・h)となる。この状態で1時間運転したときの燃料消費量は，次式のようにして求めることができる。

$$燃料消費量(kg) = 燃料消費率 \times 軸出力 \times 時間 \times \frac{1}{1000}$$

$$=300\mathrm{g}/(\mathrm{kW}\cdot\mathrm{h})\times47\mathrm{kW}\times1\mathrm{h}\times\frac{1}{1000}$$

$$=\underline{14.1\mathrm{kg}}$$

7 走行性能曲線図

走行性能曲線図は自動車の動力性能を表す方法として用いられ，**図 3 −10**

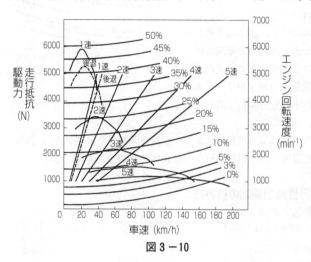

図 3 −10

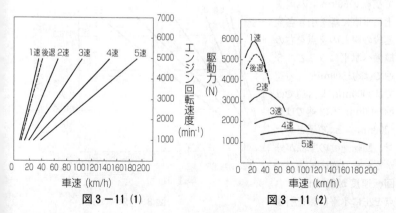

図 3 −11 (1)　　　　　　　図 3 −11 (2)

に示すように横軸に車速をとり，縦軸にエンジン回転速度及び駆動力と走行抵抗をとって表し，エンジン回転速度と車速，各変速段における駆動力と車速，車速に対する走行抵抗の各関係の3つの線図を組み合わせて作られている。

図3－11の(1)はエンジンの回転速度と車速の関係を，図(2)は1速から5速及び後退の駆動力と車速の関係を，図(3)は0～50％までの走行抵抗と車速の関係を分かりやすくするために，それぞれを分離して表したものである。

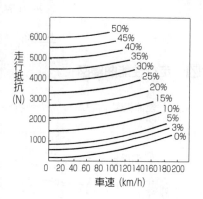

図3－11 (3)

これらの線図は積車状態でエンジン全負荷時が描かれており，これにより，加速能力，登坂能力，最高速度などの諸性能を知ることができる。

1 走行性能曲線図の読み方

性能曲線図でエンジン回転速度と車速の関係をみると，図3－12において横軸の60km/hの点を上に垂直に線を引き各変速段の線との交点を右の縦軸へ水平にみると，5速では約1500min^{-1}，4速では2000min^{-1}，3速では約2800min^{-1}，2速では約4300min^{-1}と，車速とエンジン回転速度の関係が分かる。また逆にエンジン回転速度が3000min^{-1}の点を左に水平に線を引き

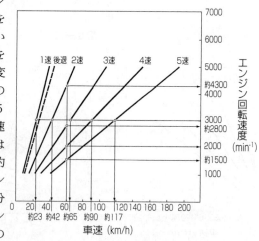

図3－12

各変速段の線との交点を下に垂直に線を引くと各変速段における車速が分かり，5速では約117km/h，4速では約90km/h，3速では約65km/h，2速では約42km/h，1速では約23km/hとなる。

このように図から任意の変速段におけるエンジン回転速度と車速の関係が分かる。

次に図3-13に示す駆動力曲線は，エンジンの発生トルクより総減速比で算出したもので，各変速段での最高駆動力を表している。

各変速段における最高駆動力と車速の関係をみると，例えば，2速で出し得る最高駆動力は，2速の駆動力曲線の一番高い点を水平に左の縦軸をみて約3400Nとなる。またそのときの車速は40km/hとなる。

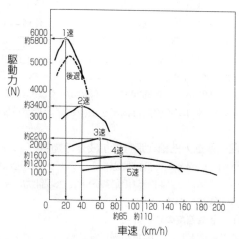

図3-13

3速では60km/hの車速のときが最高駆動力を示し約2200Nとなり，各変速段における任意の車速と駆動力の関係が分かる。

走行抵抗と車速の関係は図3-14のように各こう配別の曲線で表している。

走行抵抗は「ころがり抵抗」「空気抵抗」「こう配抵抗」など，走行を妨

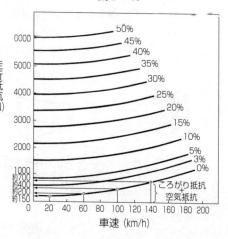

図3-14

げる力の作用を合計したものをいう。その中で，ころがり抵抗は路面との摩擦のことで，空気抵抗は風圧になり，これらは主として車の速度によって決まる。特に，空気抵抗は速度の2乗に比例するので，車速が上がると走行抵抗曲線は，全体的に右上がりの曲線になる。

こう配抵抗は速度に関係がなく，坂のこう配によって決まるので，坂が急になるほど走行抵抗曲線は全体に上方に平行移動する。その中で，10％こう配とは，100m進んで10m高くなる坂路を表している。また，0％の走行抵抗曲線は，ころがり抵抗と空気抵抗の和で，こう配は含まれず平坦路を意味する。平坦路を走行しても車速が上がると空気抵抗の要因が増し20km/hでは約150N，60km/hでは約200N，100km/hでは約400Nと増加する。そして，自動車の駆動力がこの走行抵抗を上回れば走行が可能となる。

2 駆動力曲線と走行抵抗曲線の関係

駆動力曲線と走行抵抗曲線を1つのグラフに重ねて示すと図3－15になる。このグラフより，自動車の最高速度，登坂能力，あるいは加速の状態などの動力性能が分かる。

(1) 最高速度の読み方

最高速度とは，自動車が平坦舗装路においてトランスミッションのギヤがトップの状態で出すことのできる最高の速度である。従って，図3－15で平坦路における走行抵抗曲線と5速の駆動力曲線をみればよいことになる。

例えば，車速が60km/hのとき，平坦路における走行抵抗はA点の約200Nであり，200Nの駆動力で走行していることになる。しかし，車速60km/hの

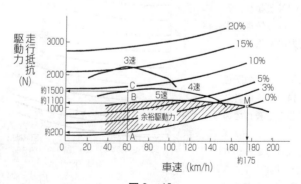

図3－15

ときにアクセルペダルを一杯に踏み込めば，5速においてB点の1100Nの駆動力を出すことが可能であり，1100Nのうち200Nは走行抵抗のために消費されるが，B－Aの差し引いた900N分だけ，この自動車には余裕がある。これを余裕駆動力といっている。

　この余裕駆動力は加速力となり，自動車は走行抵抗とつり合うところまで加速することができ，図の斜線の部分が平坦路（こう配0％）を走行するときの余裕駆動力になる。この余裕駆動力は，こう配に差しかかると登坂力になる。

　こうしてアクセルペダルを踏み込んでいるうち車速は増加するが，車速が増すにつれて駆動力は低下し，走行抵抗は逆に増加して，やがて駆動力曲線と走行抵抗曲線はM点で交わることになり，この交点以上の車速になると走行抵抗が駆動力を上回るので走行できなくなる。この交点が最高速度で，**図3－15**では約175km/hとなる。

　また60km/hで走行中，5速ではアクセルペダルを一杯に踏み込むと1100N－200N＝900Nの加速力があるが，これを4速にシフトダウンさせてアクセルペダルを一杯に踏み込めば駆動力はC点に移り約1500Nとなって，1500N－200N＝1300Nの加速力となり，5速で加速するより1300N－900N＝400Nぶん，さらに大きな力が発生し急加速が可能となる。

　このように，一段ギヤを減速することで大きな余裕駆動力ができるため，走行中の追い越しが楽にできる。

(2)　坂路における最高速度の読み方

　坂路ではそのこう配によって異なるが，**図3－16**において駆動力曲線が4速で，こう配5％の坂を上っている自動車が出し得る最高速度は，4速の駆動力曲線とこう配5％の走行抵抗曲線とが交わるD点の約137km/hがこの条件における最高速度となる。しかし，もし4速で走行中にこう配10％の上り坂にさしかかったとすると，4速の駆動力がどの車速においても，こう配10％の上り坂における走行抵抗より小さいため，4速のままでは車速は減少するばかりで，走行を続けることはできなくなる。そこで3速にシフトダウンすることにより，走行抵抗以上に駆動力を増すことができるので，走行が可能となる。

　以上のことから4速で上ることのできる坂は，約9％くらいが最高となる。また，こう配10％の上り坂を3速にして走行した場合，最高速度はE点の約104km/hとなる。

第3章 自動車の諸元

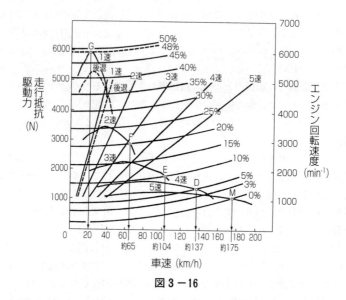

図3-16

(3) 登坂能力

図3-16のような走行性能曲線図を持つ自動車は、4速のときこう配5%の坂では約137km/h以下の車速で上れるが、10%の坂は上れない。3速ではこう配10%の坂は約104km/h以下で、また、こう配20%の坂は2速で約65km/h以下なら上れるが、こう配30%の坂は上れない。坂が急になるにつれて車速は下がっていき、ついにこう配約48%になると、前進で最大の駆動力を出している20km/hのときだけ上ることが可能となる。従って、こう配48%より坂が急になると走行抵抗の方が常に駆動力を上回るため、これ以上の坂は上ることはできないことになる。

このように、自動車が上ることができる最大こう配は、1速の駆動力曲線の頂点と走行抵抗曲線間を等分し、駆動力曲線の頂点と接触する所を読み取ることにより知ることができる。

▌ 例題3-8 ▌

図に示す走行性能曲線図で、こう配3%の坂路を第4速にして車速が90km/hで走行しているときについて、次の各問に答えなさい。

第3章 自動車の諸元

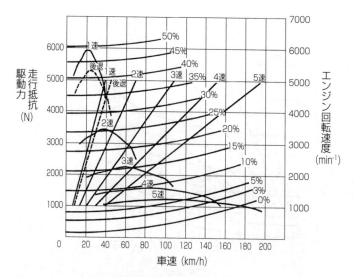

問1 エンジン回転速度は，約何 min^{-1} ですか。

問2 走行抵抗は，約何 N ですか。

問3 アクセルペダルを一杯踏み込むと駆動力は，約何 N になりますか。

問4 加速力（余裕駆動力）は，何 N になりますか。

問5 最高速度は約何 km/h ですか。

問6 こう配10％の坂路を上ることができますか。

問7 3速にシフトダウンすると駆動力は約何 N になりますか。また，加速力は何 N 分増加しますか。

問8 3速にシフトダウンしたときのエンジン回転速度は約何 min^{-1} になりますか。

〔解　答〕

問1 車速90km/h の点を垂直に線を引き4速のエンジン回転速度の線との交点を右に水平線を引いて読むと 3000min^{-1} となる。

問2 車速90km/h の点を垂直に線を引きこう配3％の走行抵抗曲線との交点を左に水平線を引いて読むと約800N となる。

問3 車速90km/h の点を垂直に線を引き4速の駆動力曲線との交点を左に水平線を引いて読むと約1500N となる。

問4 加速力（余裕駆動力）は駆動力－走行抵抗で求められるので，こう

— 83 —

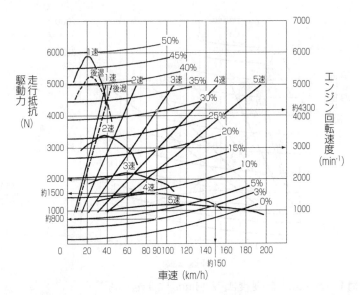

配3％の坂路を第4速にして車速が90km/hで走行しているときの走行抵抗は約800Nで，このときの最高駆動力は約1500Nであるから，1500N－800N＝700Nが余裕駆動力となる。

問5　4速の駆動力曲線とこう配3％の走行抵抗曲線との交点を垂直に下がると約150km/hとなる。

問6　こう配10％の走行抵抗曲線の方が4速の駆動力曲線より上回っているため，4速では駆動力不足となるので上ることができない。3速にシフトダウンすると，駆動力が走行抵抗より大きくなるので上ることができる。

問7　車速90km/hの点を垂直に線を引き3速の駆動力曲線との交点を左に水平線を引いて読むと駆動力は約2000Nとなる。4速時の駆動力は1500Nだったから，加力力は2000N－1500N＝500N分増加する。

問8　車速90km/hの点を垂直に線を引き3速のエンジン回転速度の線との交点を右に水平線を引いて読むと約4300min^{-1}となる。

— 84 —

第4章　電気の基礎

1　電気の基本は，電圧，電流，抵抗

電気が⊕極から⊖極に向かって流れるのは，⊕極と⊖極の間に何らかの電気的な差があるからだと考えられる。

これを**図4−1**に示す水の例で考えてみると，位置の高いタンクと低いタンクをパイプで結び，高い方のタンクに水を入れると，水は高い所から低い所へ流れる。これは，双方のタンクの間に位置エネルギーの差があるために，水が低い方へ流れるのである。

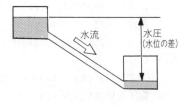

図4−1

電気の場合も同じことで，**図4−2**のように乾電池に電球をつなぐと，電気が⊕極から⊖極に向かって流れて電球が点灯する。つまり電池の⊕極と⊖極の間にも何らかの電気的な差があるからである。

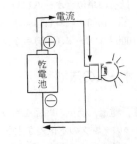

図4−2

電気の場合に，水の水位に相当する電気的な力の差が「電圧（電位）」で，水流に相当するのが「電流」となる。

また，同じ水位のタンクから水を流しても，**図4−3**のようにパイプの途中にバルブがあった場合，バルブの開度によって流れる水の量が変わることになる。バルブの開度が大きいときは，水の流れを妨げる作用が小さいため，

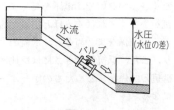

図4−3

— 85 —

水の流量は多くなり、逆に開度が小さいときは、水の流れを妨げる作用が大きいため、水の流量は少なくなる。

電気の場合も同じように、途中に電気の流れを妨げるものがあると電流が流れにくくなる。この電気の流れやすさ（あるいは流れにくさ）の程度を示すのが「抵抗」である。

② 電気の単位

電圧、電流、抵抗には、それぞれ単位がある。
(1) 電流の単位＝アンペア（A）
1アンペアとは、1オームの抵抗に1ボルトの電圧を加えたときに流れる電流をいう。
　　　　1アンペア（A）＝1000ミリアンペア（mA）
(2) 電圧の単位＝ボルト（V）
　　　　1ボルト（V）＝1000ミリボルト（mV）
　　　　1000ボルト（V）＝1キロボルト（1kV）
(3) 抵抗の単位＝オーム（Ω）
　　　　1000オーム（Ω）＝1キロオーム（kΩ）
　　1000キロオーム（kΩ）＝1メガオーム（MΩ）

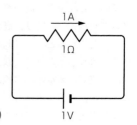

③ オームの法則

電圧、電流、抵抗の関係をもう一度、**図4－4**に示す水の例で考えてみると、2つのタンクの水位差を大きくすればするほど水はたくさん流れ、また、パイプの途中にあるバルブの開度を開けば開くほど水は流れやすくなる。

電気における関係も水の場合と同じで、**図4－5**に示すように、乾電池をたくさんつないで、電圧を高くすれば高くするほど電流がたくさん流れ、抵抗を小さくすればするほど電流が流れやすくなる。

この関係をまとめると、電流の大きさは電圧の大きさに比例して大きくなり、また、抵抗の大きさには反比例して小さくなる。こうした電圧、電流、抵抗の関係をまとめたものが「オームの法則」で、数式で表すと、次のようになる。

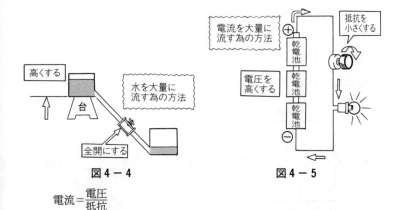

図4-4　　　　　　　図4-5

電流＝電圧/抵抗

ここで，電流をI(A)，電圧をE(V)，抵抗をR(Ω)という略号で表すと，

$$I(A) = \frac{E(V)}{R(\Omega)}$$ となる。

この式を変形すると，$E(V) = I(A) \times R(\Omega)$，$R(\Omega) = \frac{E(V)}{I(A)}$ となり，回路内の電流，電圧，抵抗を求める場合にこの式を使うので，しっかりと覚えておこう。

④ オームの法則の覚え方

E＝電圧(V)
I＝電流(A)
R＝抵抗(Ω)

図4-6を覚えておくと，オームの法則を簡単に思い出すことができる。

図4-6

(1) 電圧を求める場合　　(2) 電流を求める場合　　(3) 抵抗を求める場合
　(Eを押さえる)　　　　　(Iを押さえる)　　　　　(Rを押さえる)

$E = I \times R$

$I = \frac{E}{R}$

$R = \frac{E}{I}$

図4-7

— 87 —

第4章 電気の基礎

図 4 − 7 に示すように,図で求めたい記号を指で押さえて隠したときに,残った記号の関係がオームの法則の計算式になる。

例題 4 − 1

回路に流れる電流 I は,何 A ですか。

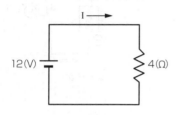

〔解 答〕

$$I=\frac{E}{R}=\frac{12V}{4\ \Omega}=\underline{3}\ A$$

例題 4 − 2

未知抵抗 R は,何 Ω ですか。

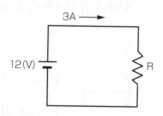

〔解 答〕

$$R=\frac{E}{I}=\frac{12V}{3\ A}=\underline{4}\ \Omega$$

例題 4 − 3

電源電圧は,何 V ですか。

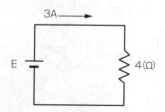

〔解 答〕

$$E=I\times R=3A\times 4\Omega =\underline{12}V$$

5 抵抗の接続

抵抗には，つなぎ方によって直列接続と並列接続がある。どのような特徴があるのか，しっかり覚えておこう。

1 直列接続

図4－8のように，1本の電線にたくさんの電球などを一列に順次つなぐ方法を直列接続という。

直列接続を水の流れに例えると，図4－9のようになり，この滝では，それぞれの滝を流れる水量はどの滝でも等しく，かつ，水源から流れ出る水量と等しいという特徴がある。

また，3つの滝の高さの合計が滝全体の高さになる。これを，図4－10の電気回路に置き換えると，次のことが言える。

(1) 回路内の各抵抗(滝)に流れる電流量(水量)は，どこの抵抗でも等しく，かつ，全体の電流量とも等しい。

$$I = i_1 = i_2 = i_3 \quad \cdots\cdots\cdots\cdots\cdots\cdots\cdots\cdots\cdots\cdots ①$$

(2) 回路内の各抵抗（滝）にかかる電圧（水位差）の合計は，電源電圧（滝全体の水位）に等しい。

$$E = e_1 + e_2 + e_3 \quad \cdots\cdots\cdots\cdots\cdots\cdots\cdots\cdots\cdots\cdots ②$$

(3) 前記の(1)，(2)及びオームの法則から，回路全体の合成抵抗Rは，次のように導かれる。

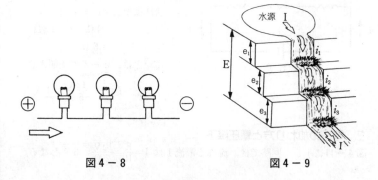

図4－8　　　　　　　図4－9

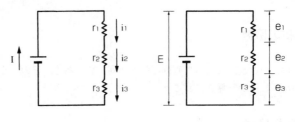

図 4－10

オームの法則より，$E = I \times R$，$e_1 = i_1 \times r_1$，$e_2 = i_2 \times r_2$，$e_3 = i_3 \times r_3$ となり，それぞれを②の式に代入すると，

$I \times R = (i_1 \times r_1) + (i_2 \times r_2) + (i_3 \times r_3)$ となり，さらに①の式より，

$I \times R = (I \times r_1) + (I \times r_2) + (I \times r_3)$ となる。

次に，この式の両辺を I で割ると，$R = r_1 + r_2 + r_3$ となる。

すなわち，いくつかの抵抗を直列接続した場合の合成抵抗は，各抵抗値の和（合計）となる。また，同じ抵抗 r を n 個直列につないだ場合の合成抵抗は，$R = n \times r$ となる。

以上のことから，いくつかの抵抗を直列につなぐと，回路全体の抵抗値が大きくなる。また，その結果，回路全体を流れる電流は小さくなる。

例題 4－4

この回路の合成抵抗は，何Ωですか。また，回路に流れる電流 I は，何A ですか。

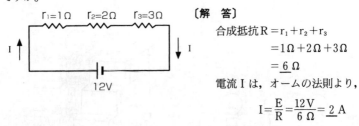

〔解　答〕

合成抵抗 $R = r_1 + r_2 + r_3$
$= 1\Omega + 2\Omega + 3\Omega$
$= \underline{6\ \Omega}$

電流 I は，オームの法則より，

$$I = \frac{E}{R} = \frac{12\text{V}}{6\ \Omega} = \underline{2}\ \text{A}$$

2　電圧の加わり方と電圧降下

図 4－11に示した回路では，流れる電流 I は $I = \frac{E}{R} = \frac{12\text{V}}{2\ \Omega} = 6$ A となる。

第4章 電気の基礎

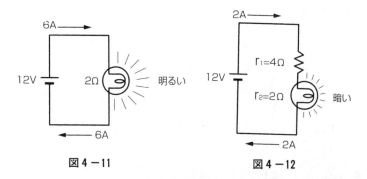

図4-11　　　　　　　　図4-12

この回路に、さらに4Ωの抵抗を直列につないだ**図4-12**では、電球は暗くなる。これは、回路の抵抗が2Ωから2Ω+4Ω=6Ωに増え、電流が$I=\dfrac{E}{R}=\dfrac{12V}{6Ω}=2A$と1/3に減少したためである。

このことを見方を変えて、電球に加わる電圧について考えてみると、4Ωの抵抗をつける前では、電球には電源の12Vがそのまま加わる。では、4Ωの抵抗を電球に直列に接続すると、電流は2A流れ、4Ωの抵抗には$e_1=I×r_1=2A×4Ω=8V$の電圧が、電球には$e_2=I×r_2=2A×2Ω=4V$の電圧がそれぞれ加わることになる。

すなわち、電球に加わる電圧が12Vから4Vに低下したので、電球が暗くなったことになる。このように、**抵抗に電流が流れたことにより電源電圧が次第に消費される現象を、電圧降下**という。

従って、**図4-13**に示すように各々の抵抗の両端には、電圧降下で下がっただけの電位差が表れるので、電圧降下は抵抗に加わる電圧であると考えてもよい。

また、電圧降下を考える場合、4Ωと2Ωにより生じた電圧降下$e_1=8V$と$e_2=4V$の合計$E=12V$は、電源電圧に等しいことが分かる。このことから、一般に1つの閉じた回路があるとき、その回路に生じる電圧降下の合計は、必ず電源電圧に等しくなるという法則が成り立つ。これを、**キルヒホッフの第2法則**といい、

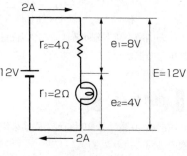

図4-13

― 91 ―

式で表すと次のようになる。

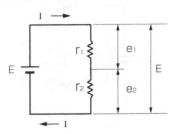

$E = e_1 + e_2$
E：電源電圧
e_1：抵抗r_1による電圧降下
e_2：抵抗r_2による電圧降下

例題 4 − 5

次の各問に答えなさい。

問 1 回路に流れる電流 I は，何A ですか。

問 2 各々の抵抗に加わる電圧e_1, e_2, e_3 は，何Vですか。

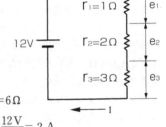

〔解 答〕

問 1 回路の合成抵抗Rを求めると，
$$R = r_1 + r_2 + r_3 = 1Ω + 2Ω + 3Ω = 6Ω$$

従って，回路に流れる電流 I は，$I = \dfrac{E}{R} = \dfrac{12V}{6Ω} = \underline{2}$ A

問 2 各々の抵抗に加わる電圧e_1, e_2, e_3 は次のようになる。
$e_1 = I × r_1 = 2 A × 1 Ω = \underline{2}$ V
$e_2 = I × r_2 = 2 A × 2 Ω = \underline{4}$ V
$e_3 = I × r_3 = 2 A × 3 Ω = \underline{6}$ V

この例題からも分かるように，各抵抗に加わる電圧（電圧降下）は電流×抵抗 で表されるので，電流が一定ならば，抵抗が大きくなるほど電圧降下は大きくなる。

例題 4 − 6

次図の回路で，未知抵抗r_2の両端の電圧を測定したところ6Vありました。次の各問に答えなさい。

第4章 電気の基礎

問1 抵抗3Ωの両端には,何Vの電圧が表れますか。

問2 回路に流れる電流Iは,何Aですか。

問3 未知抵抗r_2は,何Ωですか。

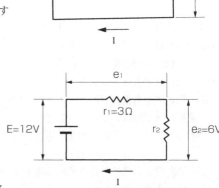

〔解 答〕

問1 右図に示すように,3Ωの抵抗にかかる電圧をe_1とし,未知抵抗r_2にかかる電圧をe_2とすると,e_1+e_2が電源$E=12V$となることから,次のようになる。

$E=e_1+e_2$より,$12V=e_1+6V$となるので,

$$e_1=12V-6V=\underline{6}\ V$$

問2 問1より,3Ωの抵抗の両端e_1には,6Vの電圧がかかるので,3Ωの抵抗に流れる電流は,$I=\dfrac{e_1}{r_1}=\dfrac{6V}{3\Omega}=2A$となる。従って直列回路内では,各抵抗に流れる電流量はどこの抵抗でも等しく,かつ全体の電流量とも等しいことから,この回路の電流Iは$\underline{2}$ Aとなる。

問3 未知抵抗r_2の両端e_2にかかる電圧が6Vで,問2より,流れる電流が2Aであるから,未知抵抗r_2は,$r_2=\dfrac{e_2}{I}=\dfrac{6V}{2A}=\underline{3}$ Ωとなる。

3 並列接続

図4-14のように,いろいろな電気装置を1本の電線からタコ足のように並べてつなぐ方法を,並列接続という。自動車の電気装置の接続は,基本的

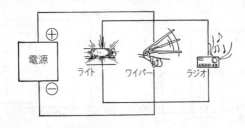

図4-14

にはこの並列接続で接続されている。

並列接続を水の流れに例えると**図4-15**のようになり、それぞれの滝の高さはすべて等しいという特徴がある。

また、それぞれの滝に流れる水量の合計が全体の水量に等しくなる。これを、**図4-16**の電気回路に置き換えると、次のことが言える。

(1) 回路内の各抵抗(滝)にかかる電圧(水位差)は、どこの抵抗でも等しくかつ、全体の電圧とも等しい。

$$E = e_1 = e_2 = e_3 \quad \cdots\cdots\cdots\cdots\cdots\cdots\cdots\cdots\cdots\cdots\cdots\cdots\cdots\cdots\cdots\cdots\cdots ①$$

(2) 回路内の各抵抗(滝)を流れる電流量(水量)の合計は、電源の電流量(滝全体の水量)に等しい。

すなわち、**図4-17**に示すように、回路の中の分岐点Pと合流点では、流れ込む電流の総和=流れ出す電流の総和 という法則が成り立つ。これをキルヒホッフの第1法則といい、式で表すと次のようになる。

$$I = i_1 + i_2 + i_3 \quad \cdots\cdots\cdots\cdots\cdots\cdots\cdots\cdots\cdots\cdots\cdots\cdots\cdots\cdots\cdots\cdots\cdots ②$$

(3) 前記の(1)、(2)及びオームの法則から、回路全体の合成抵抗Rは、次のように導かれる。

オームの法則より、

$I = \dfrac{E}{R}$, $i_1 = \dfrac{e_1}{r_1}$, $i_2 = \dfrac{e_2}{r_2}$, $i_3 = \dfrac{e_3}{r_3}$ となり、それぞれを②の式に代入すると、

$\dfrac{E}{R} = \dfrac{e_1}{r_1} + \dfrac{e_2}{r_2} + \dfrac{e_3}{r_3}$ となり、

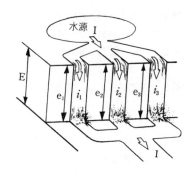

図4-15

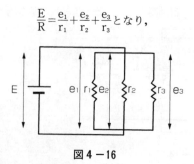

図4-16

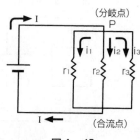

図4-17

さらに①の式より，$\dfrac{E}{R}=\dfrac{E}{r_1}+\dfrac{E}{r_2}+\dfrac{E}{r_3}$ となる。

次に，この式の両辺をEで割ると，$\dfrac{1}{R}=\dfrac{1}{r_1}+\dfrac{1}{r_2}+\dfrac{1}{r_3}$ となるから，合成抵抗Rは次式のように表される。

$$R=\dfrac{1}{\dfrac{1}{r_1}+\dfrac{1}{r_2}+\dfrac{1}{r_3}}$$

以上のことから，いくつかの抵抗を並列接続した場合の合成抵抗は，各抵抗値の逆数の和の逆数となると同時に，回路内の各抵抗のいずれの値よりも小さくなる。次に，その例題を示す。

例題 4 − 7

この回路の合成抵抗は，何Ωですか。

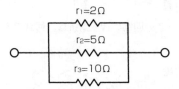

〔解　答〕

$$合成抵抗 R=\dfrac{1}{\dfrac{1}{r_1}+\dfrac{1}{r_2}+\dfrac{1}{r_3}}=\dfrac{1}{\dfrac{1}{2}+\dfrac{1}{5}+\dfrac{1}{10}}$$

$$=\dfrac{1}{\dfrac{5}{10}+\dfrac{2}{10}+\dfrac{1}{10}}=\dfrac{1}{\dfrac{8}{10}}=\dfrac{10}{8}=\underline{1.25}\,\Omega$$

ところで，直列接続の場合，同じ抵抗rをn個つなぐと合成抵抗Rは，$R=n\times r$ であったが，並列接続ではどうなるだろうか。

例えば図 4 − 18に示すように，2Ωの抵抗を3個並列に接続した場合の合成抵抗Rは，

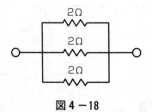

図 4 − 18

$$R=\dfrac{1}{\dfrac{1}{2}+\dfrac{1}{2}+\dfrac{1}{2}}=\dfrac{1}{\dfrac{3}{2}}=\dfrac{2}{3}\,\Omega$$

すなわち同じ抵抗 r を n 個，並列につないだ場合の合成抵抗は，$R = \dfrac{r}{n}$ となる。

例題 4 − 8

この回路の合成抵抗は，何Ωですか。

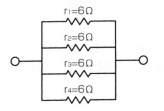

〔**解 答**〕

合成抵抗 $R = \dfrac{r}{n}$

$= \dfrac{6}{4}$

$= \underline{1.5} \, \Omega$

例題 4 − 9

この回路の合成抵抗は，何Ωですか。

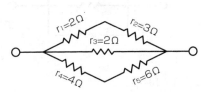

〔**解 答**〕

① r_1 と r_2 は直列接続なので，この間の合成抵抗を R_1 とすると，
$R_1 = r_1 + r_2 = 2 + 3 = 5 \, \Omega$

② r_4 と r_5 も直列接続なので，この間の合成抵抗を R_2 とすると，
$R_2 = r_4 + r_5 = 4 + 6 = 10 \, \Omega$

③ 従って，この回路は図のように $R_1 = 5 \, \Omega$ と $r_3 = 2 \, \Omega$ 及び $R_2 = 10 \, \Omega$ の並列接続回路となるので，合成抵抗 R は，

$R = \dfrac{1}{\dfrac{1}{R_1} + \dfrac{1}{r_3} + \dfrac{1}{R_2}} = \dfrac{1}{\dfrac{1}{5} + \dfrac{1}{2} + \dfrac{1}{10}}$

$= \dfrac{1}{\dfrac{2}{10} + \dfrac{5}{10} + \dfrac{1}{10}} = \dfrac{1}{\dfrac{8}{10}} = \dfrac{10}{8} = \underline{1.25} \, \Omega$

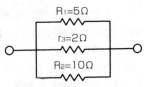

例題 4 − 10

次の各問に答えなさい。

問 1 回路の合成抵抗は，何Ωですか。

第4章 電気の基礎

問2 回路に流れる電流Ｉは，何Ａですか。
問3 電圧e_1及びe_2は，何Ｖですか。
問4 抵抗6Ωに流れる電流I_1は，何Ａですか。

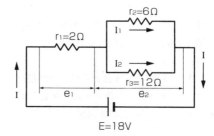

〔解　答〕

問1　回路中で，6Ωと12Ωが並列接続なので，この間の合成抵抗をxとすると，

$$x = \frac{1}{\frac{1}{r_2}+\frac{1}{r_3}} = \frac{1}{\frac{1}{6}+\frac{1}{12}} = \frac{1}{\frac{2}{12}+\frac{1}{12}} = \frac{1}{\frac{3}{12}} = \frac{12}{3} = 4\ \Omega$$

従って，この回路は2Ωと4Ωの抵抗を直列接続した回路となることから，全合成抵抗Ｒは，Ｒ＝2Ω＋4Ω＝<u>6</u>Ωとなる。

問2　全電圧Ｅが18Ｖで，全抵抗Ｒが6Ωなので，全電流Ｉは，

$$I = \frac{E}{R} = \frac{18V}{6\ \Omega} = \underline{3}\ A$$

問3　抵抗2Ωには電流3Ａが流れるので，この間の電圧降下e_1は，
　　$e_1 = I \times r_1 = 3\ A \times 2\ \Omega = \underline{6}\ V$

従って，e_2は全電圧から抵抗2Ωによる電圧降下e_1を引いた残りの電圧となることから，$e_2 = 18V - e_1 = 18V - 6V = \underline{12}V$となる。

問4　抵抗6Ωの両端には電圧$e_2 = 12V$がかかっているので，抵抗6Ωに流れる電流は，

$$I_1 = \frac{e_2}{r_2} = \frac{12V}{6\ \Omega} = \underline{2}\ A$$

例題4-11

次の各問に答えなさい。
問1 回路の合成抵抗は，何Ωですか。
問2 回路に流れる電流Ｉは，何Ａですか。

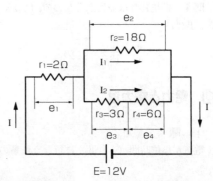

第 4 章　電気の基礎

問3　電圧e_1, e_3, e_4は，何Vですか。

問4　抵抗18Ωに流れる電流I_1は，何Aですか。

〔解　答〕

問1　回路中で，3Ωと6Ωが直列接続なので，この間の合成抵抗をr_5とすると，$r_5 = r_3 + r_4 = 3Ω + 6Ω = 9Ω$となり，$r_5 = 9Ω$と$r_2 = 18Ω$が並列接続となる。従って，この並列部分の合成抵抗をxとすると，

$$x = \cfrac{1}{\cfrac{1}{r_2} + \cfrac{1}{r_5}} = \cfrac{1}{\cfrac{1}{18} + \cfrac{1}{9}} = \cfrac{1}{\cfrac{1}{18} + \cfrac{2}{18}} = \cfrac{1}{\cfrac{3}{18}} = \frac{18}{3} = 6Ω となり，$$

この回路は2Ωと6Ωの抵抗を直列接続した回路となることから，全合成抵抗Rは，$R = 2Ω + 6Ω = \underline{8Ω}$となる。

問2　全電圧Eが12Vで，全抵抗Rが8Ωなので，全電流Iは，

$$I = \frac{E}{R} = \frac{12V}{8Ω} = \underline{1.5A}$$

問3　抵抗2Ωによる電圧降下e_1は，

$$e_1 = I \times r_1 = 1.5A \times 2Ω = \underline{3}V$$

並列部分にかかる電圧e_2及び$e_3 + e_4$は，全電圧からe_1を引いた残りの電圧となることから，$12V - 3V = 9V$となる。

従って，$e_3 + e_4 = 9V$なので，この間の抵抗r_3及びr_4に流れる電流I_2は，

$$I_2 = \frac{e_3 + e_4}{r_3 + r_4} = \frac{9V}{3Ω + 6Ω} = 1A$$

ゆえに，9Vの電圧配分e_3, e_4は次のようになる。

$$e_3 = I_2 \times r_3 = 1A \times 3Ω = \underline{3}V$$
$$e_4 = I_2 \times r_4 = 1A \times 6Ω = \underline{6}V$$

問4　抵抗18Ωは並列部分なので，問3より9Vの電圧がかかる。従って，電流I_1は，

$$I_1 = \frac{e_2}{r_2} = \frac{9V}{18Ω} = \underline{0.5A}$$

⑥　電力と電力量

1　電　力

電気が単位時間（1秒間）に行なう仕事の量（仕事率）を電力といい，例

— 98 —

えば電熱器が単位時間にどれだけの湯をわかす能力をもっているかなどを表す場合に用いる。

では，電熱器に加えた電圧をE（V），これに流れる電流をI（A）とすると，このときの電熱器の仕事率，すなわち電力は次のような関係で表される。ただし，電力の量記号はP，単位は仕事率と同じワット（W）を用いて表す。

電力＝電圧×電流

$P(W) = E(V) \times I(A)$

つまり，電力P（W）は回路電圧E（V）と，回路に流れる電流I（A）の積で求められる。従って電圧が1V加わり電流が1A流れたときに電気が行なう仕事の割合が電力の基準となり，そのときの電力が1Wとなる。また電力の単位にはキロワット（kW）などもよく用いられる。

$1(kW) = 1000W$

次に電力の式にオームの法則　$E = I \cdot R$と$I = \dfrac{E}{R}$を代入すると，

$P = E \times I = I \times R \times I = I^2 \cdot R$と

$$P = E \times I = E \times \frac{E}{R} = \frac{E^2}{R}$$

で表すことができる。従って，電力は次の3つの方法で表すことができる。

(1)　$P = E \cdot I$

(2)　$P = I^2 \cdot R$

(3)　$P = \dfrac{E^2}{R}$

2　電　力　量

電気がある時間内に行なった電気的な仕事の総量，つまり電気エネルギーを電力量といい，量記号はWp，単位はワット秒（W・s）を用いて表す。

また電力量の単位にはワット時（W・h），キロワット時（kW・h）などもよく用いられる。

1ワット秒…………1（W・s）———— 1（W）の電力で1秒間の電力量

1ワット時…………1（W・h）———— 1（W）の電力で1時間の電力量

1キロワット時……1（kW・h）———— 1（kW）の電力で1時間の電力量

電力量を式で表すと次のようになる。

電力量＝電力×時間

$Wp(W \cdot s) = P(W) \times t(s)$

— 99 —

例題 4-12

電熱器に100Vの電圧を加え，5Aの電流が流れている場合，電熱器で消費される電力は何Wですか。また，この電熱器を毎日2時間ずつ30日間使用したときの電力量は何kW・hですか。

〔解　答〕

$P = E \times I$
　$= 100V \times 5A = \underline{500}W$

$Wp = P \times t$
　$= 500W \times 2h = 1000W \cdot h$

1000W・hを30日間使用したときの電力量は，

$1000W \cdot h \times 30 = 30000W \cdot h = \underline{30}kW \cdot h$

例題 4-13

ある発電機の5時間の電力量が3 (kW・h)でした。この発電機が使用している電圧が100Vであるとすれば，発電機の電力は何Wですか。また，発電機に流れている電流は何Aですか。

〔解　答〕

$Wp = P \times t$ より，

$P = \dfrac{Wp}{t} = \dfrac{3kW \cdot h}{5h} = 0.6kW = \underline{600}W$

$P = E \times I$ より，

$I = \dfrac{P}{E} = \dfrac{600W}{100V} = \underline{6}A$

例題 4-14

12Vのバッテリに30Wと60Wのランプを図のように接続した場合，アンメータに流れる電流は何Aですか。

〔解　答〕

問題は30Wと60Wのランプが並列に接続されているの

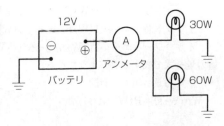

で，アンメータに流れる電流Iは，右図に示す分流後の電流I_1とI_2を合計したものとなる。また，並列接続での電圧は電源電圧がそのままかかるので，各ランプには12Vがかかる。

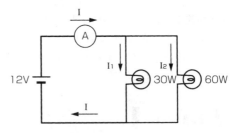

従って，ランプのワット数と電圧が分かれば，分流して各ランプに流れる電流I_1とI_2はP＝E×Iより，

$$30W = 12V \times I_1 \qquad 60W = 12V \times I_2$$

$$I_1 = \frac{30W}{12V} \qquad\qquad I_2 = \frac{60W}{12V}$$

$$ = 2.5A \qquad\qquad = 5A$$

となり，分流前のアンメータに流れる電流Iは，I_1とI_2を合計した，

$$I = I_1 + I_2 = 2.5A + 5A = \underline{7.5A}$$

例題 4 －15

12Vのバッテリ2個，24V用48Wの電球2個及びアンメータを図のように接続した場合について，次の各問に答えなさい。ただし，バッテリの内部抵抗及び配線の抵抗等はないものとして計算しなさい。

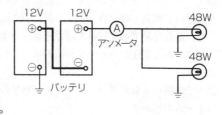

問 1 アンメータに流れる電流は，何Aですか。

問 2 電球1個の抵抗は，何Ωですか。

〔解 答〕

問 1 12Vのバッテリが2個，直列に接続されているので電源電圧は12V×2＝24Vとなる。また，ランプ2個は並列接続だから各ランプには電源電圧24Vがかかるので，1個のランプに流れる電流IはP＝E×Iより，

$$48W = 24V \times I$$

$$I = \frac{48W}{24V} = 2A$$

となり，同じワット数のランプ2個を並列接続しているからアンメータに流れる電流Iはランプ2個分で，I＝2A×2＝4Aとなる。

問2 問1の解説より1個のランプにかかる電圧が24Vで，流れる電流が2Aだから，ランプ1個の抵抗はオームの法則より，

$$R = \frac{E}{I} = \frac{24V}{2A} = \underline{12}Ω$$

例題 4-16

12Vのバッテリ2個と抵抗4Ωのグロー・プラグ4個を図のように接続した予熱回路について，次の各問に答えなさい。

問1 アンメータに流れる電流は，何Aですか。

問2 グロー・プラグ1個の消費電力は，何Wですか。

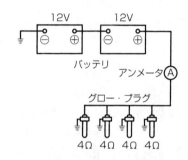

〔解 答〕

問1 グロー・プラグは全て同じ抵抗が並列接続されているので，アンメータに流れる電流Iはグロー・プラグ1個に流れる電流の4倍となる。

また，並列接続での電圧は電源電圧がそのままかかるので，グロー・プラグ1個にかかる電圧はバッテリが直列接続されていることから12V×2＝24Vになる。

従って，抵抗4Ωのグロー・プラグに24Vの電圧がかかると，流れる電流Iはオームの法則より，

$$I = \frac{E}{R} = \frac{24V}{4Ω} = 6A$$

となり，同じ抵抗のグロー・プラグ4個を並列接続しているからアンメータに流れる電流Iは，グロー・プラグ1個に流れる電流の4倍で，

$$I = 6A × 4 = \underline{24}A$$

問2 問1の解説より1個のグロー・プラグには24Vの電圧がかかり，6Aの電流が流れるから，消費電力はP＝E×Iより，

$$P = 24V × 6A = \underline{144}W$$

第5章　試験問題実例

試験問題実例

14・3 (3級シャシ認定)

〔2〕 自動車で180km離れた場所を往復したところ6時間40分かかり，33ℓ
の燃料を消費しました。次の各問に答えなさい。

問1．このときの平均速度は何km/hですか。

問2．行きの行程の燃料消費率が12km/ℓでした。帰りの行程の燃料消費
率は何km/ℓですか。

解 **問1** **答え** **54km/h。**

平均速度(km/h)は，全走行距離(km)を所要時間(h)で割れば求められる。
設問より，全走行距離は片道180kmを往復したので，$180km \times 2 = 360km$と
なる。また，この時の所要時間は6時間40分で，時間(h)と分(min)の単位で
表されているから，40分ぶんを時間(h)の単位に換算する必要がある。

従って，40分を時間(h)の単位に換算すると，$1min = \dfrac{1h}{60}$なので，$40min$

$= 40 \times 1min = 40 \times \dfrac{1h}{60} = \dfrac{2h}{3}$となる。

ゆえに，6時間40分は$6h + \dfrac{2h}{3} = \dfrac{18h}{3} + \dfrac{2h}{3} = \dfrac{20h}{3}$となる。

以上のことから，次のように求められる。

$$平均速度(km/h) = \frac{全走行距離(km)}{所要時間(h)} = \frac{360km}{\dfrac{20h}{3}} = \overset{18}{360}km \times \frac{3}{\underset{1}{20h}}$$

$$= \underline{54}km/h$$

問2 **答え** **10km/ℓ。**

行きの行程180kmを燃料消費率12km/ℓで走行すると，燃料消費量は次の
ようになる。

$$行きの行程の燃料消費量(ℓ) = \frac{行きの行程の走行距離(km)}{行きの行程の燃料消費率(km/ℓ)} = \frac{180km}{12km/ℓ} = 15ℓ$$

従って，全走行で消費した燃料は33ℓですから，帰りの行程では$33ℓ - 15$
$ℓ = 18ℓ$の燃料を消費したことになる。

ゆえに，帰りの行程180kmで燃料18ℓを消費するのだから，帰りの行程の
燃料消費率は，次のように求められる。

—104—

$$帰りの行程の燃料消費率(km/ℓ) = \frac{帰りの行程の走行距離(km)}{帰りの行程の燃料消費量(ℓ)}$$

$$= \frac{180km}{18ℓ} = \underline{10}km/ℓ$$

14・3 （3級ガソリン認定）

〔2〕 図に示すバルブ開閉機構について，次の各問に答えなさい。

問1．カム・リフトは何mmですか。

問2．バルブ・クリアランスを0.3mmとすると，バルブ全開時のバルブ・リフトは何mmですか。

問3．カムが90Nの力でロッカ・アームを押し上げたとき，バルブ・ステム・エンドには何Nの力がかかりますか。

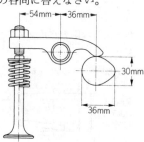

解 問1　答え　6mm。

カム・リフトは，次図のカムの長径（高さ）と短径（基本円の直径）の差をいう。
従って，

　　カム・リフト＝カムの長径－カムの短径
　　　　　　　　＝36mm－30mm
　　　　　　　　＝ <u>6</u> mm

問2　答え　8.7mm。

図1において，カム・リフトをx_1，見かけのバルブ・リフトをx_2とすれば，カム・リフトと見かけのバルブ・リフトとの比は，ロッカ・アームの軸心Oからカム及びバルブ・ステムのそれぞれの中心までの距離$ℓ_1$と$ℓ_2$の比に等しいので，次の関係式が成り立つ。

図1

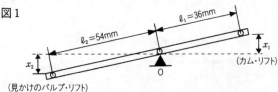

－105－

$$\frac{x_2}{x_1} = \frac{\ell_2}{\ell_1} \text{ より, } x_2 = x_1 \times \frac{\ell_2}{\ell_1}$$

従って，上記の式に設問の数値を代入して見かけのバルブ・リフトx_2を求めると，

$$x_2 = x_1 \times \frac{\ell_2}{\ell_1} = 6 \times \frac{\overset{3}{54}}{\underset{2}{36}} = 9 \text{ mmとなる。}$$

しかし，バルブ・クリアランスが0.3mmあるので，実際のバルブ・リフトxは，図2の図解に示すように，バルブ・クリアランス分を差し引いた値となる。

ゆえに，実際のバルブ・リフトxは $9\text{ mm} - 0.3\text{mm} = \underline{8.7}\text{mm}$ となる。

図2

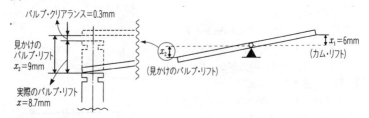

問3　答え　60N。

この設問は次図に示すように，カム側のロッカ・アーム先端に90Nの力(F_1)をかけたとき，反対側であるバルブ側のロッカ・アーム先端には何Nの力(F_2)をかけたら，支点周りの力のモーメントがつり合うかを考えればよい。

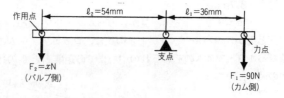

ゆえに，次の関係式が成り立ち求められる。
$F_1 \times \ell_1 = F_2 \times \ell_2$ より，

$$F_2 = F_1 \times \frac{\ell_1}{\ell_2}$$

$$= 90 \times \frac{36}{54} = \underline{60}\text{N}$$

(分子の2、分母の3は約分)

14・3 （3級ジーゼル認定）

〔2〕 次に示す諸元のエンジンについて，次の各問に答えなさい。ただし，円周率は3.14として計算しなさい。

問1．総排気量は何cm³ですか。

問2．圧縮比はいくらですか。答は小数点第2位以下を切り捨てて記入しなさい。

シリンダ数	：	4
シリンダ内径	：	100mm
ピストン行程	：	120mm
燃焼室容積	：	50cm³

解 問1　答え　3768cm³。

排気量は，ピストンが下死点から上死点に移動する間にピストンが排出できる容積のことで，次図に示した内径D及びピストン行程Lの円柱体積V（円の面積×高さ）になり，総排気量は，これにシリンダ数を掛けて求められる。

以上のことから，次の式により求められる。

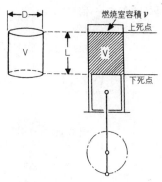

$$V_T = (\text{半径})^2 \times \pi \times \text{ピストン行程} \times \text{シリンダ数}$$

$$= \left(\frac{D}{2}\right)^2 \times \pi \times L \times n$$

$$= \frac{D^2}{4} \times \pi \times L \times n$$

$$= \frac{10^2}{4} \times 3.14 \times 12 \times 4$$

$$= \underline{3768}\text{cm}^3$$

ただし，V_T：総排気量cm³
　　　　D：シリンダ内径cm
　　　　L：ピストン行程cm
　　　　n：シリンダ数
　　　　π：円周率（3.14）

（注）求める総排気量の単位がcm³なので，mm単位をcm単位に直して式に代入すること。

問2　答え　19.8。

圧縮比は，吸入された空気がどれだけ圧縮されたかを表す数値で，次図のようにピストンが下死点にあるときのピストン上部の容積（排気量V＋燃焼室容量v）と，ピストンが上死点にあるときのピストン上部の容積（燃焼室容積v）との比をいう。

ここで，圧縮比をRとして式で表すと次のようになる。

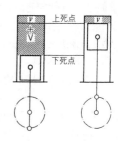

$$R = \frac{V+v}{v} \text{又は} \frac{V}{v} + 1$$

ただし，R：圧縮比
　　　　V：排気量cm³
　　　　v：燃焼室容積cm³

また，上式のVは排気量を表すので，問1の総排気量V_Tを$\frac{1}{4}$倍して，1シリンダ当たりの排気量にする必要がある。

従って，$V = V_T \times \frac{1}{4}$を用いて，圧縮比の式を表すと次のようになる。

$$R = \frac{\left(V_T \times \frac{1}{4}\right) + v}{v} \text{又は} \frac{\left(V_T \times \frac{1}{4}\right)}{v} + 1$$

ゆえに，$R = \dfrac{\left(3768 \times \frac{1}{4}\right) + 50}{50} = \dfrac{942 + 50}{50} = \dfrac{992}{50}$

$= 19.84 \longrightarrow \underline{19.8}$（設問により，小数点第2位以下切り捨て）

14・3 （2級ガソリン認定）

〔2〕次の各問に答えなさい。

問1．ピストン・ストローク100mmのエンジンが，回転速度2400min⁻¹で回転しているときの平均ピストン・スピードは何m/sですか。

問2．ある物体を500Nの力で5秒間に2m持ち上げたときの仕事率は何Wですか。

解 問1　答え　8m/s。

平均ピストン速度Vは，ピストンの動く速さを，1秒間にシリンダ内を何

m動くかを表したもので，クランクシャフト1回転当たりのピストン移動距離2L（ツーストローク）に，クランクシャフト（エンジン）の毎秒回転速度 $\frac{N}{60}$ を掛けて求められる。

以上のことから，次の式により求められる。

$$V = 2L \times \frac{N}{60} = \frac{LN}{30} = \frac{0.1 \times 2400}{30} = \underline{8} \text{ m/s}$$

(注) 平均ピストン速度の単位はm/sなので，ピストン・ストロークのmm単位をm単位に直して式に代入すること。

問2　答え　200W。

仕事率は，単位時間当たりにされる仕事量をいい，ワット（W）の単位で表し，1秒間に1ジュール（J=N・m）の仕事量をする割合を1Wという。また，仕事量（J）は物体に作用させた力（N）と，力の向きに動いた距離（m）との積で表す。

従って，仕事率（W）は次の式により求められる。

$$仕事率(W) = \frac{仕事量(J)}{時間(s)} = \frac{力(N) \times 距離(m)}{時間(s)}$$

$$= \frac{500\text{N} \times 2\text{m}}{5\text{s}}$$

$$= \underline{200\text{W}}$$

11・3 （2級ジーゼル認定）

〔2〕次の諸元の図のようなトラックについて，次の各問に答えなさい。ただし，積荷の重心は荷台の中心に，乗員の重心は前軸上にあるものとし，乗員の荷重は1人当たり550Nとして計算しなさい。

ホイールベース：	4000mm
荷台オフセット：	500mm
空車時前軸荷重：	25000N
空車時後軸荷重：	15000N

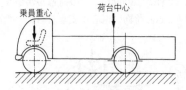

問1．空車時の自動車の重心の位置は，前軸から水平距離で何mmのところにありますか。

問2．2人乗車し，荷台に30000Nの荷物を積載したときの前軸荷重は何Nですか。

解 問1 答え 1500mm。

次図のように前軸から重心Gまでの水平距離をxとして図解すると，次のようになる。

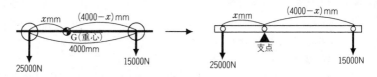

図解より，重心Gを支点として，前軸荷重25000Nと後軸荷重15000Nがつり合っていると考えれば，支点周りの力のモーメントのつり合い条件から，次の関係式が成り立ち求められる。

$$25000 \times x = 15000 \times (4000-x)$$
$$25000x = 15000 \times 4000 - 15000x$$
$$40000x = 15000 \times 4000$$
$$x = \frac{15000 \times 4000}{40000}$$
$$= \underline{1500}\text{mm}$$

問2 答え 29850N。

積載時前軸荷重は，空車時前軸荷重25000Nに乗員荷重2人×550N＝1100N（乗員重心が前軸上にあるので，1100Nがそのまま前軸に加わる。）と，荷物30000Nによる前軸荷重増加分が加わった値となる。

従って，次図に示すように，荷物30000Nによる前軸荷重増加分をxとすると，後軸には30000N－xの荷重がかかり，これらの荷重が後軸から500mmの位置にある荷物の重心を支点として，力のモーメントがつり合っていると考

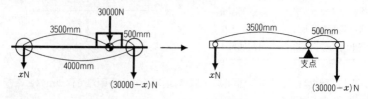

—110—

えれば，次の関係式が成り立ち，前軸荷重増加分 x が求められる。

$x \times 3500 = (30000 - x) \times 500$
$3500x = 30000 \times 500 - 500x$
$4000x = 30000 \times 500$
$x = \dfrac{30000 \times \overset{1}{\cancel{500}}}{\underset{8}{\cancel{4000}}}$
$= 3750 \text{N}$

ゆえに，空車時前軸荷重25000Nの他に，乗員荷重1100Nと，荷物による前軸荷重増加分の3750Nが加わるので，

積載時前軸荷重＝25000N＋1100N＋3750N＝<u>29850N</u>

14・3 （電気装置認定）

〔3〕 次の各問に答えなさい。ただし，配線やバッテリの抵抗はないものとして計算しなさい。

〔A〕　　　　　　　　　　〔B〕

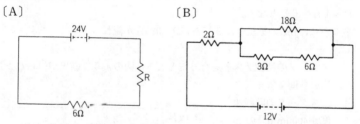

問1．図〔A〕の回路において，抵抗Rの両端の電圧を測定したところ6Vを示しました。抵抗Rは何Ωですか。

問2．図〔B〕の回路において，6Ωの抵抗の両端にかかる電圧は何Vですか。

解 問1 答え　2Ω。

抵抗Rの両端の電圧が6Vなので,全電圧24V－6V＝18Vが6Ωに加わる電圧である。従って，回路に流れる電流はオームの法則により，電流＝電圧÷抵抗＝18V÷6Ω＝3Aとなり，設問が直列回路であるから，抵抗Rにも3Aが流れている。

ゆえに，抵抗Rの両端の電圧が6Vで3A流れれば，求める抵抗Rの値は

－111－

オームの法則により，抵抗＝電圧÷電流＝6 V÷3 A＝2Ω

問2　答え　6 V。

設問の回路は，直・並列回路なので，始めは並列部分の合成抵抗を求め，次に全回路抵抗を求める。従って，回路中で3Ωと6Ωの部分は直列接続のため，3Ω＋6Ω＝9Ωの抵抗となり，9Ωと18Ωの抵抗が並列接続となるから，並列部分の合成抵抗をXとして求めると，次のようになる。

$$X = \frac{1}{\frac{1}{9}+\frac{1}{18}} = \frac{1}{\frac{2}{18}+\frac{1}{18}} = \frac{1}{\frac{3}{18}} = 1 \times \frac{18}{3} = 6Ω$$

すなわち，この回路は2Ωと6Ωの抵抗を直列接続した回路に置き換えることができ，全回路抵抗は2Ω＋6Ω＝8Ωとなる。

これにより，全回路電流は12V÷8Ω＝1.5Aとなり，この電流による2Ωの両端の電圧降下は2Ω×1.5A＝3Vとなるから，並列部分に加わる電圧は12V－3V＝9Vになる。

ゆえに，3Ω＋6Ω＝9Ω部分に流れる電流は9V÷9Ω＝1Aであるから，9Vの電圧配分は，3Ωの抵抗には3Ω×1A＝3V，設問の6Ωの抵抗には6Ω×1A＝6Vとなる。

ちなみに，18Ωの抵抗には9V÷18Ω＝0.5Aが流れる。

〔5〕スタータの特性テストを行ったところ，図のような結果が得られました。次の各問に答えなさい。

問1．スタータの回転速度が4000min^{-1}のとき，アーマチュア電流は何Aですか。

問2．スタータの回転速度が2000min^{-1}のときの出力は何kWですか。円周率は3.14で計算し，答は小数点第2位以下を切り捨てて記入しなさい。

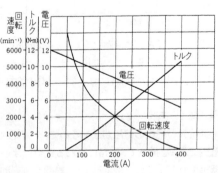

ただし，$P = \dfrac{2\pi TN}{60}$　　　　P＝出力（W）

T＝トルク（N・m）　　N＝回転速度（min^{-1}）

π＝円周率　とします。

解 問1　答え　100A。

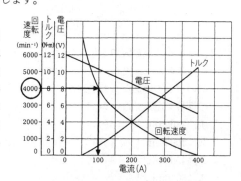

縦軸のスタータ回転速度4000min^{-1}の所から右へ水平にたどって，回転速度曲線との交点を求め，そこから垂直に下がって電流値の目盛を読み取ると，100Aとなる。

問2　答え　0.8kW。

出力を求めるにはトルクが必要なので，特性図から回転速度2000min^{-1}のときのトルクを読み取ると，4N・mとなる。

従って，設問で与えられた公式に，それぞれの値を代入して求めるが，答えの単位がkWであるため，前もって公式に$\dfrac{1}{1000}$倍して求めると，次のようになる。

$$P = \dfrac{2\pi TN}{60} \times \dfrac{1}{1000} = \dfrac{2 \times 3.14 \times 4 \times 2000}{60 \times 1000}$$

$= 0.83 \cdots \longrightarrow \underline{0.8}$kW（設問により，小数点第2位以下切り捨て）

14・7（3級ガソリン検定）

〔2〕次のエンジン性能曲線図について，次の各問に答えなさい。

問1．図の(イ)～(ハ)の曲線が表す項目の組み合わせとして，次の中から適切なものを選んで，その番号を記入しなさい。

	（イ）	（ロ）	（ハ）
1.	軸出力	軸トルク	燃料消費率
2.	軸出力	燃料消費率	軸トルク
3.	軸トルク	軸出力	燃料消費率
4.	軸トルク	燃料消費率	軸出力

問2．軸トルクが最大値を示すのは，エンジンの回転速度がいくらのときか次の中から適切なものを選んで，その番号を記入しなさい。
1．$2800 min^{-1}$
2．$4000 min^{-1}$
3．$4500 min^{-1}$
4．$6000 min^{-1}$

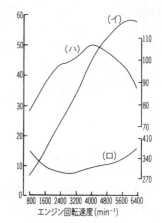

解 問1 答え 2。

エンジン性能曲線図は，エンジンにかかる負荷を一定（全負荷状態）としたときのエンジンの発生する軸トルク，軸出力及び燃料消費率がエンジン回転速度に応じて，どのような変化をするかグラフ上に示したもので，横軸に基準となるエンジン回転速度をとり，縦軸に軸トルク，軸出力及び燃料消費率をとって表される。

一般に，グラフ中央上側の「ラクダのコブの形」をした曲線が軸トルクを示し，グラフ中央でエンジン回転速度に比例して左下から右上方に描かれている曲線が軸出力を示す。そして，最後に一番下側に「おわん状の形」をした曲線が燃料消費率の曲線を示す。

以上のことから(イ)は軸出力，(ロ)は燃料消費率，(ハ)は軸トルクとなる。従って，これに該当する組み合わせは「 2 」となる。

問 2　答え　2。

軸トルクが最大値を示すときのエンジン回転速度を求めるには，右図に示すように，軸トルク曲線である(ハ)の最も高い点を求め，その点から垂直に下がってエンジン回転速度の値を読み取る。従って，図より4000min^{-1}となることから，答えは「2」となる。

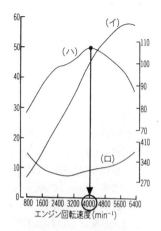

〔9〕　次の電気回路について，次の各問に答えなさい。

問1．図の中のボルトメータV_1とアンメータA_1の値はそれぞれいくらですか。

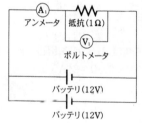

問2．図の中のボルトメータV_2とアンメータA_2及びA_3の値はそれぞれいくらですか。

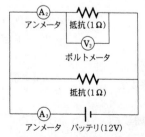

試験問題実例

解 問1　答え　$V_1 = 12V$，$A_1 = 12A$。

この回路は，12Vのバッテリが並列接続となっているので，容量は2倍になるが電圧は12Vのままとなる。ゆえに，ボルトメータV_1に加わる電圧は12Vとなる。

電圧が12Vで抵抗が1Ωならば，アンメータA_1に流れる電流はオームの法則より，電流＝電圧÷抵抗＝12V÷1Ω＝12Aとなる。

　　問2　答え　$V_2 = 12V$，$A_2 = 12A$，$A_3 = 24A$。

この回路は抵抗1Ωが並列接続となっているので，それぞれの抵抗にバッテリ電圧12Vが加わる。ゆえに，ボルトメータV_2に加わる電圧は12Vとなる。

電圧が12Vで抵抗が1Ωならば，アンメータA_2に流れる電流はオームの法則より，電流＝電圧÷抵抗＝12V÷1Ω＝12Aとなる。

同じ抵抗を並列接続しているので，片方に12A流れれば，もう一方の抵抗にも12Aが流れているはずである。従って，分岐点の前，すなわち上流のアンメータA_3には，12A×2倍＝24Aの電流が流れていなければならない。

また，合成抵抗を求めて計算すると，次のようになる。

$$合成抵抗 = \cfrac{1}{\cfrac{1}{1} + \cfrac{1}{1}} = \cfrac{1}{\cfrac{2}{1}} = 1 \times \frac{1}{2} = 0.5\Omega$$

アンメータA_3に流れる電流は，全回路電圧÷全回路抵抗（合成抵抗）より，

　　アンメータ$A_3 = 12V \div 0.5\Omega = 24A$

14・7（2級ガソリン検定）

〔2〕　次に示す諸元のガソリン・エンジンについて，次の各問に答えなさい。ただし，円周率は3.14として計算しなさい。

問1．総排気量は何cm³ですか。

問2．圧縮比はいくつですか。答は小数点第1位を四捨五入して整数で記入しなさい。

4サイクル直列4シリンダ・エンジン	
シリンダ内径	100mm
ピストン・ストローク	80mm
燃焼室容積	57cm³

問3．3000min⁻¹で回転しているときのピストンの平均速度は何m・s⁻¹ですか。

－116－

解 問1 答え 2512cm³。

排気量は，ピストンが下死点から上死点に移動する間にピストンが排出できる容積のことで，次図に示した内径D及びピストン行程Lの円柱体積V(円の面積×高さ)になり，総排気量は，これにシリンダ数を掛けて求められる。

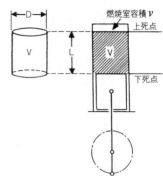

以上のことから，次の式により求められる。

$$V_T = (半径)^2 \times \pi \times ピストン行程 \times シリンダ数$$

$$= \left(\frac{D}{2}\right)^2 \times \pi \times L \times n$$

$$= \frac{D^2}{4} \times \pi \times L \times n$$

$$= \frac{10^2}{4} \times 3.14 \times 8 \times 4$$

$$= \underline{2512} cm^3$$

ただし，V_T：総排気量cm³
　　　　 D：シリンダ内径cm
　　　　 L：ピストン・ストロークcm
　　　　 n：シリンダ数
　　　　 π：円周率(3.14)

(注) 求める総排気量の単位がcm³なので，mm単位をcm単位に直して式に代入すること。

問2 答え 12。

圧縮比は，吸入された空気がどれだけ圧縮されたかを表す数値で，次図のようにピストンが下死点にあるときのピストン上部の容積（排気量V＋燃焼室容積v)と，ピストンが上死点にあるときのピストン上部の容積（燃焼室容積v）との比をいう。

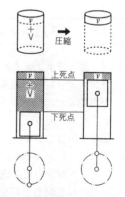

ここで，圧縮比をRとして式で表すと次のようになる。

$$R = \frac{V+v}{v} 又は \frac{V}{v} + 1$$

ただし，R：圧縮比　　V：排気量cm³　　v：燃焼室容積cm³

また，上式のVは排気量を表すので，問1の総排気量V_Tを$\frac{1}{4}$倍して，1シ

リンダ当たりの排気量にする必要がある。

従って，$V = V_T \times \dfrac{1}{4}$ を用いて，圧縮比の式を表すと次のようになる。

$$R = \dfrac{\left(V_T \times \dfrac{1}{4}\right) + v}{v} \text{ 又は } \dfrac{\left(V_T \times \dfrac{1}{4}\right)}{v} + 1$$

ゆえに，$R = \dfrac{\left(2512 \times \dfrac{1}{4}\right) + 57}{57} = \dfrac{628 + 57}{57} = \dfrac{685}{57}$

$= 12.01\cdots \longrightarrow \underline{12}$（設問により，小数点第1位四捨五入）

問3　答え　8 m・s^{-1}。

平均ピストン速度Vは，ピストンの動く速さを，1秒間にシリンダ内を何m動くかを表したもので，クランクシャフト1回転当たりのピストン移動距離2L（ツーストローク）に，クランクシャフト（エンジン）の毎秒回転速度 $\dfrac{N}{60}$ を掛けて求められる。

以上のことから，次の式により求められる。

$$V = 2L \times \dfrac{N}{60} = \dfrac{LN}{30} = \dfrac{0.08 \times 3000}{30} = \underline{8}\, \text{m・s}^{-1}$$

(注)　平均ピストン速度の単位はm/sなので，ピストン・ストロークのmm単位をm単位に直して式に代入すること。

14・10（3級シャシ認定）

〔2〕 図に示すファイナル・ギヤを備え，トランスミッションの第2速の変速比が1.8の自動車について，次の各問に答えなさい。なお，図の（　）内の数値は各ギヤの歯数を示しています。

問1．トランスミッションを第2速にし，エンジンの回転速度を2800min^{-1}で直進した場合の駆動輪の回転速度は何min^{-1}ですか。

問2．直進時の駆動輪の回転速度が500

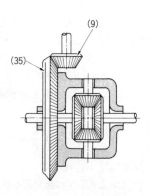

― 118 ―

min^{-1}のときのエンジン回転速度を保ったままカーブを走行したところ，内側の駆動輪の回転速度が495min^{-1}でした。このときの外側の駆動輪の回転速度は何min^{-1}ですか。

解 問1　答え　400min^{-1}。

　駆動輪の回転速度は，エンジン回転速度をトランスミッションで変速し，さらに変速された回転速度をファイナル・ギヤで最終減速して伝達された回転速度である。

　従って，エンジン回転速度から駆動輪の回転速度を求めるには，動力伝達経路の各ギヤの変速比及び終減速比＝$\dfrac{リング・ギヤの歯数}{ドライブ・ピニオンの歯数}$で割って求めればよい。

　以上のことから，次の式により求められる。

　　駆動輪の回転速度＝エンジン回転速度÷変速比÷終減速比

$$=2800÷1.8÷\frac{35}{9}=2800×\frac{1}{1.8}×\frac{9}{35}$$

$$=\frac{\overset{80}{2800}×\overset{5}{9}}{\underset{1}{1.8}×\underset{1}{35}}=\underline{400}\text{min}^{-1}$$

問2　答え　505min^{-1}。

　旋回時には，左右のホイールの転がる距離が異なるため，ディファレンシャル作用により，直進時に比べ旋回の内側ホイールは減速し，外側ホイールは加速される。しかし，内外輪にどのような変化が生じても，内外輪の回転速度の平均が常にリング・ギヤの回転速度であることから，次の式により求められる。

　　リング・ギヤの回転速度＝$\dfrac{内側駆動輪の回転速度＋外側駆動輪の回転速度}{2}$

により，

　　外側駆動輪の回転速度＝（リング・ギヤの回転速度×2）−内側駆動輪の回転速度

$$=（500×2）−495=1000−495$$

$$=\underline{505}\text{min}^{-1}$$

　（注）　リング・ギヤの回転速度は直進時の駆動輪の回転速度です。

14・10（3級ガソリン認定）

〔2〕 次の各問に答えなさい。

問1．図に示すトルク・レンチでナットを締め付けたところ目盛りが80N・mを示しました。ピンにかけた力は何Nですか。

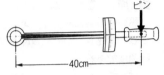

問2．12V用の電球に規定の12Vの電圧をかけたところ5Aの電流が流れました。この状態で3時間経過したときの消費電力量は何W・hですか。

解 問1 答え 200N。

トルク・レンチの目盛りに表示されるトルク（T）の数値は，ピンにかけた力（F）とトルク・レンチの有効長さ（L）の積で表示される構造であり，式で表すと次のようになる。

　　　T（トルク）＝F（力）×L（長さ）

従って，トルク・レンチの目盛りが80N・mで，トルク・レンチの長さが40cm＝0.4mならば，ナットを締め付けたときのピンにかけた力（F）は，

$T = F \times L$ より，$F = \dfrac{T}{L} = \dfrac{80 \text{N} \cdot \text{m}}{0.4 \text{m}} = \underline{200 \text{N}}$ となる。

（注）トルクの単位がN・mなので，長さcm単位をm単位に直して式に代入すること。

問2 答え 180W・h。

電気が単位時間に行う仕事の割合，すなわち，仕事率を電力（P）といい，電圧（E）と電流（I）の積で表され，単位には仕事率と同じW（ワット）を用いる。

式で表すと次のようになる。

　　電力＝電圧×電流
　　P（W）＝E（V）×I（A）

また，電力が単位時間内にする仕事の総量を電力量（Wp）といい，電力（P）と時間（t）の積で表され，単位はW・h（ワット時）が用いられる。

式で表すと次のようになる。

　　電力量＝電力×時間
　　Wp（W・h）＝P（W）×t（h）

以上のことから，次のように求められる。
P＝E×I＝12V×5A＝60Wなので，
Wp＝P×t＝60W×3h＝180W・hとなる。

14・10（3級ジーゼル認定）

〔2〕 図に示すベルトのかかった3個のプーリについて，次の各問に答えなさい。ただし，滑り及び機械損失はないものとして計算しなさい。なお，図中の（ ）内の数値はプーリの半径を示します。

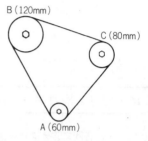

問1．Aのプーリが2400min^{-1}で回転しているとき，Cのプーリの回転速度は何min^{-1}ですか。

問2．Bのプーリを回転させるのに6N・mのトルクを必要とするとき，ベルトを引いてBのプーリを回転させるには，何Nの力が必要ですか。

解 問1 答え 1800min^{-1}。

Aのプーリが2400min^{-1}で回転しているとき，Cのプーリの回転速度は，両プーリの円周比(＝半径比)に反比例するから，次の式により求められる。

$\dfrac{Cプーリの回転速度}{Aプーリの回転速度} = \dfrac{Aプーリの半径}{Cプーリの半径}$ より，

$Cプーリの回転速度＝Aプーリの回転速度 \times \dfrac{Aプーリの半径}{Cプーリの半径}$

$= 2400 \times \dfrac{\overset{3}{60}}{\underset{4}{80}} = 1800 \text{min}^{-1}$

問2 答え 50N。

次図のように，半径120mmのBのプーリの中心Oのトルクが6N・mのとき，ベルトを手で引く力をFとすると，トルク(T)は力(F)×距離(r)なので，次の式により求められる。

T(トルク)＝F(力)×r(距離)より，

$F = \dfrac{T}{r} = \dfrac{6\,\text{N}\cdot\text{m}}{0.12\,\text{m}} = 50\text{N}$

(注) トルクの単位がN・mなので，半径のmm単位をm単位に直して式に代入すること。

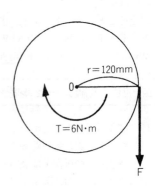

14・10（2級ガソリン認定）

〔2〕 次の各問に答えなさい。ただし，円周率は3.14，機械損失及びタイヤのスリップはないものとして計算しなさい。

問1．右の諸元の自動車が，トランスミッションのギヤが第3速，エンジンの回転速度2000 min^{-1}で走行しているときの

| 第 3 速 の 変 速 比：1.3 |
| ファイナル・ギヤの減速比：4.0 |
| 駆 動 輪 の 有 効 半 径：0.3m |

車速は何km/hですか。答は小数点以下を切り捨てて記入しなさい。

問2．問1の状態でエンジンの軸トルクが150N・mであるとき，駆動輪の駆動力は何Nですか。

解 問1 答え 43km/h。

エンジン回転速度から車速を求めるには，駆動輪が1回転したときの進行距離$2\pi r$(有効円周)にエンジン回転速度を掛け，回転速度1分間当たりを1時間当たりにするため60倍する。

しかし，実際にはトランスミッションとファイナル・ギヤで減速されるから，それぞれの変速比及び減速比で割り，さらに，m単位をkm単位に直す必要から1000分とする。

以上のことから，次の式により求められる。

$$車速 = \frac{駆動輪の有効円周(2\pi r) \times エンジン回転速度 \times 60}{変速比 \times 減速比 \times 1000}$$

—122—

$$= \frac{2 \times 3.14 \times 0.3 \times 2000 \times 60}{1.3 \times 4.0 \times 1000}$$

$$= 43.4\cdots \to \underline{43}\text{km/h}(設問により,小数点以下切り捨て)$$

問2　答え　2600N。

　駆動力は，駆動輪が地面等をける力で，エンジンの軸トルクの総減速比倍である駆動トルクを，駆動輪の有効半径で割って求められる。しかし，本来は動力伝達効率が有るので，この分を掛けなければならない。

　従って，伝達による機械損失及びタイヤのスリップはないという設問なので，動力伝達効率は100%，すなわち「1」とて計算する。

　以上のことから，次の式により求められる。

$$駆動力 = \frac{エンジン軸トルク \times 総減速比 \times 動力伝達効率}{駆動輪の有効半径}$$

$$= \frac{150 \times 1.3 \times 4.0 \times 1}{0.3} = \underline{2600}\text{N}$$

14・10（2級ジーゼル認定）

〔2〕 図に示す方法によりレッカー車で乗用車をつり上げる場合について，次の各問に答えなさい。レッカー車及び乗用車の諸元は表と図に示すとおりです。

問1．つり上げたとき，ワイヤにかかる荷重は何Nですか。ただし，つり上げによって生じる乗用車の重心の移動はないものとします。

問2．つり上げたとき，レッカー車の後軸荷重は何Nですか。ただし，つり上げによるレッカー車の姿勢の変化はないものとします。

	前軸荷重	後軸荷重
レッカー車	15000N	8000N
乗 用 車	8000N	6000N

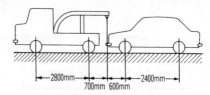

解　問1　答え　6400N。

　乗用車をワイヤでつり上げると，次図に示すように乗用車の後軸が支点となり，乗用車の前軸荷重8000Nを，ワイヤと後軸で分担して支えることにな

る。

この場合，ワイヤが分担する荷重をxNとすれば，乗用車の後軸周りの力のモーメントのつり合いにより，次の計算式が成り立ち求められる。

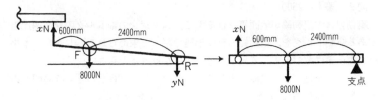

$$x \times (600+2400) = 8000 \times 2400$$

$$x = \frac{8000 \times 2400}{3000} = \underline{6400}\text{N}$$

問2　答え　16000N。

レッカー車の後軸から700mmの所に6400Nの荷重がかかっているので，この荷重に対して丁度つり合う後軸の支持力，すなわち後軸荷重の増加分をxNとすれば，次図のように前軸周りの力のモーメントのつり合い条件より，次の計算式が成り立ち求められる。

$$x \times 2800 = 6400 \times (2800+700)$$

$$x = \frac{6400 \times 3500}{2800} = 8000\text{N（後軸荷重増加分）}$$

従って，つり上げたときの後軸荷重は，元々の後軸荷重8000Nに，つり上げによる後軸荷重増加分の8000Nが加わるので，

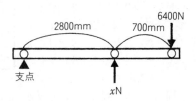

つり上げ時のレッカー車後軸荷重＝8000N＋8000N＝$\underline{16000}$Nとなる。

14・12（2級ジーゼル検定）

【No.22】 図の回路において，AB間の電圧として，**適切な**ものは次のうちどれか。

図

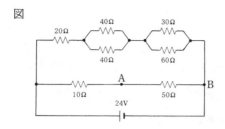

(1) 0.4V (2) 0.48V (3) 12V (4) 20V

解 答え (4)。

A－B間の電圧を求めるには，抵抗10Ωと50Ωが直列接続されている回路の部分に流れる電流を求める必要がある。電流は電圧と抵抗が分かれば求められるので，まず，この間の抵抗を求めると，10Ωと50Ωが直列接続であるから，この間の合成抵抗は10Ω＋50Ω＝60Ωとなる。

次に，電圧を考えると，10Ωと50Ωの回路の部分は，回路全体では並列回路であるから，電源の24Vが加わっていることになる。

従って，10Ωと50Ωの回路の部分に流れる電流は，

$$I(A) = \frac{E(V)}{R(\Omega)} = \frac{24V}{60\Omega} = 0.4A$$

となり，A－B間の電圧は，E(V)＝I(A)×R(Ω)＝0.4A×50Ω＝20Vとなる。

ゆえに，答えは(4)となる。

【№23】 図のパワー・シリンダに600kPaの圧力をかけたとき，ハイドロリック・ピストンを押す力として，**適切なもの**は次のうちどれか。なお，円周率は3.14とします。

パワー・シリンダの内径　　200mm

ハイドロリック・シリンダの内径　　40mm

(1) 3000N
(2) 7536N
(3) 15000N
(4) 18840N

図

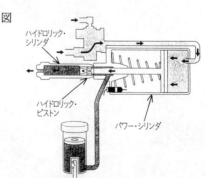

－125－

試験問題実例

解 答え (4)。

ハイドロリック・ピストンを押す力とは，パワー・シリンダ内にあるパワー・ピストンが押す力のことであるから，この力を求めればよい。

設問は圧力から力を求めるので，圧力と力の関係を整理すると，

$$圧力(Pa) = \frac{力(N)}{面積(m^2)}$$ で表され，この式より力を求めると，

力(N)＝圧力(Pa)×面積(m²) となる。

これを，設問に置き換えると次のようになり，パワー・ピストンが押す力を求めることができる。

パワー・ピストンが押す力(N)＝パワー・シリンダにかかる圧力(Pa)×パワー・シリンダの面積(m²)

$$= 600000 \times \left(\frac{D}{2}\right)^2 \times 3.14$$

$$= 600000 \times \left(\frac{0.2}{2}\right)^2 \times 3.14$$

$$= 600000 \times 0.01 \times 3.14$$

$$= 18840 N$$

ゆえに，答えは(4)となる。

(注) 求める力の単位はNで，式よりN＝Pa×m²で計算するから，kPaをPaに，mmをmの単位にそれぞれ直して式に代入すること。

試験問題実例

15・3 （3級シャシ認定）

〔2〕 次の各問に答えなさい。

問1．総減速比4.8の自動車が，エンジン回転速度2400min⁻¹で直進走行
   しています。このときの駆動輪の回転速度は何min⁻¹ですか。次の中
   から適切なものを選んで，その番号を記入しなさい。

   1．250min⁻¹   2．500min⁻¹
   3．1000min⁻¹   4．1250min⁻¹

問2．駆動輪の回転速度が400min⁻¹で直進走行しているときの自動車の
   速度は何km/hですか。次の中から適切なものを選んで，その番号を
   記入しなさい。ただし，駆動輪の有効半径は0.3m，円周率は3.14，
   タイヤのスリップはないものとして計算し，答は小数点以下を切り捨
   てたものとします。

   1．23km/h   2．45km/h   3．75km/h   4．90km/h

解 問1　答え　2。

駆動輪の回転速度は，エンジン回転速度をトランスミッションで変速し，
さらに変速された回転速度をファイナル・ギヤで最終減速して伝達された回
転速度です。

従って，エンジン回転速度から駆動輪の回転速度を求めるには，動力伝達
経路の総減速比（変速比×終減速比）で割って求められる。

以上のことから，次の式により求められる。

   駆動輪の回転速度＝エンジン回転速度÷総減速比

         ＝2400÷4.8

         ＝500min⁻¹

ゆえに，答えは <u>2</u> となる。

問2　答え　2。

駆動輪の回転速度から自動車の速度(km/h)を求めるには，駆動輪が1回
転したときの進行距離2πr(有効円周)に駆動輪回転速度を掛け，回転速度
1分間当たりを1時間当たりにするため60倍し，さらに，m単位をkm単位
に直す必要から1000で割る。

以上のことから，次の式により求められる。

—127—

$$車速=\frac{駆動輪の有効円周(2\pi r)\times 駆動輪回転速度\times 60}{1000}$$

$$=\frac{2\times 3.14\times 0.3\times 400\times 60}{1000}$$

$$=45.216\longrightarrow 45km/h(設問により,小数点以下切り捨て)$$

ゆえに,答えは <u>2</u> となる。

15・3 (3級ガソリン認定)

〔2〕 次の各問に答えなさい。

問1.ピストンの行程100mm,シリンダの内径100mmのエンジンの排気量は何cm³ですか。次の中から適切なものを選んで,その番号を記入しなさい。ただし,円周率は3.14として計算しなさい。

1.157cm³　　2.314cm³　　3.785cm³　　4.7850cm³

問2.図のようにかみ合ったA,B,C,Dの4個のギヤがあります。ギヤAがトルク200N・mで回転しているとき,ギヤDはトルク何N・mで回転していますか。次の中から適切なものを選んで,その番号を記入しなさい。ただし,図中の( )内の数字はギヤの歯数を示し,伝達による機械的損失はないものとします。

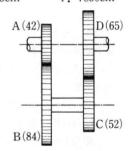

1.80N・m　　2.200N・m　　3.400N・m　　4.500N・m

解 問1 答え 3。

排気量はピストンが下死点から上死点に移動する間にピストンが排出できる容積のことで,この場合,燃焼室容積は含まれません。

従って,次図に示した内径D及びピストン行程Lの円柱体積V(円の面積×高さ)になる。

以上のことから,次の式により求められる。

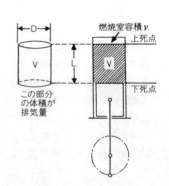

試験問題実例

排気量＝円の面積×高さ

V ＝(半径)^2× π ×ピストン行程

$= \left(\dfrac{D}{2}\right)^2 \times \pi \times L = \dfrac{D^2}{4} \times \pi \times L$　　ただし，V：排気量cm³

$= \dfrac{10^2}{4} \times 3.14 \times 10$　　　　　　　D：シリンダ内径cm

　　　　　　　　　　　　　　　　　L：ピストン行程cm

$= 785cm^3$　　　　　　　　　　　π：円周率3.14

ゆえに，答えは <u>3</u> となる。

(注)　求める排気量の単位がcm³なので，mm単位をcm単位に直して式に代入すること。

問2　答え　4。

ギヤAのトルクが200N・mのとき，ギヤDのトルクは各ギヤの歯数比(ギヤ比)に比例するから，次の式により求められる。

ギヤA～ギヤDまでのギヤ比

ギヤ比$= \dfrac{\text{出力側ギヤ歯数}}{\text{入力側ギヤ歯数}} = \dfrac{\text{ギヤBの歯数}}{\text{ギヤAの歯数}} \times \dfrac{\text{ギヤDの歯数}}{\text{ギヤCの歯数}}$

$= \dfrac{\overset{2}{84}}{\underset{1}{42}} \times \dfrac{\overset{5}{65}}{\underset{4}{52}} = \dfrac{10}{4}$

ギヤDのトルク＝ギヤAのトルク×ギヤ比

$= \overset{50}{200}N \cdot m \times \dfrac{10}{\underset{1}{4}} = 500N \cdot m$

ゆえに，答えは <u>4</u> となる。

15・3　(3級ジーゼル認定)

〔2〕　次の各問に答えなさい。

問1．図のように，T型レンチのAとB(中心からそれぞれ20cmの位置)に各々30Nの力をかけてナットを締め付けた場合，締付けトルクは何N・mですか。次の中から適切なものを選んで，その番号を記入しなさい。

　　1．1.2N・m　　2．6N・m　　3．12N・m　　4．120N・m

問2．図のように，T型レンチの2箇所に各々50Nの力をかけて，ナット

－129－

を締付けトルク30N・mで締め付けるためには，AとBは中心からそれぞれ等しく何cm離せばよいですか。次の中から適切なものを選んで，その番号を記入しなさい。

1．10cm
2．15cm
3．30cm
4．60cm

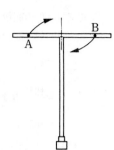

解 問1 答え 3。

次図のようなT型レンチに，向きが反対で大きさが等しい一対(つい)になった平行な力が働くことを，「偶力」といい，偶力が作用するときの0点周りのトルクTは，A側のトルクT_1とB側のトルクT_2の和になる。

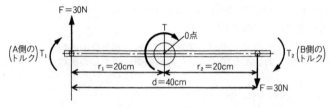

〈T型レンチを上から見た図〉

従って，次の式により求められる。

$$0点周りのトルク T = T_1 + T_2 = (F \times r_1) + (F \times r_2)$$
$$= F \times (r_1 + r_2)$$
$$= F \times d$$
$$= 30N \times 0.4m$$
$$= 12N・m$$

ゆえに，答えは 3 となる。

(注) トルクの単位がN・mなので，レンチの長さcm単位をm単位に直して式に代入すること。

問2 答え 3。

問1の解説より，偶力が働く場合のトルクの式は$T = F \times d$なので，これより作用線間距離$d(m)$を求めると，次のようになる。

$$T = F \times d より，\quad d = \frac{T}{F} = \frac{30N・m}{50N} = 0.6m$$

試験問題実例

この0.6mはＡＢ間の距離なので，中心からそれぞれの距離は0.6m÷2＝0.3mとなり，設問はcm単位で答えるから，0.3mをcmに換算する。

従って，1 m＝100cmなので，0.3m＝0.3×1 m＝0.3×100cm＝30cm となる。

ゆえに，答えは 3 となる。

15・3 （2級ガソリン認定）

〔2〕 次の各問に答えなさい。

問1．ある物体を500Nの力で5秒間に3 mの速度で垂直に移動したときの出力(仕事率)は何Wですか。

問2．ピストン・ストローク100mmのエンジンが，2400min⁻¹で回転しているときの平均ピストン・スピードは何m/sですか。

解 問1 答え 300W。

仕事率は，単位時間当たりにされる仕事をいい，ワット(W)の単位で表し，1秒間に1ジュール(J＝N・m)の仕事量をする割合を1Wという。

また，仕事量(J)は物体に作用させた力(N)と，力の向きに動いた距離(m)との積で表す。

従って，仕事率(W)は次の式により求められる。

$$仕事率(W)＝\frac{仕事量(J)}{時間(s)}＝\frac{力(N)×距離(m)}{時間(s)}$$

$$＝\frac{\overset{100}{\cancel{500}}N×3m}{\underset{1}{\cancel{5}}s}$$

$$＝\underline{300W}$$

問2 答え 8 m/s。

平均ピストン速度Vは，ピストンが1秒間にシリンダ内を何mの速さで動くかを表したもので，クランクシャフト1回転当たりのピストン移動距離2L(ツーストローク)に，クランクシャフト(エンジン)の毎秒回転速度$\frac{N}{60}$を掛けて求められる。

以上のことから，次の式により求められる。

$$V＝2 L×\frac{N}{60}＝\frac{LN}{30}＝\frac{0.1×2400}{30}＝\underline{8} m/s$$

－131－

(注) 平均ピストン速度の単位はm/sなので，ピストン・ストロークのmm単位をm単位に直して式に代入すること。

〔7〕 図のような特性を持つトルク・コンバータにおいて，ポンプ軸が回転速度2400min^{-1}，トルク120N・mで回転しています。次の各問に答えなさい。

問1．タービン軸の回転速度が720min^{-1}で回転している場合，速度比はいくらですか。

問2．問1のときのトルク比はいくらですか。

問3．問1のときのタービン軸に加わるトルクは何N・mですか。

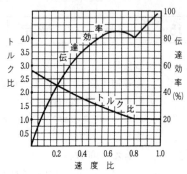

問4．問1のときの伝達効率は何％ですか。

問5．クラッチ・ポイントのときの速度比はいくらですか。

解 問1 答え 0.3。

速度比は，次の式により求められる。

$$速度比 = \frac{タービン軸回転速度}{ポンプ軸回転速度} = \frac{720 \text{min}^{-1}}{2400 \text{min}^{-1}} = \underline{0.3}$$

問2 答え 2.0。

問1より，速度比が0.3のときのトルク比は，設問のグラフから<u>2.0</u>と読みとる。

問3 答え 240N・m。

トルク比は，次の式により求められる。

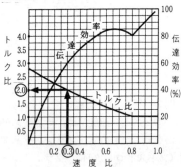

$$トルク比 = \frac{タービン軸トルク}{ポンプ軸トルク}$$

従って，上記の式をタービン軸トルクを求める式に変形し，ポンプ軸トルク120N・mと，問2より求めたトルク比の2.0を式に代入して求めると次のようになる。

タービン軸トルク＝ポンプ軸トルク×トルク比

—132—

$$=120\text{N·m}\times 2.0$$
$$=\underline{240}\text{N·m}$$

問 4　答え　60%。

伝達効率は，次の式により求められる。

$$\text{伝達効率}=\frac{\text{出力仕事率}}{\text{入力仕事率}}\times 100\%$$

$$=\left(\frac{\text{タービン軸トルク}\times\text{タービン軸回転速度}}{\text{ポンプ軸トルク}\times\text{ポンプ軸回転速度}}\right)\times 100\%$$

また，上記の式中，$\frac{\text{タービン軸トルク}}{\text{ポンプ軸トルク}}$はトルク比で，$\frac{\text{タービン軸回転速度}}{\text{ポンプ軸回転速度}}$は速度比であるから，伝達効率の式は次のように書き直すことが出来る。

ゆえに，伝達効率＝トルク比×速度比×100%
$$=2.0\times 0.3\times 100\%$$
$$=\underline{60}\%$$

問 5　答え　0.8。

クラッチ・ポイントは，次図に示すように，コンバータ・レンジからカップリング・レンジに切り変わる点，すなわち，ステータが空回りしだし，フルード・カップリングとして効率を上げ始める点をいう。

ゆえに，設問のグラフから$\underline{0.8}$と読みとる。

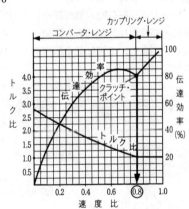

15・3　(2級ジーゼル認定)

〔2〕　次の各問に答えなさい。ただし，伝達による機械損失及びタイヤのスリップはないものとします。

問1．次の諸元を有する自動車がトランスミッションのギヤを第4速に入れて，速度40km/hで走行しているときのエンジンの軸トルクを900 N·mとすると，駆動力は何Nですか。

```
第 4 速 の 変 速 比：1.6
ファイナル・ギヤの減速比：4.5
駆 動 輪 の 有 効 半 径：50cm
```

問2．右図は，あるタイヤの速度とタイヤの発熱温度の関係を示しています。80km/hで走行したときのタイヤ温度が60℃であったとすると，70km/hで走行したときのタイヤ温度は何℃になりますか。

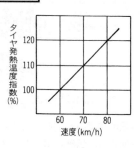

解 問1　答え　12960N。

駆動力は，駆動輪が地面等をける力で，エンジン軸トルクの総減速比（変速比×終減速比）倍である駆動トルクを，駆動輪の有効半径で割って求められる。しかし，本来は動力伝達効率が有るので，この分を掛けなければならない。

従って，伝達による機械損失及びタイヤのスリップはないという設問なので，動力伝達効率は100％，すなわち「1」として計算する。

以上のことから，次の式により求められる。

$$駆動力 = \frac{駆動輪の駆動トルク \times 動力伝達効率}{駆動輪の有効半径}$$

$$= \frac{エンジン軸トルク \times 総減速比 \times 動力伝達効率}{駆動輪の有効半径}$$

$$= \frac{900 \times 1.6 \times 4.5 \times 1}{0.5}$$

$$= \underline{12960\text{N}}$$

（注）　エンジン軸トルクの単位がN・mなので，単位を合わせるため，駆動輪の有効半径のcm単位をm単位に直して式に代入すること。

問2　答え　55℃。

グラフから80km/hで走行したときのタイヤの発熱温度指数は120％であり，70km/hで走行したときは110％である。

従って，発熱温度指数が120％でタイヤ温度が60℃ならば，110％では何度

(x°C)になるかを考えればよい。また，指数が120％から110％に下がる訳だから，当然，答えの温度は設問の60°Cよりも低い温度になることを，忘れないようにする。

以上のことを，比の式で表すと次のようになる。

比の式の解き方は，外項＝内項で求められる。

ゆえに，$x \times 120 = 60 \times 110$

$$x = 60 \times \frac{110}{120}$$

$$= \underline{55\text{°C}}$$

15・3 （電気装置認定）

〔3〕図のような回路を点検した結果，各部の電圧と電流が図中に示す数値になりました。次の各問に答えなさい。

問1．ランプを除いたヒューズ，スイッチ及び抵抗を含めた配線関係の合成抵抗は何Ωですか。次の中から適切なものを選んで，その番号を記入しなさい。

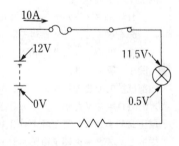

1．0.01Ω　　2．0.1Ω　　3．1.0Ω　　4．10.0Ω

問2．点灯時のランプの抵抗は何Ωですか。次の中から適切なものを選んで，その番号を記入しなさい。

1．1.1Ω　　2．1.2Ω　　3．11Ω　　4．12Ω

解 問1　答え　2。

設問の回路は，直列回路で回路内に流れる電流が10Aで，電源が12Vであることから，全回路抵抗は12V÷10A＝1.2Ωである。

また，ランプの両端の電圧値より，ランプにかかる電圧は11.5V－0.5

試験問題実例

V＝11Vかかるので，ランプの抵抗は11V÷10A＝1.1Ωということになる。

従って，ランプを除いたヒューズ，スイッチ及び抵抗を含めた配線関係の合成抵抗は，全回路抵抗1.2Ωよりランプの抵抗1.1Ωを引いた残り1.2Ω－1.1Ω＝0.1Ωとなる。

ゆえに，答えは <u>2</u> となる。

問2　答え　1。

問1の解説より，ランプにかかる電圧は11Vで，電流が10A流れるので，ランプの抵抗は11V÷10A＝1.1Ωとなる。

ゆえに，答えは <u>1</u> となる。

〔5〕　スタータの負荷特性テストについて，次の各問に答えなさい。ただし，配線などの抵抗はないものとして計算しなさい。

問1．テスト時に200Aの電流が流れました。バッテリの起電力を24V，内部抵抗を0.01Ωとして，このときのスタータの端子電圧は何Vですか。次の中から適切なものを選んで，その番号を記入しなさい。

　　1．20V　　　2．21.8V　　　3．22V　　　4．24V

問2．問1の状態でスタータのフィールド・コイルの抵抗を0.002Ωとすれば，フィールド・コイルの銅損は何Wですか。次の中から適切なものを選んで，その番号を記入しなさい。

　　1．20W　　　2．40W　　　3．60W　　　4．80W

解 **問1　答え　3。**

内部抵抗0.01Ωのバッテリに200Aの電流が流れたときの電圧降下は，200A×0.01Ω＝2Vだから，このときのスタータの端子電圧は，バッテリの端子電圧24Vよりこの電圧降下分2Vを差し引いた値となる。

従って，スタータ端子電圧＝24V－2V＝22Vとなる。

ゆえに，答えは <u>3</u> となる。

問2　答え　4。

コイルなどに電流が流れると，電流の発熱作用により$I^2 \times R$の熱が発生する。この発熱による電力損失のことを，スタータでは銅損という。

従って，銅損を求めるということは，発熱による電力損失を求めればよいので，次の式により求められる。

$$P = I^2 \times R$$
$$= (200A)^2 \times 0.002\Omega$$

－136－

　　　　　　＝80W

ゆえに，答えは <u>4</u> となる。

〔13〕　次の各問に答えなさい。

　問１．バッテリの比重を測定したところ，電解液温度30℃で1.272の値を
　　　　得ました。電解液温度20℃に換算したときの比重はいくらですか。た
　　　　だし，温度換算係数は0.0007とし，答は小数点以下第３位まで記入し
　　　　なさい。

　問２．起電力12V，内部抵抗0.0064Ωの同じバッテリ２個を並列接続した
　　　　ときの合成内部抵抗は何Ωですか。答は小数点以下第４位まで記入し
　　　　なさい。

解　問１　答え　1.279。

　20℃に換算したときの比重は，次の式により求められる。

　　　　S_{20}＝St＋0.0007(t−20)

　　　　　　＝1.272＋0.0007(30−20)

　　　　　　＝1.272＋0.0007×10

　　　　　　＝<u>1.279</u>

　ただし，S_{20}：20℃に換算した比重　　　　　　t：電解液温度(℃)

　　　　　　St：t℃のときの電解液比重　　0.0007：温度換算係数

　問２　答え　0.0032Ω。

　同じ抵抗 r を n 個，並列に接続した場合の合成抵抗は $R=\dfrac{r}{n}$ で求められる。
従って，0.0064Ωの内部抵抗のバッテリを２個並列接続した場合の合成抵
抗は，次のように求められる。

　　　　$R=\dfrac{r}{n}=\dfrac{0.0064\Omega}{2}=\underline{0.0032}\,\Omega$

15・7　（３級シャシ検定）

【No.24】　図に示すファイナル・ギヤを備え，トランスミッションの第２速の
　　変速比が1.8である自動車に関する次の文章の（　）にあてはまるものと
　　して，**適切なもの**は次のうちどれか。

　　　トランスミッションを第２速にし，エンジンの回転速度を3500min⁻¹で
　　直進した場合の駆動輪の回転速度は，（　）min⁻¹になる。なお，図の数

値は各ギヤの歯数を示している。

(1) 10
(2) 200
(3) 500
(4) 7,600

図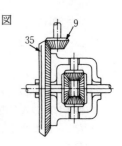

解 答え (3)。

駆動輪の回転速度は，エンジン回転速度をトランスミッションで変速し，さらに変速された回転速度をファイナル・ギヤで最終減速して伝達された回転速度である。

従って，エンジン回転速度から駆動輪の回転速度を求めるには，動力伝達経路の各ギヤの変速比及び終減速比＝$\dfrac{リング・ギヤの歯数}{ドライブ・ピニオンの歯数}$ で割って求められる。

以上のことから，次の式により求まる。

駆動輪の回転速度＝エンジン回転速度÷変速比÷終減速比

$$=3500\div 1.8\div \frac{35}{9}$$

$$=3500\times \frac{1}{1.8}\times \frac{9}{35}$$

$$=\frac{3500\times 9}{1.8\times 35}=500\mathrm{min}^{-1}$$

ゆえに，答えは(3)となる。

【No.26】 図に示す油圧式ブレーキに関する次の文章の（ ）にあてはまるものとして，**適切な**ものは次のうちどれか。

ブレーキ・ペダルを200Nの力で踏み込んだ場合，ディスク・ブレーキのピストンに働く力は（ ）Nになる。なお，マスタ・シリンダの断面積は4cm²，ディスク・ブレーキのピストンの断面積は20cm²とする。

(1) 250　　(2) 1,000　　(3) 5,000　　(4) 20,000

図

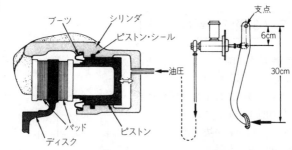

解 答え (3)。

ブレーキ・ペダルを200Nの力で踏み込むと右図に示すように,「てこの原理」で,支点周りの力のモーメントのつり合い式が成り立ち,マスタ・シリンダのピストンを押す力 x（プッシュ・ロッドにかかる力）が求められる。

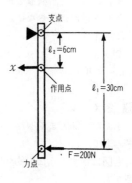

$$x \times \ell_2 = F \times \ell_1$$

$$x = F \times \frac{\ell_1}{\ell_2}$$

$$= 200N \times \frac{30cm}{6cm}$$

$$= 1000N$$

マスタ・シリンダに1000Nの力を加えると,油圧の伝達においては,「パスカルの原理」により,マスタ・シリンダのピストンからディスク・ブレーキのピストンに働く力は面積倍となって伝達される。

従って,ディスク・ブレーキのピストンに働く力は,

「パスカルの原理」

$$\frac{F_2〔ディスク・ブレーキのピストンに働く力〕}{S_2〔ディスク・ブレーキのピストン断面積〕} = \frac{F_1〔マスタ・シリンダのピストンに働く力〕}{S_1〔マスタ・シリンダのピストン断面積〕} より,$$

$$F_2 = F_1 \times \frac{S_2}{S_1}$$

$$= 1000N \times \frac{20cm^2}{4cm^2} = 5000N \quad となる。$$

ゆえに,答えは(3)となる。

15・7 (3級ジーゼル検定)

【No.6】 冷却水に関する次の文章の ( ) にあてはまるものとして，**適切な**ものは次のうちどれか。

図は不凍液の混合率と冷却水の凍結温度の関係を示している。エンジンの全冷却水20Lを抜き替えて，水温が−30℃まで凍結しないようにするためには，不凍液を約 ( ) L混入しなければならない。

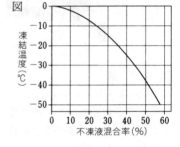

(1) 1
(2) 3
(3) 4.5
(4) 9

解 答え (4)。

水温が−30℃まで凍結しないようにするためには，図から不凍液混合率を読み取る。

右図に示すように，約45％にする必要がある。

また，不凍液混合率の計算式は次式より求まるので，

$$不凍液混合率(\%) = \frac{不凍液容量(\ell)}{全冷却水容量(\ell)} \times 100\%$$

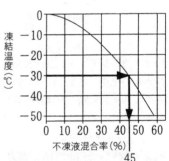

この式より，

$$45\% = \frac{不凍液容量}{20\ell} \times 100\%$$

$$不凍液容量 = \frac{45}{100} \times 20\ell$$

$$= 9\ell$$

従って，9ℓの不凍液に11ℓの水を加えて，20ℓに薄めると45％の不凍液混合率となる。

ゆえに，答えは(4)となる。

【No.25】 図に示す走行性能曲線図から，この自動車が水平な路面で出すことのできる最高速度として，**適切なもの**は次のうちどれか。

(1) 150km/h
(2) 160km/h
(3) 170km/h
(4) 180km/h

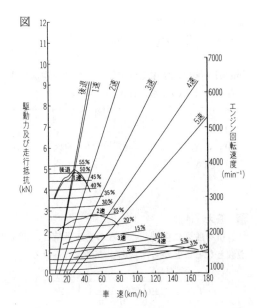

解 答え (3)。

最高速度とは，積車状態の自動車が水平でかつ平坦舗装路（勾配0％）において，トランスミッションのギヤがトップ（今回は5速）の状態で出すことのできる最高の速度を言う。

また，駆動力と走行抵抗の差を余裕駆動力と言い，余裕駆動力がゼロになった点（図中M点）でもある。

従って，図から走行抵抗曲線0％と5速の駆動力曲線の交点Mを読み取

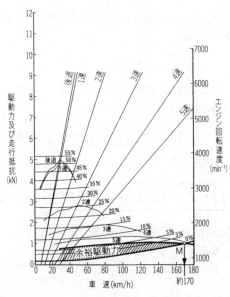

―141―

ると約170km/hである。

ゆえに、答えは(3)となる。

【No.26】 図に示す電気回路図において、電流計Aが示す電流値として、**適切なもの**は次のうちどれか。

(1) 0.7A
(2) 1.5A
(3) 4 A
(4) 24A

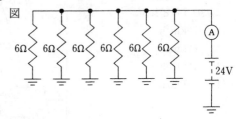

解 答え (4)。

抵抗を並列に接続したときの合成抵抗は、接続された抵抗値の逆数の和の逆数となることから、次のように求められる。

$$R=\frac{1}{\frac{1}{6}+\frac{1}{6}+\frac{1}{6}+\frac{1}{6}+\frac{1}{6}+\frac{1}{6}}=\frac{1}{\frac{6}{6}}=1\times\frac{6}{6}=1\,\Omega$$

または、同じ抵抗 r を n 個並列に接続した場合の合成抵抗は、次式より求められる。

$$R=\frac{r}{n}=\frac{6}{6}=1\,\Omega$$

以上の様に、回路の合成抵抗が1Ωで、電圧が24Vならば、電流計に流れる電流は、オームの法則より、

$$電流 I(A)=\frac{電圧E(V)}{抵抗R(\Omega)}=\frac{24V}{1\,\Omega}=24A \quad である。$$

ゆえに、答えは(4)となる。

15・7 (2級ガソリン検定)

【No.18】 次表に示す諸元のガソリン・エンジンの総排気量について、**適切なもの**は次のうちどれか。

(1) 1,751cm³
(2) 1,838cm³
(3) 1,999cm³
(4) 2,479cm³

> 4サイクル直列4シリンダ・エンジン：シリンダ内径81mm,
> ピストン・ストローク85mm, 燃焼室容積62cm³

解 答え (1)。

排気量はピストンが下死点から上死点に移動する間にピストンが排出できる容積のことで，この場合，燃焼室容積は含まれません。

従って，右図に示した内径D及びピストン行程Lの円柱体積V（円の面積×高さ）になり，総排気量は，これにシリンダ数を掛けて求められる。

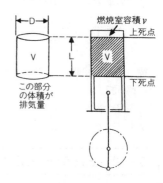

以上のことから，次の式により求められる。

$V_T = (半径)^2 \times \pi \times ピストン・ストローク \times シリンダ数$

$= \left(\dfrac{D}{2}\right)^2 \times \pi \times L \times n$

$= \dfrac{D^2}{4} \times \pi \times L \times n$

$= \dfrac{8.1^2}{4} \times 3.14 \times 8.5 \times 4$

$\fallingdotseq 1751.13\cdots \text{cm}^3$

ただし，V_T：総排気量cm³
D：シリンダ内径cm
L：ピストン・ストロークcm
n：シリンダ数
π：円周率(3.14)

ゆえに，答えは(1)となる。

(注) 総排気量の単位はcm³なので，内径及びストロークのmm単位をcm単位に直して式に代入すること。また，円周率の数値が設問に与えられていない場合は，一般的な数値 (3.14) を用いて求めてみる。

【No.19】 次図に示す回路の合成抵抗として，**適切なもの**は次のうちどれか。ただし，バッテリ及び配線等の抵抗は無いものとします。

(1) 2Ω
(2) 2.58Ω
(3) 4.25Ω
(4) 5.25Ω

図

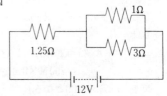

—143—

解 答え (1)。

設問の回路は，直・並列回路なので，まず１Ωと３Ωの並列部分の合成抵抗をＸとして求める。抵抗を並列に接続したときの合成抵抗は，接続された抵抗値の逆数の和の逆数となるから，

$$X=\frac{1}{\frac{1}{1}+\frac{1}{3}}=\frac{1}{\frac{3}{3}+\frac{1}{3}}=\frac{1}{\frac{4}{3}}=1\times\frac{3}{4}=0.75\Omega \quad となる。$$

従って，この回路は1.25Ωと0.75Ωの抵抗を直列接続した回路となるから，全回路抵抗Rは，

　　R＝1.25Ω＋0.75Ω＝２Ω　である。

ゆえに，答えは(1)となる。

15・10（３級シャシ認定）

【№27】　トルク・レンチに図のようなアダプタを取り付け，矢印の部分に200Ｎの力をかけてナットを締め付けた場合，トルク・レンチの読みとして，**適切なもの**は次のうちどれか。

(1)　40N・m
(2)　80N・m
(3)　100N・m
(4)　200N・m

解 答え (2)。

トルク・レンチはアダプタを取り付けた場合でも，目盛に表示される数値（Ｔ）は，握りにかけた力（Ｆ＝200Ｎ）とトルク・レンチの有効長さ（Ｌ＝0.4ｍ）の積で表示される構造になっている。

すなわち，右図のＡのトルクではなく，Ｂの位置でのトルクになる。

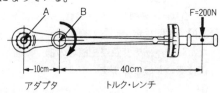

従って，トルク・レンチの読みは，

　　Ｔ（トルク）＝Ｆ（力）×Ｌ（長さ）
　　　　　　　＝200Ｎ×0.4ｍ＝80N・m　である。

ゆえに，答えは(2)となる。

(注) トルクの単位がN・mなので，長さのcm単位をm単位に直して式に代入すること。

15・10（3級ガソリン認定）

【No.21】 圧縮比が8.5，燃焼室容積が50cm³のエンジンの排気量として，**適切なもの**は次のうちどれか。

(1) 475cm³ (2) 425cm³ (3) 375cm³ (4) 325cm³

解 答え (3)。

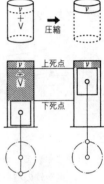

V：排気量cm³
v：燃焼室容積cm³

圧縮比は，吸入された空気がどれだけ圧縮されたかを表す数値で，右図のようにピストンが下死点にあるときのピストン上部の容積（排気量V＋燃焼室容積v）と，ピストンが上死点にあるときのピストン上部の容積（燃焼室容積v）との比をいう。

従って，圧縮比は次の式で表すことができ，

$$圧縮比 = \frac{排気量 + 燃焼室容積}{燃焼室容積}$$

$$= \frac{排気量}{燃焼室容積} + 1$$

この式より，排気量を求める式に変形し求めると，

排気量＝燃焼室容積×(圧縮比－1)
　　　＝50×(8.5－1)
　　　＝375cm³　となる。

ゆえに，答えは(3)となる。

15・10（3級ジーゼル認定）

【No.22】 図のバルブ機構において，バルブ・クリアランスを0.2mmとすると，バルブを全開にしたときのバルブ・リフト量として，**適切なもの**は次のうちどれか。

―145―

(1) 11.2mm
(2) 11.4mm
(3) 11.6mm
(4) 11.8mm

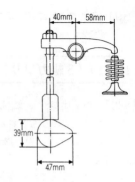

解 答え (2)。

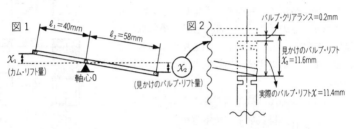

図1において、カム・リフトをx_1、見かけのバルブ・リフト量をx_2とすれば、見かけのバルブ・リフト量とカム・リフト量との比は、ロッカ・アームの軸心0からプッシュ・ロッド及びバルブ・ステムまでの中心距離ℓ_1とℓ_2の比に等しいので、次の関係式が成り立つ。

$$\frac{x_2}{x_1}=\frac{\ell_2}{\ell_1} \text{より、} x_2=x_1\times\frac{\ell_2}{\ell_1}$$

以上のことから、上記の式に設問の数値を代入して見かけのバルブ・リフト量x_2を求めるが、カム・リフト量x_1が求まっていないので、まずカム・リフト量を求める。

　　カム・リフト量＝カム長径－短径＝47－39＝ 8 mm
では、見かけのバルブ・リフト量を求めると、

$$x_2=x_1\times\frac{\ell_2}{\ell_1}= 8 \times\frac{58}{40}=11.6\text{mm} \text{ となる。}$$

しかし、バルブ・クリアランスが0.2mmあるので、実際のバルブ・リフト量xは、図2の図解に示すように、バルブ・クリアランス分を差し引いた値ですから、実際のバルブ・リフト量xは、11.6mm－0.2mm＝11.4mmと

なる。

　ゆえに，答えは(2)となる。

15・10（2級ガソリン認定）

【No.35】　ある自動車が72km/hの一定の速度で走行しているときの走行抵抗
　が1100Nでした。このときの出力として，**適切なもの**は次のうちどれか。
　ただし，動力伝達による機械的損失はないものとして計算しなさい。
　(1)　20kW　　　(2)　22kW　　　(3)　79.2kW　　　(4)　22000kW

解　**答え**　(2)。

　出力（仕事率）は，ワット（W）の単位で表し，1ワット（W）は1秒間
に1ジュール（J＝N·m）の仕事量をする割合をいう。

　従って，出力（W）は次の式で表すことができる。

$$出力(W) = \frac{仕事量(J)}{時間(s)} = \frac{力(N) \times 距離(m)}{時間(s)} = 力(N) \times 速度(m/s)$$

上式より，速度の単位が秒速なので，時速72km/hを秒速に換算すると，
1km＝1000m，1h＝3600sより，

$$72km/h = 72 \times \frac{1000m}{3600s} = 20m/s　　となる。$$

　よって，出力(W)＝力(N)×速度(m/s)＝1100N×20m/s＝22000Wとなり，
設問の答える単位がkWであるから，kWに換算すると，
　1000W＝1kWより，

$$1W = \frac{1kW}{1000}となり，22000W = 22000 \times 1W = 22000 \times \frac{1kW}{1000} = 22kW$$

となる。

　ゆえに，答えは(2)となる。

15・10（2級ジーゼル認定）

【No.31】　次の諸元を有するトラックの最大積載時の前軸荷重について，**適切
　なもの**は次のうちどれか。ただし，乗員1人当たりの荷重は550Nで，そ
　の荷重は前軸上に作用し，又，積載物の荷重は荷台に等分布にかかるもの
　として計算しなさい。

— 147 —

試験問題実例

ホイールベース	5600mm	乗車定員	3人
空車時前軸荷重	35900N	荷台内側長さ	6900mm
空車時後軸荷重	29400N	リヤ・オーバハング	2650mm
最大積載荷重	70000N	（荷台内側まで）	

(1) 45900N　　(2) 47550N　　(3) 80675N　　(4) 90675N

解 答え (2)。

最大積載時前軸荷重は次式より求められる。

　　最大積載時前軸荷重＝空車時前軸荷重＋乗車定員荷重による前軸荷重
　　　　　　　　　　　　＋最大積載荷重による前軸荷重増加分

設問より，空車時前軸荷重は35900N，乗車定員荷重による前軸荷重増加分は，乗車重心が前軸上にあるので，3人×550N＝1650Nの荷重がそのまま加算される。

次に，最大積載荷重による前軸荷重増加分ですが，これを求めるには積載荷重がかかっている位置，すなわち荷台オフセット（後軸から荷台中心までの距離）を先に求める必要がある。

荷台オフセットを求めると，$\left(\dfrac{\text{荷台内側長さ}}{2}\right)$－リヤ・オーバハングより，

$\left(\dfrac{6900}{2}\right)-2650=800\text{mm}$　となる。

従って，次図に示すように，後軸から800mmの所に積載荷重70000Nがかかり，この荷重に対して後軸を支点として丁度つり合う前軸の支持力，すなわち積載荷重による前軸荷重増加分をxNとすれば，後軸周りの力のモーメントのつり合い条件より，次の関係式が成り立ち，積載荷重による前軸荷重増加分が求められる。

$x\times5600=70000\times800$

$x=\dfrac{70000\times800}{5600}$

$\quad=10000\text{N}$

以上のことから，最大積載時前軸荷重は次のようになる。

　　最大積載時前軸荷重＝35900N＋1650N＋10000N

　　　　　　　　　　　＝47550N

ゆえに，答えは(2)となる。

16・3 （3級シャシ登録）

【No.27】 図に示す油圧式ブレーキのペダルを矢印の方向に200Nの力で踏んだとき，プッシュ・ロッドがマスタ・シリンダのピストンを押す力として，**適切なもの**は次のうちどれか。ただし，リターン・スプリングの張力は考えないものとする。

(1) 200N　　　　(2) 600N
(3) 1000N　　　(4) 1200N

解 答え (3)。

ブレーキ・ペダルを200Nの力で踏み込むと右図に示すように，「テコの原理」で，テコがつり合っている状態と考えて，作用点，支点，力点に着目し，マスタ・シリンダのピストンを押す力を x として，支点周りの力のモーメントのつり合い式を立てて求めると，次のようになる。

$$x \times \ell_2 = F \times \ell_1$$

$$x = F \times \frac{\ell_1}{\ell_2}$$

$$= 200\text{N} \times \frac{30\text{cm}}{6\text{cm}}$$

$$= 1000\text{N}$$

ゆえに，答えは(3)となる。

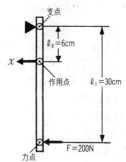

16・3 （3級ガソリン登録）

【No.21】 図に示すトルク・レンチのピンに200Nの力をかけて，ナットを100N・mのトルクで締め付けるとき，トルク・レンチの長さ「A」として，**適切なもの**は次のうちどれか。

(1) 0.2m　　　　(2) 0.5m
(3) 0.8m　　　　(4) 1m

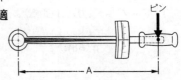

—149—

解 答え (2)。

トルク・レンチの目盛りに表示されるトルク(T)の数値は，ピンにかけた力(F)とトルク・レンチの有効長さ(A)の積で表示される構造であり，式で表すと次のようになる。

T(トルク) = F(力) × A(長さ)

従って，ナットを締め付けたときのトルク・レンチの目盛りが100N・mで，ピンにかけた力(F)が200Nならば，トルク・レンチの長さ(A)は，

$$T = F \times A より，A = \frac{T}{F} = \frac{100\text{N・m}}{200\text{N}} = 0.5\text{m}となる。$$

ゆえに，答えは(2)となる。

16・3 (3級ジーゼル登録)

【No.27】 図のように，ベルトのかかった3個のプーリがあります。Cのプーリを回転させるのに1.6N・mのトルクを必要とするとき，ベルトを引いてCのプーリを回転させる力として，**適切なもの**は次のうちどれか。ただし，滑り，機械損失及び他のプーリの抵抗はないものとして計算しなさい。
なお，図中の( )内の数値はプーリの半径を示します。

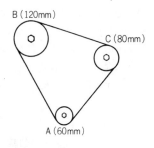

(1) 2N　　(2) 20N　　(3) 50N　　(4) 128N

解 答え (2)。

次図のように，半径80mmのCプーリの中心Oのトルクが1.6N・mのとき，ベルトを手で引く力をFとすると，トルク(T)は力(F)×距離(r)なので，次の式により求められる。

T(トルク) = F(力) × r(距離)より，

$$F(力) = \frac{T(トルク)}{r(距離)}$$

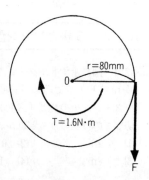

—150—

$$= \frac{1.6\text{N}\cdot\text{m}}{0.08\text{m}}$$

$$= 20\text{N}$$

ゆえに,答えは(2)となる。

(注) トルクの単位がN・mなので,プーリ半径のmm単位をm単位に直して式に代入すること。

16・3 (2級ガソリン登録)

【No.35】 図に示す方法で前軸荷重7000Nの乗用車をつり上げたとき,レッカー車のワイヤにかかる荷重として,**適切なもの**は次のうちどれか。ただし,つり上げによる重心の移動はないものとします。

(1) 5200N
(2) 6300N
(3) 18200N
(4) 24500N

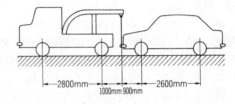

解 答え (1)。

乗用車をワイヤでつり上げると,次図に示すように乗用車の後軸が支点となり,乗用車の前軸荷重7000Nを,ワイヤと後軸で分担して支えることになる。

この場合,ワイヤが分担する荷重を x N とすれば,乗用車後軸周りの力のモーメントのつり合いにより,次の計算式が成り立ち求められる。

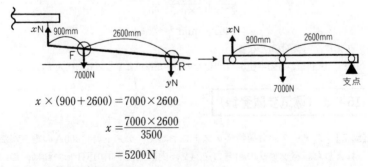

$$x \times (900+2600) = 7000 \times 2600$$

$$x = \frac{7000 \times 2600}{3500}$$

$$= 5200\text{N}$$

ゆえに,答えは(1)となる。

試験問題実例

16・3 （2級ジーゼル登録）

【No.31】 右に示す諸元の自動車が，トランスミッションのギヤを第4速に入れて，速度45km/hで走行しているとき，駆動輪の回転速度として**適切な**ものは次のうちどれか。ただし，タイヤのスリップはないものとし，円周率は3.14とします。

(1) 約39min^{-1}

(2) 約43min^{-1}

(3) 約239min^{-1}

(4) 約478min^{-1}

第4速の変速比	：1.4
ファイナル・ギヤの減速比	：5.5
駆動輪の有効半径	：50cm

解 答え (3)。

駆動輪の回転速度から自動車の速度（km/h）を求めるには，駆動輪が1回転したときの進行距離2πr（有効円周）に駆動輪回転速度を掛け，回転速度1分間当たりを1時間当たりにするため60倍し，さらに，m単位をkm単位に直す必要から1000で割って求められる。

以上のことから，次の式により求められるので，この式より駆動輪の回転速度を逆算すると，

$$車速＝\frac{駆動輪の有効円周(2πr)×駆動輪回転速度×60}{1000}$$

$$駆動輪の回転速度＝\frac{車速×1000}{駆動輪の有効円周(2πr)×60}$$

$$＝\frac{45×1000}{2×3.14×0.5×60}$$

$$＝238.8\cdots min^{-1}となる。$$

ゆえに，答えは(3)となる。

(注) 駆動輪の有効半径がcm単位なので，m単位に直して式に代入すること。

16・3 （電気装置登録）

【No.7】 スタータの負荷特性テストにおいて，テスト時に200Aの電流が流れました。バッテリの起電力を24V，内部抵抗を0.015Ωとすれば，このときのスタータの端子電圧として**適切な**ものは，次のうちどれか。ただ

し,配線などの抵抗はないものとして計算しなさい。
(1) 20V　　　　(2) 21V　　　　(3) 22V　　　　(4) 23V

解 答え (2)。

内部抵抗0.015Ωのバッテリに200Aの電流が流れたときの電圧降下は200A×0.015Ω＝3Vだから,このときのスタータの端子電圧は,バッテリの端子電圧24Vよりこの電圧降下分3Vを差し引いた値となる。

　従って,スタータ端子電圧＝24V－3V＝21Vとなる。
　ゆえに,答えは(2)となる。

16・7 （3級ガソリン検定）

【No.21】 図のようなバルブ開閉機構について,バルブ・クリアランスを0.3mmとすると,バルブ全開時のバルブ・リフト量として,**適切な**ものは次のうちどれか。

(1) 4.3mm
(2) 5.7mm
(3) 8.7mm
(4) 9.0mm

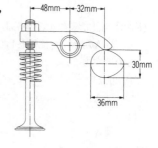

解 答え (3)。

図2において,カム・リフト量をx_1,見かけのバルブ・リフト量をx_2とすれば,見かけのバルブ・リフト量とカム・リフト量との比は,ロッカ・アームの軸心0からカム及びバルブ・ステムまでの中心距離ℓ_1とℓ_2の比に等しいので,次の関係式が成り立つ。

$$\frac{x_2}{x_1}=\frac{\ell_2}{\ell_1} より,\ x_2=x_1\times\frac{\ell_2}{\ell_1}$$

以上のことから,上記の式に設問の数値を代入して見かけのバルブ・リフト量x_2を求めるが,カム・リフト量x_1が求まっていないので,まずカム・リフト量を求める。

　　カム・リフト量＝カム長径－短径＝36－30＝6mm

次に,見かけのバルブ・リフト量を求めると,

$$x_2=x_1\times\frac{\ell_2}{\ell_1}=6\times\frac{48}{32}=9\ \mathrm{mm}となる。$$

図1　図2

しかし，バルブ・クリアランスが0.3mmあるので，実際のバルブ・リフト量 x は，図1の図解に示すように，バルブ・クリアランス分を差し引いた値なので，9mm－0.3mm＝8.7mmとなる。

ゆえに，答えは(3)となる。

【No.22】　図に示す電気回路図において，電流計Aが示す電流値として，**適切なもの**は次のうちどれか。

(1)　0.7A
(2)　2A
(3)　4A
(4)　6A

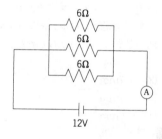

解　答え　(4)。

同じ抵抗 r を n 個並列に接続した場合の合成抵抗は，次の式により求められる。

$$R=\frac{r}{n}=\frac{6}{3}=2\,\Omega$$

従って，全電圧 E(V) が12Vで，全抵抗 R(Ω) が2Ωなので，全電流 I(A) は，オームの法則により次のように求められる。

$$I(A)=\frac{E(V)}{R(\Omega)}=\frac{12V}{2\,\Omega}=6\,A$$

ゆえに，答えは(4)となる。

【No.23】　表の諸元におけるエンジンの圧縮比として，**適切なもの**は次のうちどれか。ただし，円周率は3.14とする。

(1) 7.8
(2) 8.8
(3) 9.8
(4) 10.8

表

| ピストン行程：100mm |
| シリンダ内径：100mm |
| 燃焼室容積：80cm³ |

解 答え (4)。

圧縮比は，吸入された空気がどれだけ圧縮されたかを表す数値で，図1のようにピストンが下死点にあるときのピストン上部の容積（排気量V＋燃焼室容積v）と，ピストンが上死点にあるときのピストン上部の容積（燃焼室容積v）との比をいう。

従って，圧縮比は次の式で表すことができる。

$$圧縮比 = \frac{排気量＋燃焼室容積}{燃焼室容積}$$

$$= \frac{排気量}{燃焼室容積} + 1$$

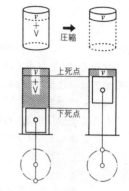

図1

式からも分かるように，圧縮比を求めるには，まず排気量の値を算出する必要がある。従って，排気量はピストンが下死点から上死点に移動する間にピストンが排出できる容積で，図2に示した内径D及びピストン行程Lの円柱体積V（円の面積×高さ）となるので，次のように求められる。

V＝(半径)²×π×ピストン・ストローク

$$= \left(\frac{D}{2}\right)^2 \times \pi \times L$$

$$= \frac{D^2}{4} \times \pi \times L$$

$$= \frac{10^2}{4} \times 3.14 \times 10$$

＝785cm³ となるから，

圧縮比は，$圧縮比 = \frac{排気量}{燃焼室容積} + 1$ より，

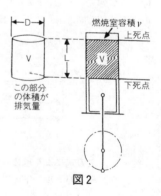

図2

ただし，
V：排気量cm³
D：シリンダ内径cm
L：ピストン・ストロークcm
π：円周率3.14

$$=\frac{785}{80}+1$$
$$=10.81\cdots$$

ゆえに，答えは(4)となる。

(注) 排気量の単位はcm³なので，内径及びストロークのmm単位をcm単位に直して式に代入すること。

【No.24】 T型レンチの締め付けトルクに関する次の文章の（ ）にあてはまるものとして，**適切なものは次のうちどれか。**

図のようなT型レンチでAとBに150Nの力を加えて矢印の方向に回転させた場合，締め付けトルクは（ ）N·mになる。

(1) 24　　(2) 48　　(3) 96　　(4) 468

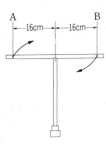

解 答え (2)。

次図のようなT型レンチに，向きが反対で大きさが等しい一対になった平行な力が働くことを，「偶力」といい，偶力が作用するときの0点周りのトルクTは，A側のトルクT_1とB側のトルクT_2の和になる。

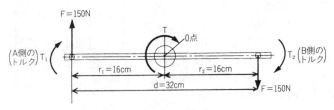

〈T型レンチを上から見た図〉

従って，次の式により求められる。

$$0点周りのトルクT = T_1 + T_2 = (F \times r_1) + (F \times r_2)$$
$$= F \times (r_1 + r_2)$$
$$= F \times d$$
$$= 150N \times 0.32m$$
$$= 48 N \cdot m$$

ゆえに，答えは(2)となる。

(注) トルクの単位がN·mなので，レンチの長さcm単位をm単位に直して式に

—156—

代入すること。

16・7 （2級ガソリン検定）

【No.31】 図に示す回路の電流Aの値として，**適切なもの**は次のうちどれか。ただし，バッテリ及び配線等の抵抗はないものとする。

(1) 2 A　　　(2) 3 A
(3) 4 A　　　(4) 5 A

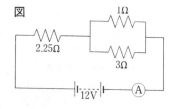

解 答え (3)。

設問の回路は，直・並列回路なので，まず1Ωと3Ωが並列部分の合成抵抗をXとして求める。抵抗を並列に接続したときの合成抵抗は，接続された抵抗値の逆数の和の逆数となるから，

$$X = \frac{1}{\frac{1}{1}+\frac{1}{3}} = \frac{1}{\frac{3}{3}+\frac{1}{3}} = 1 \times \frac{3}{4} = 0.75\Omega となり，$$

この回路は2.25Ωと0.75Ωの抵抗を直列接続した回路となることから，全合成抵抗Rは，R＝2.25Ω＋0.75Ω＝3Ωとなる。

従って，電流計に流れる全電流I(A)は，全電圧E(V)が12Vで，全抵抗R(Ω)が3Ωならば，オームの法則により次のように求められる。

$$I(A) = \frac{E(V)}{R(\Omega)} = \frac{12V}{3\Omega} = 4 A$$

ゆえに，答えは(3)となる。

【No.32】 表に示す諸元の自動車が，トランスミッションのギヤが第3速，エンジンの回転速度が2,000min^{-1}で走行しているときの車速として，**適切なもの**は次のうちどれか。なお，機械損失及びタイヤのスリップはないものとし，円周率は3.14とする。

(1) 約43km/h
(2) 約45km/h
(3) 約47km/h
(4) 約50km/h

表

第3速の変速比	：1.5
ファイナル・ギヤの減速比	：3.5
駆動輪の有効半径	：0.3m

解 答え (1)。

エンジン回転速度から車速（km/h）を求めるには，駆動輪が1回転したときの進行距離$2\pi r$（有効円周）にエンジン回転速度を掛け，回転速度1分間当たりを1時間当たりにするため60倍する。

しかし，実際にはトランスミッションとファイナル・ギヤで減速されるから，動力伝達経路の総減速比（変速比×終減速比）で割り，さらに，m単位をkm単位に直す必要から1000で割る。

以上のことから，次の式により求められる。

$$\text{車速} = \frac{\text{駆動輪の有効円周}(2\pi r) \times \text{エンジン回転速度} \times 60}{\text{変速比} \times \text{終減速比} \times 1000}$$

$$= \frac{2 \times 3.14 \times 0.3 \times 2000 \times 60}{1.5 \times 3.5 \times 1000}$$

$$= 43.06 \cdots \text{km/h となる。}$$

ゆえに，答えは(1)となる。

【No.33】 図において，マスタ・シリンダの内径が42mmである断面積S_1，ホイール・シリンダの内径が84mmである断面積S_2において，ホイール・シリンダF_2に1200Nの力を掛ける場合，マスタ・シリンダF_1を押す力として，**適切なもの**は次のうちどれか。

図

(1) 250N
(2) 300N
(3) 350N
(4) 400N

解 答え (2)。

油圧の伝達において，パスカルの原理により密閉された液体の一部に圧力を加えると，液体の全ての点でそれと同じだけの圧力が増加するので，マスタ・シリンダ側とホイール・シリンダ側のそれぞれのピストンに加わる単位面積当たりの圧力は等しいことになる。

従って，次の関係式が成り立つ。

　　　　（ホイール・シリンダ側油圧）　　　（マスタ・シリンダ側油圧）

$$\frac{F_2(\text{N})}{S_2(\text{mm}^2)} = \frac{F_1(\text{N})}{S_1(\text{mm}^2)}$$

また，断面積の比は，内径（直径）の自乗の比に等しいので，マスタ・シリンダの内径をD_1，ホイール・シリンダの内径をD_2とすると，上式は次のように置き換えることが出来る。

$$\frac{F_2}{S_2}=\frac{F_1}{S_1} \Longrightarrow \frac{F_2}{(D_2)^2}=\frac{F_1}{(D_1)^2}$$

従って，この式によりマスタ・シリンダを押すのに必要な力を求めると，

$$F_1 = F_2 \times \left(\frac{D_1}{D_2}\right)^2 = 1200\,\text{N} \times \left(\frac{42}{84}\right)^2 = 300\,\text{N}$$

ゆえに，答えは(2)となる。

16・10（3級シャシ登録）

【No.27】 総減速比4.8の自動車が，エンジン回転速度2400min^{-1}で直進走行しているときの駆動輪の回転速度として，**適切なもの**は次のうちどれか。

(1) 200min^{-1}　　(2) 500min^{-1}　　(3) 1000min^{-1}　　(4) 1250min^{-1}

解 答え (2)。

駆動輪の回転速度は，エンジン回転速度をトランスミッションで変速し，さらに変速された回転速度をファイナル・ギヤで最終減速して伝達された回転速度です。

従って，エンジン回転速度から駆動輪の回転速度を求めるには，動力伝達経路の総減速比（変速比×終減速比）で割って求められる。

以上のことから，次の式により求められる。

　　駆動輪の回転速度＝エンジン回転速度÷総減速比
　　　　　　　　　　＝2400÷4.8
　　　　　　　　　　＝500min^{-1}

ゆえに，答えは(2)となる。

16・10（3級ガソリン登録）

【No.21】 ある物体を40Nの力で5m持ち上げたときの仕事量として，**適切なもの**は次のうちどれか。

(1) 8N・m　　(2) 35N・m　　(3) 45N・m　　(4) 200N・m

試験問題実例

解 答え (4)。

　仕事量（N・m）は物体に作用させた力(N)と，力の向きに動いた距離(m)との積で表す。従って，仕事量（N・m）は次の式により求められる。

　　　仕事量(N・m)＝力(N)×距離(m)

　　　　　　　　　＝40N×5 m

　　　　　　　　　＝200N・m

　ゆえに，答えは(4)となる。

16・10 （3級ジーゼル登録）

【No.24】　ばね定数が1.5N/mmのコイル・スプリングを3cm圧縮するために必要な力として，**適切なもの**は次のうちどれか。

　(1)　0.5N　　　　　(2)　4.5N　　　　　(3)　5 N　　　　　(4)　45N

解 答え (4)。

　ばね定数が1.5N/mmのスプリングとは，1mm圧縮又は引っ張るのに1.5Nの力を必要とするスプリングのことである。

　設問の3cm圧縮するために必要な力は，30mm圧縮するという訳だから，たんに30倍してやればよい。

　従って，1.5N/mm×30＝45Nとなる。

　ゆえに，答えは(4)となる。

16・10 （2級ガソリン登録）

【No.35】　次の諸元を有する乗用車の後軸から重心までの水平距離（図のA）として，**適切なもの**は次のうちどれか。

| ホイール・ベース：2500mm |
| 前軸荷重　　　　：7500N |
| 後軸荷重　　　　：5000N |

　(1)　1000mm　　　(2)　1250mm　　　(3)　1500mm　　　(4)　2000mm

解 答え (3)。

　次図に示すように，後軸から重心までの距離をA，前軸荷重をW_F，後軸荷重をW_Rとし，重心位置を支点とした場合，支点周りのトルクのつり合い

－160－

関係を考えて式を立てればよいことになる。

従って、次の関係式が成り立ち求められる。

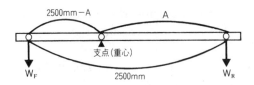

$$W_R \times A = W_F \times (2500 - A)$$
$$(W_F + W_R) A = W_F \times 2500$$
$$A = \frac{W_F \times 2500}{W_F + W_R}$$
$$= \frac{7500 \times 2500}{7500 + 5000}$$
$$= 1500 \text{mm}$$

ゆえに、答えは(3)となる。

16・10（2級ジーゼル登録）

【No.31】 図のレッカー車の空車時の前軸荷重が10000N，後軸荷重が4500Nである場合，図のようにワイヤに6000Nの荷重をかけたときの後軸荷重として，**適切な**ものは次のうちどれか。ただし，吊り上げによるレッカー車の姿勢の変化はないものとします。

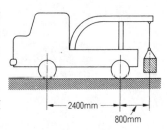

(1) 6500N　　(2) 8000N　　(3) 9300N　　(4) 12500N

解 答え (4)。

レッカー車の後軸から800mmの所に6000Nの荷重がかかっているので，この荷重に対して丁度つり合う後軸の支持力すなわち後軸荷重の増加分をxNとすれば，次図のように前軸周りの力のモーメントのつり合い条件により，次の関係式が成り立ち求められる。

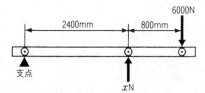

—161—

$x\text{N} \times 2400\text{mm} = 6000\text{N} \times (2400\text{mm} + 800\text{mm})$

$$x = \frac{6000\text{N} \times 3200\text{mm}}{2400\text{mm}}$$

$= 8000\text{N}$（後軸荷重増加分）

従って，つり上げたときの後軸荷重は，元々の後軸荷重4500Nにさらに8000Nの荷重が加わるので，

4500N＋8000N＝12500Nとなる。

ゆえに，答えは(4)となる。

17・3 （3級シャシ登録）

【No.21】 図に示す前進4段のトランスミッションで第2速のときの変速比として、**適切なもの**は次のうちどれか。
(1) 1.6
(2) 2.5
(3) 4.0
(4) 7.0

解 答え (3)。

第2速の動力伝達経路は右図に示すようになり、ギヤの変速比は$\frac{出力側ギヤ歯数}{入力側ギヤ歯数}$で求められる。従って、

第2速の変速比$=\frac{36}{18}\times\frac{36}{18}=4$

となる。

ゆえに、答えは(3)となる。

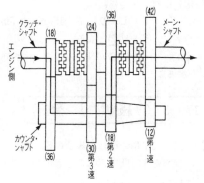

【No.22】 1Ωの抵抗を4個並列接続したときの合成抵抗として、**適切なもの**は次のうちどれか。
(1) 0.25Ω   (2) 0.5Ω   (3) 1Ω   (4) 4Ω

解 答え (1)。

同じ抵抗 r を n 個、並列に接続した場合の合成抵抗は $R=\frac{r}{n}$ で求められる。

従って、$R=\frac{r}{n}=\frac{1\Omega}{4}=0.25\Omega$ となる。

ゆえに、答えは(1)となる。

【No.23】 図に示すトルク・レンチの矢印の部分に150Nの力をかけたときの締め付けトルクとして、**適切なもの**は次のうちどれか。
(1) 7.5N・m
(2) 75N・m
(3) 750N・m
(4) 7500N・m

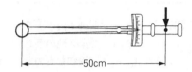

解 答え (2)。

トルク・レンチの目盛りに表示されるトルク(T)の数値は、ピンにかけた力(F)とトルク・レンチの有効長さ(L)の積で表示される構造であり、式で表すと次のようになる。

　　　T(トルク)＝F(力)×L(長さ)

従って、長さ50cm＝0.5mのトルク・レンチに、150Nの力をかけたときの締め付けトルクは、

　　　T＝F×Lより、T＝150N×0.5m＝75N・mとなる。

ゆえに、答えは(2)となる。

(注) トルクの単位がN・mなので、長さのcm単位をm単位に直して式に代入すること。

17・3 (3級ガソリン登録)

【No.21】 12V用の電球に規定の電圧をかけたところ5Aの電流が流れた。この状態で2時間経過したときの消費電力量として、**適切なもの**は次のうちどれか。

(1) 30A・h　　(2) 60W・h　　(3) 4.8A・h　　(4) 120W・h

解 答え (4)。

電気が単位時間に行う仕事の割合、すなわち、仕事率を電力(P)といい、電圧(E)と電流(I)の積で表され、単位には仕事率と同じW(ワット)を用いる。

式で表すと次のようになる。

　　　電力＝電圧×電流
　　　P(W)＝E(V)×I(A)

また、電力が単位時間内にする仕事の総量を電力量(Wp)といい、電力(P)と時間(t)の積で表され、単位はW・h(ワット時)が用いられる。

式で表すと次のようになる。

電力量＝電力×時間
Wp(W・h) = P(W) × t (h)

以上のことから，次のように求められる。

P = E × I = 12V × 5A = 60Wなので，
Wp = P × t = 60W × 2h = 120W・hとなる。

ゆえに，答えは(4)となる。

【No.22】 排気量400cm³，燃焼室容積50cm³のガソリン・エンジンの圧縮比として，**適切なもの**は次のうちどれか。

(1) 7　　(2) 8　　(3) 9　　(4) 10

解 答え (3)。

圧縮比は，吸入された空気がどれだけ圧縮されたかを表す数値で，図1のようにピストンが下死点にあるときのピストン上部の容積（排気量V＋燃焼室容積v）と，ピストンが上死点にあるときのピストン上部の容積（燃焼室容積v）との比をいう。

従って，圧縮比は次の式で表すことができる。

$$圧縮比 = \frac{排気量＋燃焼室容積}{燃焼室容積}$$

$$= \frac{排気量}{燃焼室容積} + 1$$

この式より，排気量400cm³，燃焼室容積50cm³のガソリン・エンジンの圧縮比は，

$$圧縮比 = \frac{排気量}{燃焼室容積} + 1$$

$$= \frac{400}{50} + 1$$

$$= 9$$

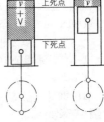

図1

V：排気量cm³
v：燃焼室容積cm³

ゆえに，答えは(3)となる。

【No.23】 自動車で60km離れた場所を往復したところ2時間30分かかった。

平均速度として，**適切なもの**は次のうちどれか。
(1) 24km/h　　(2) 48km/h　　(3) 60km/h　　(4) 80km/h

解 答え (2)。

平均速度V(km/h)は，全体を通じて物が移動した距離L(km)を，全体を通じて要した所要時間t(h)で割って求めた速度のことで，式で表すと次のようになる。

$$平均速度V(km/h) = \frac{全走行距離L(km)}{所要時間t(h)}$$

従って，全走行距離は60kmを往復するので，60km×2＝120kmとなり，所要時間は2時間30分なので時間に換算すると2.5hとなることから，

平均速度V(km/h)は，$\frac{120km}{2.5h} = 48km/h$となる。

ゆえに，答えは(2)となる。

17・3 （3級ジーゼル登録）

【No.25】 図に示すトルク・レンチで80N・mでナットを締め付けたときに，図の矢印にかかる力として，**適切なもの**は次のうちどれか。

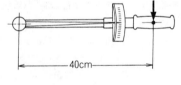

(1) 20N　　(2) 32N　　(3) 200N　　(4) 320N

解 答え (3)。

トルク・レンチの目盛りに表示されるトルク(T)の数値は，ピンにかけた力(F)とトルク・レンチの有効長さ(L)の積で表示される構造であり，式で表すと次のようになる。

　　T(トルク) ＝ F(力) × L(長さ)

従って，長さ40cm＝0.4mのトルク・レンチで，ナットを締め付けたときのトルク・レンチの目盛りが80N・mならば，ピンにかけた力(F)は，

$T = F \times L$ より，$F = \frac{T}{L} = \frac{80N \cdot m}{0.4m} = 200N$ となる。

ゆえに，答えは(3)となる。

(注) トルクの単位がN・mなので，長さのcm単位をm単位に直して式に代入す

ること。

【No.26】 圧縮比が20，燃焼室容積が60cm³のエンジンの排気量として，**適切なもの**は次のうちどれか。
(1) 約1080cm³ (2) 約1140cm³
(3) 約1200cm³ (4) 約1260cm³

解 答え (2)。

圧縮比は，吸入された空気がどれだけ圧縮されたかを表す数値で，図1のようにピストンが下死点にあるときのピストン上部の容積（排気量V＋燃焼室容積v）と，ピストンが上死点にあるときのピストン上部の容積（燃焼室容積v）との比をいう。

従って，圧縮比は次の式で表すことができる。

$$圧縮比 = \frac{排気量＋燃焼室容積}{燃焼室容積}$$

$$= \frac{排気量}{燃焼室容積} + 1$$

この式より，排気量を求める式に変形し求めると，

排気量 ＝（圧縮比－1）×燃焼室容積
　　　 ＝（20－1）×60
　　　 ＝1140cm³

ゆえに，答えは(2)となる。

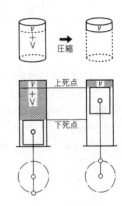

図1
V：排気量cm³
v：燃焼室容積cm³

17・3 （2級ガソリン登録）

【No.31】 ピストン・ストローク100mmのエンジンが，回転速度1800min⁻¹で回転しているときの平均ピストン・スピードとして，**適切なもの**は次のうちどれか。
(1) 6cm/s (2) 6m/s (3) 3cm/s (4) 3m/s

解 答え (2)。

平均ピストン速度V(m/s)は，ピストンが1秒間にシリンダ内を何mの速

さで動くかを表したもので，クランクシャフト1回転当たりのピストン移動距離2L（ツーストローク）に，クランクシャフト（エンジン）の毎秒回転速度 $\frac{N}{60}$ を掛けて求められる。

以上のことから，次の式により求められる。

$$V = 2L \times \frac{N}{60} = \frac{LN}{30} = \frac{0.1m \times 1800}{30} = 6 \text{ m/s}$$

ゆえに，答えは(2)となる。

(注) 平均ピストン速度の単位はm/sなので，ピストン・ストロークのmm単位をm単位に直して式に代入すること。

【No.32】 荷重14000Nの自動車が，図に示すこう配100分の1の坂道を1秒間に垂直方向に0.2m上がりながら走行している。同じ速度で水平な道路を走行する場合に比べて余分に必要とする出力として，**適切なもの**は次のうちどれか。

(1) 280W　　　(2) 2.8kW　　　(3) 28kW　　　(4) 280kW

解 答え (2)。

出力(仕事率)は，ワット(W)の単位で表し，1秒間に1ジュール(J＝N・m)の仕事量をする割合が1ワット(W)になる。

従って，出力(W)は次の式で表すことができる。

$$出力(W) = \frac{仕事率(J)}{時間(s)} = \frac{力(N) \times 距離(m)}{時間(s)} = 力(N) \times 速度(m/s)$$

この式に，力である自動車の荷重14000Nと，速度は1秒間に0.2m垂直方向に上がるため，秒速0.2mを代入して出力(W)を求め，あとはkWに換算してやればよい。

以上のことから，次のように求まる。

出力(W) ＝ 力(N) × 速度(m/s) ＝ 14000 × 0.2 ＝ 2800W

kWに換算すると，1000W＝1kWなので，$2800W = 2800 \times \frac{1 \text{ kW}}{1000} = 2.8$ kWとなる。

ゆえに，答えは(2)となる。

17・3 （2級ジーゼル登録）

【No.31】 図に示すトラックにおいて，Aの距離として，**適切なもの**は次のうちどれか。

```
ホイール・ベース：4000mm
前 軸 荷 重：25000N
後 軸 荷 重：15000N
```

(1) 500mm　　(2) 1500mm　　(3) 2000mm　　(4) 2500mm

解 答え (2)。

次図のように前軸から重心Gまでの水平距離をAとして図解すると，次のようになる。

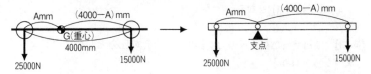

図解より，重心Gを支点として，前軸荷重25000Nと後軸荷重15000Nがつり合っていると考えれば，支点周りの力のモーメントのつり合い条件から，次の関係式が成り立ち求められる。

$$25000 \times A = 15000 \times (4000 - A)$$
$$25000A = 15000 \times 4000 - 15000A$$
$$40000A = 15000 \times 4000$$
$$A = \frac{15000 \times 4000}{40000} = 1500 \text{mm となる。}$$

ゆえに，答えは(2)となる。

【No.32】 自動車が54km/hの一定の速度で，出力22.5kWで走行しているときの走行抵抗として，**適切なもの**は次のうちどれか。

(1) 1500N　　(2) 2250N　　(3) 3500N　　(4) 5400N

解 答え (1)。

－169－

出力(仕事率)はワット(W)の単位で表し，1秒間に1ジュール(J＝N・m)の仕事量をする割合が1ワット(W)になる。

従って，出力(W)は次の式で表すことができる。

$$出力(W)＝\frac{仕事量(J)}{時間(s)}＝\frac{力(N)×距離(m)}{時間(s)}＝力(N)×速度(m/s)$$

上式より，速度の単位が秒速なので，時速54km/hを秒速に換算すると，1km＝1000m，1h＝3600sより，

$$54km/h＝54×\frac{1000m}{3600s}＝15m/sとなる。$$

また，出力22.5kWをWに換算すると，1kW＝1000Wなので，22.5kW＝22.5×1000W＝22500Wとなる。

よって，出力(W)＝力(N)×速度(m/s)より，

$$力(N)＝\frac{出力(W)}{速度(m/s)}＝\frac{22500W}{15m/s}＝1500Nとなる。$$

ゆえに，答えは(1)となる。

【No.33】 1cm²当たり4Nの力が作用したときの圧力として，**適切なもの**は次のうちどれか。

(1) 4Pa (2) 40Pa (3) 4kPa (4) 40kPa

解 答え (4)。

圧力の単位はパスカル(Pa)という固有名の単位記号が用いられ，1Paは，1Nの力を1m²の面積で受け止めている圧力を表す。

すなわち，$1Pa＝\dfrac{1N}{1m^2}＝1N/m^2$のことである。

上式より，面積の単位がm²なので，1cm²をm²(平方メートル)に換算すると，$1cm＝\dfrac{1m}{100}$より，$1cm^2＝\dfrac{1m}{100}×\dfrac{1m}{100}＝\dfrac{1m^2}{10000}$となる。

従って，$圧力＝\dfrac{4N}{\dfrac{1m^2}{10000}}＝4N×\dfrac{10000}{1m^2}＝40000N/m^2＝40000Pa$となり，

kPaに換算するため1000で割って，40000Pa÷1000＝40kPaとなる。

ゆえに，答えは(4)となる。

17・3（電気装置登録）

【No.12】 スタータの負荷特性テストを行ったところ，電流200A，トルク4.12N・m，回転速度2000min⁻¹の結果が得られた。バッテリの起電力を12V，内部抵抗を0.0065Ω，配線等の抵抗を0.0015Ωとして計算したときのスタータの端子電圧として，**適切なもの**は次のうちどれか。

(1) 11.7V　　　(2) 11.2V　　　(3) 10.7V　　　(4) 10.4V

解 答え (4)。

内部抵抗0.0065Ωのバッテリに200Aの電流が流れたときの電圧降下は，200A×0.0065Ω＝1.3Vとなり，配線等の電圧降下は200A×0.0015Ω＝0.3Vとなることから，スタータの端子電圧は，バッテリの端子電圧12Vより両電圧降下分1.3V＋0.3V＝1.6Vを差し引いた値となる。

従って，スタータ端子電圧＝12V－1.6V＝10.4Vとなる。

ゆえに，答えは(4)となる。

17・7（3級シャシ検定）

【No.21】 容量の等しい12Vのバッテリ2個を図のように接続した場合の電流計が示す指示値として，**適切なもの**は次のうちどれか。

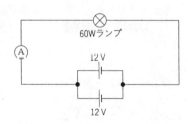

(1) 1.25A　　(2) 2.5A　　(3) 5.0A　　(4) 10.0A

解 答え (3)。

容量の等しい12Vのバッテリが2個，並列に接続されているので容量は2倍となるが電源電圧は1個のときと同じで12Vとなる。

従って，電球にかかる電圧は12Vとなるので，電流計が示す電流値 I (A) は，電力 P (W) ＝電圧 E (V) ×電流 I (A) より，

$$I(A) = \frac{P(W)}{E(V)} = \frac{60W}{12V} = 5.0A となる。$$

ゆえに，答えは(3)となる。

【No.23】 図に示すファイナル・ギヤを備え、トランスミッションの第2速の変速比が1.8である自動車について、次の文章の（　）にあてはまるものとして、**適切なもの**はどれか。

図

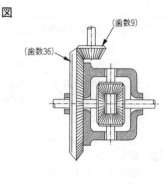

トランスミッションを第2速にし、エンジンの回転速度を3600min^{-1}で直進した場合の駆動輪の回転速度は（　）min^{-1}である。

(1) 250　　　(2) 400　　　(3) 500　　　(4) 900

解 答え (3)。

駆動輪の回転速度は、エンジン回転速度をトランスミッションで変速し、さらに変速された回転速度をファイナル・ギヤで最終減速して伝達された回転速度です。

従って、エンジン回転速度から駆動輪の回転速度を求めるには、動力伝達経路の総減速比（変速比×終減速比）で割って求められる。

以上のことから、次の式により求められる。

駆動輪の回転速度＝エンジン回転速度÷総減速比

$$= 3600 \div \left(1.8 \times \frac{36}{9}\right) = 500 \text{min}^{-1}$$

ゆえに、答えは(3)となる。

【No.25】 図に示すようなトルク・レンチで、380Nの力をかけてナットを締め付けた場合、ナットを締め付けるトルクとして、**適切なもの**は次のうちどれか。

図

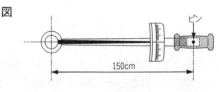

(1) 25N・m　　(2) 58N・m　　(3) 253N・m　　(4) 570N・m

解 答え (4)。

トルク・レンチの目盛りに表示されるトルク（T）の数値は、ピンにかけた力（F）とトルク・レンチの有効長さ（L）の積で表示される構造であり、式で

—172—

表すと次のようになる。

$$T（トルク）＝F（力）\times L（長さ）$$

従って，長さ150cm＝1.5mのトルク・レンチに，380Nの力をかけたときの締め付けトルクは，

$$T＝F\times Lより，T＝380N\times 1.5m＝570N\cdot mとなる。$$

ゆえに，答えは(4)となる。

(注) トルクの単位がN・mなので，長さのcm単位をm単位に直して式に代入すること。

17・7（3級ジーゼル検定）

【No.23】 図に示す電気回路図において，電流計Aが示す電流値として**適切なもの**は次のうちどれか。

(1) 2 A
(2) 2.25A
(3) 4 A
(4) 6 A

図

解 答え (3)。

同じ抵抗 r を n 個並列に接続した場合の合成抵抗は，次の式より求められる。

$$R＝\frac{r}{n}＝\frac{9}{3}＝3 \Omega$$

従って，全電圧E（V）が12Vで，全抵抗R（Ω）が3Ωならば，全電流I（A）は，オームの法則より次のように求められる。

$$I（A）＝\frac{E（V）}{R（\Omega）}＝\frac{12V}{3\Omega}＝4 A$$

ゆえに，答えは(3)となる。

【No.27】 次に示す諸元のエンジンの圧縮比について，**適切なもの**は次のうちどれか。ただし，円周率は3.14として計算し，小数点第2位以下を切り捨てなさい。

—173—

(1) 15.8
(2) 17.8
(3) 18.8
(4) 19.8

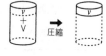
○シリンダ内径：100mm
○ピストン行径：120mm
○燃焼室容積：50cm³
○シリンダ数：4

解 答え (4)。

圧縮比は，吸入された空気がどれだけ圧縮されたかを表す数値で，図1のようにピストンが下死点にあるときのピストン上部の容積（排気量V＋燃焼室容積v）と，ピストンが上死点にあるときのピストン上部の容積（燃焼室容積v）との比をいう。

従って，圧縮比は次の式で表すことができる。

$$圧縮比 = \frac{排気量＋燃焼室容積}{燃焼室容積}$$

$$= \frac{排気量}{燃焼室容積} + 1$$

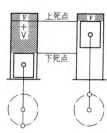

図1

式からも分かるように，圧縮比を求めるには，まず排気量の値を算出する必要がある。従って，排気量はピストンが下死点から上死点に移動する間にピストンが排出できる容積で，図2に示した内径D及びピストン行程Lの円柱体積V（円の面積×高さ）となるので，次のように求められる。

$$V = (半径)^2 \times \pi \times ピストン・ストローク$$

$$= \left(\frac{D}{2}\right)^2 \times \pi \times L$$

$$= \frac{D^2}{4} \times \pi \times L$$

$$= \frac{10^2}{4} \times 3.14 \times 12$$

ただし，V：排気量cm³
v：燃焼室容積cm³
D：シリンダ内径cm
L：ピストン・ストロークcm
π：円周率3.14

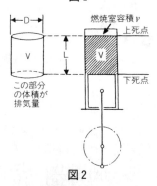

図2

=942cm³ となるから,

圧縮比は,圧縮比 = $\dfrac{排気量}{燃焼室容積} + 1$ より,

$= \dfrac{942}{50} + 1$

$= 19.84 \longrightarrow 19.8$ (設問により,小数点第2位以下切捨)

ゆえに,答えは(4)となる。

(注) 排気量の単位はcm³なので,内径及びストロークのmm単位をcm単位に直して式に代入すること。

17・7 (2級ガソリン検定)

【No.31】 次の諸元を有する自動車の,前軸から車両の重心までの水平距離として,**適切なもの**は次のうちどれか。

(1) 1,200mm
(2) 1,300mm
(3) 1,400mm
(4) 1,500mm

前軸荷重	3,500N
後軸荷重	6,500N
ホイールベース	2,000mm

解 答え (2)。

次図に示すように,前軸から重心までの距離をA,前軸荷重をW_F,後軸荷重をW_Rとし,重心位置を支点とした場合,支点周りのトルクの釣り合い関係を考えて式を立てればよいことになる。

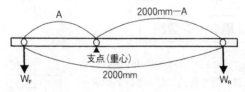

従って,次の関係式が成り立ち求められる。

$W_F \times A = W_R \times (2000 - A)$

$(W_F + W_R) A = W_R \times 2000$

$A = \dfrac{W_R \times 2000}{W_F + W_R}$

$$=\frac{6500\times2000}{3500+6500}$$

$$=1300\text{mm}$$

ゆえに，答えは(2)となる。

【No.32】 次図に示す回路の合成抵抗として，**適切なもの**は次のうちどれか。
ただし，バッテリ及び配線等の抵抗は無いものとします。

(1) 1.50Ω
(2) 3.33Ω
(3) 3.60Ω
(4) 7.50Ω

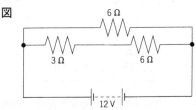

解 答え (3)。

設問の回路中で，3Ωと6Ωの抵抗が直列接続となっているので，3Ω+6Ω=9Ωの抵抗に置き換えることができる。従って，設問の回路は，この9Ωと6Ωの抵抗が並列接続した回路となり，抵抗を並列に接続したときの合成抵抗Rは，接続された抵抗値の逆数の和の逆数となることから，

$$R=\frac{1}{\frac{1}{9}+\frac{1}{6}}=\frac{1}{\frac{2}{18}+\frac{3}{18}}=1\times\frac{18}{5}=3.60\Omega\text{となる。}$$

ゆえに，答えは(3)となる。

17・10（3級シャシ登録）

【No.26】 図のように12Vのバッテリ1個に12V用48Wの電球2個を接続したとき，アンメータⒶに流れる電流として，**適切なもの**は次のうちどれか。ただし，電球以外の回路の抵抗はないものとする。

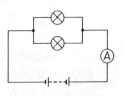

(1) 2A　　(2) 4A　　(3) 6A　　(4) 8A

解 答え (4)。

電球2個は並列に接続されているので，それぞれの電球に電源電圧12Vが

かかる。従って，1個の電球に流れる電流 I (A)は，
電力P(W)＝電圧E(V)×電流 I (A)より，

$$I(A) = \frac{P(W)}{E(V)} = \frac{48W}{12V} = 4\ A$$

となり，同じワット数のランプ2個を並列接続しているからアンメータに流れる電流 I (A)はランプ2個分で，4A×2個＝8Aとなる。

ゆえに，答えは(4)となる。

【No.27】 図に示す油圧式ブレーキのペダルを矢印の方向に150Nの力で踏んだとき，プッシュ・ロッドがマスタ・シリンダのピストンを押す力として，**適切なもの**は次のうちどれか。ただし，リターン・スプリングのばね力は考えないものとする。

(1) 450N　　　(2) 750N
(3) 900N　　　(4) 3750N

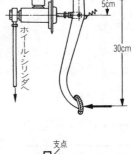

解 答え (3)。

ブレーキ・ペダルを150Nの力で踏み込むと右図に示すように，「テコの原理」で，テコがつり合っている状態と考えて，作用点，支点，力点に着目し，マスタ・シリンダのピストンを押す力をxとして，支点周りの力のモーメントのつり合い式を立てて求めると，次のようになる。

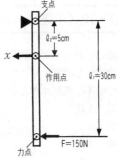

$$x \times \ell_2 = F \times \ell_1$$

$$x = F \times \frac{\ell_1}{\ell_2}$$

$$= 150N \times \frac{30cm}{5cm}$$

$$= 900N$$

ゆえに，答えは(3)となる。

17・10（3級ガソリン登録）

【№23】 図に示すトルク・レンチのピンに120Nの力をかけてナットを90N・mのトルクで締め付けるときに必要なトルク・レンチの長さ「A」として，**適切なものは次のうちどれか。**

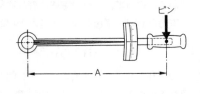

(1) 0.3m　　　(2) 0.75m　　　(3) 1.08m　　　(4) 1.33m

解 答え (2)。

トルク・レンチの目盛りに表示されるトルク(T)の数値は，ピンにかけた力(F)とトルク・レンチの有効長さ(A)の積で表示される構造であり，式で表すと次のようになる。

　　　$T(トルク) = F(力) \times A(長さ)$

従って，ナットを締め付けたときのトルク・レンチの目盛りが90N・mで，ピンにかけた力(F)が120Nならば，トルク・レンチの長さ(A)は，

　　　$T = F \times A$ より，$A = \dfrac{T}{F} = \dfrac{90\text{N} \cdot \text{m}}{120\text{N}} = 0.75\text{m}$ となる。

ゆえに，答えは(2)となる。

17・10（3級ジーゼル登録）

【№24】 図に示す回路の合成抵抗として，**適切なものは次のうちどれか。**ただし，配線等の抵抗は考えないものとする。

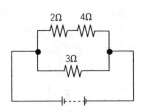

(1) 2Ω
(2) 3Ω
(3) 4Ω
(4) 9Ω

解 答え (1)。

設問の回路中で，2Ωと4Ωの抵抗は直列接続となっているので，2Ω＋4Ω＝6Ωの抵抗に置き換えることができる。従って，設問の回路は，この6Ωと3Ωの抵抗が並列接続した回路となり，抵抗を並列に接続したときの合成抵抗Rは，接続された抵抗値の逆数の和の逆数となることから，

$$R = \frac{1}{\frac{1}{6} + \frac{1}{3}} = \frac{1}{\frac{1}{6} + \frac{2}{6}} = 1 \times \frac{6}{3} = 2\,\Omega\, となる。$$

ゆえに, 答えは(1)となる。

17・10（2級ガソリン登録）

【No.34】 自動車が72km/hの一定速度で走行しているときの出力が60kWだった。このときの走行抵抗として, **適切なもの**は次のうちどれか。

(1) 30N　　　　(2) 300N　　　　(3) 3000N　　　　(4) 30000N

解 答え **(3)**。

出力(仕事率)はワット(W)の単位で表し, 1秒間に1ジュール（J＝N・m)の仕事量をする割合が1ワット(W)になる。

従って, 出力(W)は次の式で表すことができる。

$$出力(W) = \frac{仕事量(J)}{時間(s)} = \frac{力(N) \times 距離(m)}{時間(s)} = 力(N) \times 速度(m/s)$$

上式より, 速度の単位が秒速なので, 時速72km/hを秒速に換算すると, 1km＝1000m, 1h＝3600sより,

$$72km/h = 72 \times \frac{1000m}{3600s} = 20m/s\, となる。$$

また, 出力60kWをWに換算すると, 1kW＝1000Wなので, 60kW＝60×1000W＝60000Wとなる。

よって, 出力(W)＝力(N)×速度(m/s)より,

$$力(N) = \frac{出力(W)}{速度(m/s)} = \frac{60000W}{20m/s} = 3000N\, となる。$$

ゆえに, 答えは(3)となる。

【No.35】 図に示す方法で前軸荷重6000Nの乗用車をつり上げたとき, レッカー車のワイヤにかかる荷重として, **適切なもの**は次のうちどれか。ただし, つり上げによる重心の移動はないものとする。

(1) 1440N　　　　(2) 4500N　　　　(3) 4875N　　　　(4) 8000N

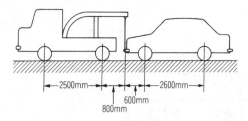

解 答え (3)。

　乗用車をワイヤでつり上げると，次図に示すように乗用車の後軸が支点となり，乗用車の前軸荷重6000Nを，ワイヤと後軸で分担して支えることになる。

　この場合，ワイヤが分担する荷重をxNとすれば，乗用車後軸周りの力のモーメントのつり合いにより，次の計算式が成り立ち求められる。

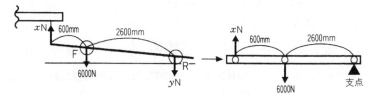

$$x \times (600 + 2600) = 6000 \times 2600$$

$$x = \frac{6000 \times 2600}{3200}$$

$$= 4875\,\text{N}$$

ゆえに，答えは(3)となる。

（注）　yNは，つり上げたときに後軸が分担する荷重で，今回の設問には関係ない。

17・10（2級ジーゼル登録）

【No.31】　次に示す諸元の自動車が，トランスミッションのギヤを第4速に入れて，速度45km/hで走行しているとき，駆動輪の回転速度として**適切なものは次のうちどれか**。ただし，タイヤのスリップはないものとし，円周率は3.14とする。

—180—

(1) 約39min⁻¹
(2) 約43min⁻¹
(3) 約239min⁻¹
(4) 約478min⁻¹

第4速の変速比	1.4
ファイナル・ギヤの減速比	5.5
駆動輪の有効半径	50cm

解 答え (3)。

駆動輪の回転速度から自動車の速度(km/h)を求めるには，駆動輪が1回転したときの進行距離 $2\pi r$ (有効円周)に駆動輪回転速度を掛け，回転速度1分間当たりを1時間当たりにするため60倍し，さらに，m単位をkm単位に直す必要から1000で割って求められる。

以上のことから，次の式により求められるので，この式より駆動輪の回転速度を逆算すると，

$$車速 = \frac{駆動輪の有効円周(2\pi r) \times 駆動輪回転速度 \times 60}{1000}$$

$$駆動輪の回転速度 = \frac{車速 \times 1000}{駆動輪の有効円周(2\pi r) \times 60}$$

$$= \frac{45 \times 1000}{2 \times 3.14 \times 0.5 \times 60}$$

$$= 238.8\cdots min^{-1} となる。$$

ゆえに，答えは(3)となる。

(注) 駆動輪の有効半径がcm単位なので，m単位に直して式に代入すること。

【No.32】 次の諸元の図のようなトラックにおいて，3人乗車（1人当たり550N）で，荷台中心に35000Nの荷物を積載したときの前軸荷重として，**適切なもの**は次のうちどれか。

ホイールベース	5600mm
空車時前軸荷重	31000N
空車時後軸荷重	25000N
乗車定員	3人
荷台内側長さ	6800mm
リヤ・オーバハング (荷台内側まで)	2600mm

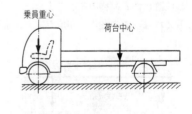

(1) 36370N (2) 37650N (3) 38120N (4) 39410N

解 答え (2)。

まず最初に荷台オフセットを求める必要がある。荷台オフセットとは，後軸から荷台中心までの距離で，一般には，次図のように後軸より前方に荷台中心がある。

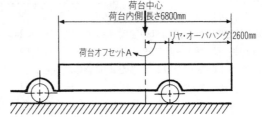

荷台オフセットをAとすれば，図から分かるように，荷台オフセットは荷台内側寸法の1/2の長さ－リヤ・オーバハング量ですから，次の式により求められる。

$$\text{荷台オフセット} = \frac{(\text{荷台内側寸法})}{2} - \text{リヤ・オーバハング量}$$

$$= \frac{6800}{2} - 2600 = 3400 - 2600$$

$$= 800\text{mm となる。}$$

次に積載時前軸荷重は，空車時前軸荷重31000Nに乗員荷重3人×550N＝1650N（乗員重心が前軸上にあるので，1650Nがそのまま前軸に加わる。）と，荷物35000Nによる前軸荷重増加分が加わった値となる。

従って，次図に示すように，荷物35000Nによる前軸荷重増加分をxとすると，後軸には35000N－xの荷重がかかり，これらの荷重が後軸から800mmの位置にある荷物の重心を支点として，力のモーメントがつり合っていると考えれば，次の関係式が成り立ち，前軸荷重増加分xを求められる。

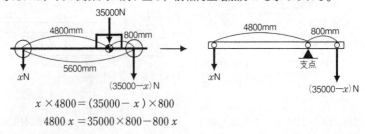

$$x \times 4800 = (35000 - x) \times 800$$

$$4800x = 35000 \times 800 - 800x$$

$$5600\,x = 35000 \times 800$$

$$x = \frac{35000 \times 800}{5600}$$

$$= 5000\,\text{N}$$

よって，空車時前軸荷重31000Nの他に，乗員荷重1650Nと，荷物による前軸荷重増加分の5000Nが加わるので，

積載時前軸荷重＝31000N＋1650N＋5000N＝37650N

ゆえに，答えは(2)となる。

18・3 (3級シャシ登録)

【No.26】 図のようにかみ合ったギヤA, B, C, Dのギヤ Aをトルク125N・mで回転させたときのギヤDのトルクとして, **適切なもの**は次のうちどれか。ただし, 伝達による損失はないものとし, ギヤBとギヤCは同一の軸に固定されている。なお, ( ) 内の数値はギヤの歯数を示す。

(1) 50N・m
(2) 193N・m
(3) 250N・m
(4) 310N・m

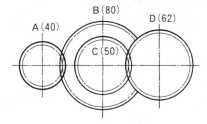

解 答え (4)。

ギヤAをトルク125N・mで回転させたとき, ギヤDのトルクは, ギヤA～ギヤDまでの伝達される歯車比に比例するから, 次の式により求められる。

ギヤA～ギヤDまでの歯車比

$$歯車比 = \frac{出力側歯数}{入力側歯数} = \frac{ギヤBの歯数 \times ギヤDの歯数}{ギヤAの歯数 \times ギヤCの歯数}$$

$$= \frac{80 \times 62}{40 \times 50}$$

$$= 2.48$$

出力側のトルクは歯車比に比例することから, ギヤDのトルクは, 125N・m×2.48=310N・mとなる。

ゆえに, 答えは(4)となる。

【No.27】 トルク・レンチに図のようなアダプタを取り付けて締め付けたとき, トルク・レンチの読みが80N・mだった。このときのナットの締め付けトルクとして, **適切なもの**は次のうちどれか。

(1) 40N・m
(2) 80N・m
(3) 100N・m
(4) 200N・m

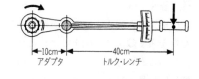

解 答え (3)。

トルク・レンチの目盛りに表示されるトルク(T)の数値は，握りに加えた力(F)とトルク・レンチの有効長さ(L)の積で表示される構造であり，次図のようにアダプタを取り付けた場合，Aの位置でのトルクではなく，Bの位置でのトルクとなる。

従って，トルク・レンチの読みが80N・mで，トルク・レンチの有効長さが40cm＝0.4mならば，ナットを締め付け時に握りに加えた力(F)は，

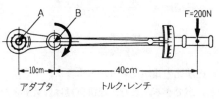

T(トルク)＝F(力)×L(長さ)より，

$F = \dfrac{T}{L} = \dfrac{80\text{N}\cdot\text{m}}{0.4\text{m}} = 200\text{N}$ となる。

よって，アダプタを取り付けてナットを締め付けるトルクは，握りに加えた200Nの力とナットまでの長さ（アダプタ長さ0.1m＋トルク・レンチの有効長さ0.4m）＝0.5mの積によって求まるから，

T＝F×L＝200N×(0.1＋0.4)m＝100N・mとなる。

ゆえに，答えは(3)となる。

(注) トルクの単位がN・mなので，長さのcm単位をm単位に直して式に代入すること。

18・3 （3級ガソリン登録）

【№21】 1シリンダ当たりの圧縮比が9，燃焼室容積が40cm³の4シリンダ・エンジンの総排気量として，**適切なもの**は次のうちどれか。

(1) 320cm³　(2) 360cm³　(3) 1280cm³　(4) 1440cm³

解 答え (3)。

圧縮比は，吸入された空気がどれだけ圧縮されたかを表す数値で，図1のようにピストンが下死点にあるときのピストン上部の容積（排気量V＋燃焼室容積v）と，ピストンが上死点にあるときのピストン上部の容積（燃焼室容積v）との比をいう。

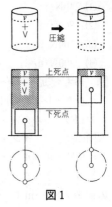

図1

従って，圧縮比は次の式で表すことができる。

$$圧縮比 = \frac{排気量 + 燃焼室容積}{燃焼室容積}$$

$$= \frac{排気量}{燃焼室容積} + 1$$

圧縮比の式からも分かるように，1シリンダ当たりの排気量を算出することができる。また，総排気量は排気量×シリンダ数で求められる。

以上のことから，次のように求められる。

1シリンダ当たりの排気量は，

$$圧縮比 = \frac{排気量}{燃焼室容積} + 1 \text{ より，}$$

排気量 =（圧縮比－1）×燃焼室容積
　　　 =（9－1）×40
　　　 = 320cm³ となる。

よって総排気量は，

V_T ＝ 1シリンダ当たりの排気量×シリンダ数
　　 ＝ 320×4 ＝ 1280cm³

ゆえに，答えは(3)となる。

【No.23】 図に示す回路の合成抵抗として，**適切なもの**は次のうちどれか。ただし，配線等の抵抗はないものとする。

－186－

(1)　4 Ω
(2)　8 Ω
(3)　18Ω
(4)　22Ω

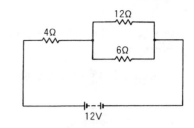

解　答え　(2)。

設問の回路は，直・並列回路なので，まず12Ωと 6 Ωの並列部分の合成抵抗をXとして求める。抵抗を並列に接続したときの合成抵抗は，接続された抵抗値の逆数の和の逆数となるから，

$$X = \frac{1}{\frac{1}{12}+\frac{1}{6}} = \frac{1}{\frac{1}{12}+\frac{2}{12}} = 1 \times \frac{4}{1} = 4\,\Omega \text{ となる。}$$

従って，この回路は 4 Ωと 4 Ωの抵抗を直列接続した回路となることから，全合成抵抗Rは，R = 4 Ω + 4 Ω = 8 Ωとなる。

ゆえに，答えは(2)となる。

18・3　（3級ジーゼル登録）

【№20】 燃焼室容積80cm³，ピストンの行程容積1250cm³のエンジンの圧縮比として，**適切なもの**は次のうちどれか。ただし，答えは小数点以下第 2 位を四捨五入したものとする。

(1)　12.5
(2)　14.8
(3)　16.6
(4)　18.3

解　答え　(3)。

圧縮比は，吸入された空気がどれだけ圧縮されたかを表す数値で，図 1 のようにピストンが下死点にあるときのピストン上部の容積（排気量V＋燃焼室容積 v ）と，ピストンが上死点にあるときのピストン上部の容積（燃焼室容積 v ）との比をいう。

従って，圧縮比は次の式で表し求めることができる。

$$圧縮比 = \frac{排気量 + 燃焼室容積}{燃焼室容積}$$

$$= \frac{排気量}{燃焼室容積} + 1$$

$$= \frac{1250}{80} + 1$$

$$= 16.625 \rightarrow 16.6$$

（設問により，小数点以下第2位を四捨五入）

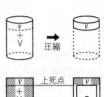
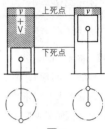

図1

ゆえに，答えは(3)となる。

【No.23】 ばね定数が2.5N/mmのコイル・スプリングを3cm圧縮するのに必要な力として，**適切なもの**は次のうちどれか。
(1) 2.5N
(2) 7.5N
(3) 8.3N
(4) 75N

解 答え (4)。

ばね定数が2.5N/mmのスプリングとは，1mm圧縮又は引っ張るのに2.5Nの力を必要とするスプリングのことである。

設問の3cm圧縮するために必要な力は，30mm圧縮するという訳だから，たんに30倍してやればよい。

従って，2.5N/mm×30mm＝75Nとなる。

ゆえに，答えは(4)となる。

(注) ばね定数の単位がN/mmなので，長さのcm単位をmm単位に直して計算すること。

18・3 (2級ガソリン登録)

【No.17】 図に示すプラネタリ・ギヤ・ユニットでサン・ギヤを固定し,インターナル・ギヤを900回転させたときのプラネタリ・キャリヤの回転数として,**適切なものは次のうちどれか**。ただし,(　)内の数値はギヤの歯数を示す。

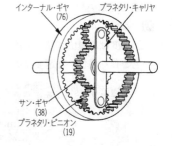

(1) 3600回転
(2) 1800回転
(3) 600回転
(4) 450回転

解 答え (3)。

サン・ギヤを固定し,インターナル・ギヤを回転させると,プラネタリ・ピニオンは自転しながら公転し,プラネタリ・キャリヤは減速されてインターナル・ギヤと同方向に回転する。

また,プラネタリ・キャリヤの見かけ上の歯数はインターナル・ギヤ歯数+サン・ギヤ歯数で表されるので,インターナル・ギヤが入力,プラネタリ・キャリヤが出力の場合の変速比は,次のようになる。

$$変速比 = \frac{インターナル・ギヤ歯数 + サン・ギヤ歯数}{インターナル・ギヤ歯数}$$

$$= \frac{76+38}{76}$$

$$= 1.5$$

従って,出力側の回転数は変速比に反比例することから,プラネタリ・キャリヤの回転数は,$900 \div 1.5 = 600$ となる。

ゆえに,答えは(3)となる。

【No.34】 初速度36km/hの自動車が10秒後に54km/hの速度になったときの加速度として,**適切なものは次のうちどれか**。

(1) 5.0m/s²

(2) 3.6m/s²

(3) 1.8m/s²

(4) 0.5m/s²

解 答え (4)。

加速度は，単位時間（1秒間）当たりの速度の変化量を表し，加速度を一定とした場合，加速度は次の式で求められる。

$$加速度(m/s²) = \frac{速度の変化量}{変化に要した時間}$$

$$= \frac{終速度(m/s) - 初速度(m/s)}{変化に要した時間(s)}$$

上式より，速度の単位が秒速なので，初速度36km/hと終速度54km/hを秒速に換算すると，1km＝1000m，1h＝3600sより，

初速度は，$36km/h = 36 \times \dfrac{1000m}{3600s} = 10m/s$ となり，

終速度は，$54km/h = 54 \times \dfrac{1000m}{3600s} = 15m/s$ となる。

従って，$加速度(m/s²) = \dfrac{終速度(m/s) - 初速度(m/s)}{変化に要した時間(s)}$

$$= \frac{15-10}{10}$$

$$= 0.5m/s²$$

ゆえに，答えは(4)となる。

【No.35】 36km/hの一定速度で走行している自動車の走行抵抗が800Nだったときの出力として，**適切なもの**は次のうちどれか。

(1) 4.5kW

(2) 8kW

(3) 22kW

(4) 80kW

－190－

解 答え (2)。

出力(仕事率)はワット(W)の単位で表し，1秒間に1ジュール(J＝N・m)の仕事量をする割合が1ワット(W)になる。

従って，出力(W)は次の式で表すことができる。

$$出力(W) = \frac{仕事量(J)}{時間(s)} = \frac{力(N) \times 距離(m)}{時間(s)}$$

$$= 力(N) \times 速度(m/s)$$

上式より，速度の単位が秒速なので，時速36km/hを秒速に換算すると，1km＝1000m，1h＝3600sより，

$$36km/h = 36 \times \frac{1000m}{3600s} = 10m/s となる。$$

よって，出力(W)＝力(N)×速度(m/s)より，

$$= 800N \times 10m/s$$
$$= 8000W$$

出力8000WをkWに換算すると，$1W = \frac{1kW}{1000}$なので，

$$8000W = 8000 \times \frac{1kW}{1000} = 8kW となる。$$

ゆえに，答えは(2)となる。

18・3 (2級ジーゼル登録)

【No.31】 図に示すレッカー車の空車時の前軸荷重が12000N，後軸荷重が4800Nである場合，ワイヤに9000Nの荷重をかけたときの後軸荷重として，**適切なものは**次のうちどれか。ただし，つり上げによるレッカー車の姿勢の変化は考えないものとする。

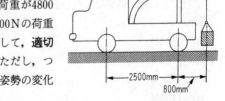

(1) 9650N　　(2) 10800N
(3) 11880N　　(4) 16680N

−191−

解 答え (4)。

レッカー車の後軸から800mmの所に9000Nの荷重がかかっているので,この荷重に対して丁度つり合う後軸の支持力すなわち後軸荷重の増加分をxNとすれば,次図のように前軸周りの力のモーメントのつり合い条件より,次の関係式が成り立ち求められる。

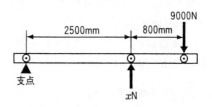

$$x\text{N} \times 2500\text{mm} = 9000\text{N} \times (2500\text{mm} + 800\text{mm})$$

$$x = \frac{9000\text{N} \times 3300\text{mm}}{2500\text{mm}}$$

$$= 11880\text{N}\ (後軸荷重増加分)$$

従って,つり上げたときの後軸荷重は,元々の後軸荷重4800Nに,さらに11880Nの荷重が加わるので,4800N+11880N=16680Nとなる。

ゆえに,答えは<u>(4)</u>となる。

18・3 (電気装置登録)

【No.8】 スタータの負荷特性テストを行ったところ220Aの電流が流れた。バッテリの起電力を12V,内部抵抗を0.01Ωとしたときのスタータの端子電圧として,**適切なもの**は次のうちどれか。ただし,配線などの抵抗はないものとする。

(1) 9.3V
(2) 9.8V
(3) 11.5V
(4) 11.9V

解 答え (2)。

内部抵抗0.01Ωのバッテリに220Aの電流が流れたときの電圧降下は,

220A×0.01Ω＝2.2Vだから，このときのスタータの端子電圧は，バッテリの端子電圧12Vよりこの電圧降下分2.2Vを差し引いた値となる。

従って，スタータ端子電圧＝12V－2.2V＝9.8Vとなる。

ゆえに，答えは(2)となる。

18・7 （3級ガソリン検定）

【No.21】 図のようなバルブ開閉機構について，バルブ・クリアランスを0.2mmとすると，バルブ全開時のバルブ・リフト量として，**適切なもの**は次のうちどれか。

(1)　3.8mm

(2)　4.0mm

(3)　8.8mm

(4)　9.0mm

解　答え　(3)。

図1において，カム・リフト量をx_1，見かけのバルブ・リフト量をx_2とすれば，見かけのバルブ・リフト量とカム・リフト量との比は，ロッカ・アームの軸心Oからカム及びバルブ・ステムまでの中心距離ℓ_1とℓ_2の比に等しいので，次の関係式が成り立つ。

$$\frac{x_2}{x_1} = \frac{\ell_2}{\ell_1} \text{より，} x_2 = x_1 \times \frac{\ell_2}{\ell_1}$$

以上のことから，上記の式に設問の数値を代入して見かけのバルブ・リフト量x_2を求めるが，カム・リフト量x_1が求まっていないので，まずカム・リフト量を求める。

カム・リフト量＝カム長径－短径＝36－30＝6 mm

次に，見かけのバルブ・リフト量を求めると，

$$x_2 = x_1 \times \frac{\ell_2}{\ell_1} = 6 \times \frac{54}{36} = 9 \text{ mmとなる。}$$

図1

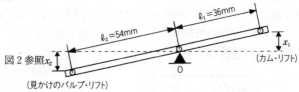

しかし，バルブ・クリアランスが0.2mmあるので，実際のバルブ・リフト量 x は，図2の図解に示すように，バルブ・クリアランス分を差し引いた値ですから，9mm－0.2mm＝8.8mmとなる。

ゆえに，答えは(3)となる。

図2

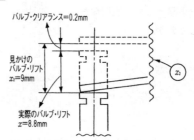

【No.22】 下表の諸元におけるエンジンの圧縮比として，**適切なもの**は次のうちどれか。

ただし，円周率は3.14とする。

表

| ピストン行程：100mm |
| シリンダ内径：100mm |
| 燃焼室容積：70cm³ |

(1) 2.2
(2) 5.6
(3) 11.2
(4) 12.2

－194－

解 答え (4)。

圧縮比は，吸入された空気がどれだけ圧縮されたかを表す数値で，図1のようにピストンが下死点にあるときのピストン上部の容積（排気量V＋燃焼室容積v）と，ピストンが上死点にあるときのピストン上部の容積（燃焼室容積v）との比をいう。

従って，圧縮比は次の式で表すことができる。

$$圧縮比 = \frac{排気量＋燃焼室容積}{燃焼室容積}$$

$$= \frac{排気量}{燃焼室容積} + 1$$

式からも分かるように，圧縮比を求めるには，まず排気量の値を算出する必要がある。従って，排気量はピストンが下死点から上死点に移動する間にピストンが排出できる容積で，図2に示した内径D及びピストン行程Lの円柱体積V（円の面積×高さ）となるので，次のように求められる。

$$V = (半径)^2 \times \pi \times ピストン・ストローク$$

$$= \left(\frac{D}{2}\right)^2 \times \pi \times L$$

$$= \frac{D^2}{4} \times \pi \times L$$

$$= \frac{10^2}{4} \times 3.14 \times 10$$

$$= 785 cm^3 となるから，$$

（次頁へ）

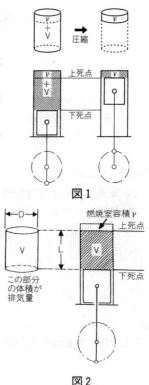

図1

図2

ただし，
V：排気量cm³
D：シリンダ内径cm
L：ピストン・ストロークcm
π：円周率3.14　とする。

圧縮比は，圧縮比＝$\frac{排気量}{燃焼室容積}+1$ より，

$$=\frac{785}{70}+1$$

$$=12.21\cdots$$

ゆえに，答えは(4)となる。

(注) 排気量の単位はcm³なので，内径及びストロークのmm単位をcm単位に直して式に代入すること。

【No.23】 図に示す電気回路図において，電流計Ⓐが示す電流値として，**適切なもの**は次のうちどれか。

(1) 0.75A
(2) 1.33A
(3) 4 A
(4) 12A

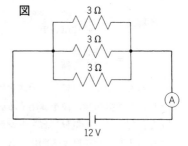

解 答え (4)。

同じ抵抗 r を n 個並列に接続した場合の合成抵抗は，次の式より求められる。

$$R=\frac{r}{n}=\frac{3}{3}=1\ \Omega$$

従って，全電圧E(V)が12Vで，全抵抗R(Ω)が1Ωなので，全電流I(A)は，オームの法則より次のように求められる。

$$I(A)=\frac{E(V)}{R(\Omega)}=\frac{12V}{1\ \Omega}=12A$$

ゆえに，答えは(4)となる。

【No.24】 図に示すようなスパナで，ナットをトルク30N・mで締め付ける場合，Fに加える力として，**適切なもの**は次のうちどれか。

(1) 75N
(2) 150N
(3) 300N
(4) 600N

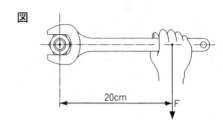

図

解 答え (2)。

トルク(T)は，加えた力(F)とナット中心から力の作用線までの距離(L)との積で表示され，式で表すと次のようになる。

T(トルク) = F(力) × L(長さ)

従って，長さ20cm＝0.2mのスパナで，締め付けトルク30N・mを発生させるには，Fに加える力は，

T(トルク) = F(力) × L(長さ) より，

$F = \dfrac{T}{L} = \dfrac{30\text{N} \cdot \text{m}}{0.2\text{m}} = 150\text{N}$ となる。

ゆえに，答えは(2)となる。

(注) トルクの単位がN・mなので，長さのcm単位をm単位に直して式に代入すること。

18・7 (2級ジーゼル検定)

【No.24】 図のパワー・シリンダに600kPaの圧力をかけたとき，ハイドロリック・ピストンを押す力として，**適切なもの**は次のうちどれか。

なお，円周率は3.14とする。

パワー・シリンダの内径　　　　　　200mm
ハイドロリック・シリンダの内径　　40mm

(1) 3000N
(2) 7536N
(3) 15000N
(4) 18840N

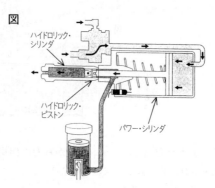

解 答え (4)。

ハイドロリック・ピストンを押す力を求めるには，パワー・シリンダ内にあるパワー・ピストンを押す力を求めることで，設問より圧力から力を求めるため，圧力と力の関係を整理すると次のようになる。

$$圧力(Pa) = \frac{力(N)}{面積(m^2)} より，力(N) = 圧力(Pa) \times 面積(m^2) となる。$$

従って，上式を設問に置き換えると次のようになり，パワー・ピストンを押す力を求めることができる。

パワー・ピストンを押す力(N)

$= パワー・シリンダ内圧力(Pa) \times パワー・シリンダ面積(m^2)$

$= 600000 \times \left(\frac{D}{2}\right)^2 \times 3.14$

$= 600000 \times \left(\frac{0.2}{2}\right)^2 \times 3.14$

$= 600000 \times 0.01 \times 3.14$

$= 18840 N$

ゆえに，答えは(4)となる。

(注) 式より圧力の単位がPaなので，kPaをPaに直し，面積の単位も内径mm単位をm単位に直して式に代入すること。

【No.33】 図のようなワイヤの掛け方で，チェーン・ブロックを用いて重量物をつり上げるとき①のワイヤに掛かる力は約566Nであるが，②のワ

イヤに掛かる力として**適切なもの**は次のうちどれか。

ただし，$\sqrt{2} = 1.41$　$\sqrt{3} = 1.73$　$\sqrt{5} = 2.24$　$\sqrt{6} = 2.45$ とする。

(1) ①に対し約1.2倍
(2) ①に対し約1.5倍
(3) ①に対し約1.7倍
(4) ①に対し約2倍

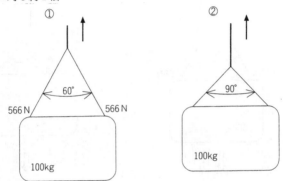

解 答え (1)。

ワイヤが形成している三角形に注目して，「三角比」の関係を用いて次のように求める。まず，設問の図①及び②のワイヤが形成している三角形の真ん中に線（破線）を引くと，それぞれの図の左に次図Ⅰ及び図Ⅱに示す三角形が形成される。

図Ⅰの三角形は三角比から，斜辺AB間＝2，底辺AC間＝1，垂線BC間（高さ）＝$\sqrt{3}$ の値であり，図Ⅱの三角形は斜辺AB間＝$\sqrt{2}$，底辺AC間＝1，垂線BC間（高さ）＝1の値となっている。

このことから，図①のワイヤの状態を図Ⅰに当てはめ，チェーン・ブロックに掛かる力をFとして考えた場合，ワイヤに掛かる力566Nは図ⅠのAB間の値である2に相当し，チェーン・ブロックに掛かる力FはBC間の値である$\sqrt{3}$ に相当することが分かるので，「比例式」を用いてチェーン・ブロックに掛かる力Fを求めると，

ワイヤに掛かる力566N：チェーン・ブロックに掛かる力F＝2：$\sqrt{3}$
の式となり，

―199―

内項同士及び外項同士の積をして求めると,

チェーン・ブロックに掛かる力 $F = \dfrac{\sqrt{3} \times 566}{2} = \dfrac{1.73 \times 566}{2} = 489.59\text{N}$

となる。

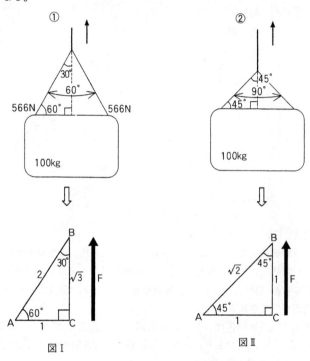

図Ⅰ　　　　　　　　　　　図Ⅱ

次に，②のワイヤの状態を図Ⅱに当てはめると，チェーン・ブロックに掛かる力489.59Nが図ⅡのBC間の値である1に相当し，ワイヤに掛かる力 x は，図ⅡのAB間の値である $\sqrt{2}$ に相当することから，同様に「比例式」を用いてワイヤに掛かる力 x を求めると，

ワイヤに掛かる力 x : チェーン・ブロックに掛かる力489.59N
$= \sqrt{2} : 1$ の式より,

ワイヤに掛かる力 $= \dfrac{\sqrt{2} \times 489.59}{1} = \dfrac{1.41 \times 489.59}{1} = 690.32\text{N}$ となる。

従って，設問の②のワイヤに掛かる力が①のワイヤに掛かる力の何倍になるかを求めると，

$$\frac{②のワイヤに掛かる力}{①のワイヤに掛かる力} = \frac{690.32N}{566N} = 1.2196倍となる。$$

ゆえに，答えは(1)となる。

18・10（3級シャシ登録）

【No.26】 電球に12Vの電圧をかけたところ5Aの電流が流れた。この状態で2時間経過したときの消費電力量として，**適切なもの**は次のうちどれか。

(1) 30A・h　　　(2) 60W・h　　　(3) 4.8A・h　　　(4) 120W・h

解 答え (4)。

電気が単位時間に行う仕事の割合，すなわち，仕事率を電力（P）といい，電圧（E）と電流（I）の積で表され，単位には仕事率と同じW（ワット）を用いる。

式で表すと次のようになる。

電力＝電圧×電流

$$P(W) = E(V) \times I(A)$$

また，電力が単位時間内にする仕事の総量を電力量（Wp）といい，電力（P）と時間（t）の積で表され，単位はW・h（ワット時）が用いられる。

式で表すと次のようになる。

電力量＝電力×時間

$$Wp(W \cdot h) = P(W) \times t(h)$$

以上のことから，次のように求められる。

$$P = E \times I = 12V \times 5A = 60Wなので，$$

$$Wp = P \times t = 60W \times 2h = 120W \cdot hとなる。$$

ゆえに，答えは(4)となる。

【No.27】 自動車で60km離れた場所を往復したところ2時間30分かかった。このときの平均速度として，**適切なもの**は次のうちどれか。

(1) 24km/h　　　(2) 48km/h　　　(3) 60km/h　　　(4) 80km/h

解 答え (2)。

平均速度V(km/h)は，全体を通じて物が移動した距離L(km)を，全体を通じて要した所要時間t(h)で割って求めた速度のことで，式で表すと次のようになる。

$$\text{平均速度} V(km/h) = \frac{\text{全走行距離} L(km)}{\text{所要時間} t(h)}$$

従って，全走行距離は60kmを往復するので，60km×2＝120kmとなり，所要時間は2時間30分なので時間に換算すると2.5hとなることから，

平均速度V(km/h)は，$\frac{120km}{2.5h}$＝48km/hとなる。

ゆえに，答えは(2)となる。

18・10（3級ガソリン登録）

【No.26】 排気量400cm³，燃焼室容積50cm³のガソリン・エンジンの圧縮比として，**適切なもの**は次のうちどれか。

(1) 7　　(2) 8　　(3) 9　　(4) 10

解 答え (3)。

圧縮比は，吸入された空気がどれだけ圧縮されたかを表す数値で，図1のようにピストンが下死点にあるときのピストン上部の容積（排気量V＋燃焼室容積v）と，ピストンが上死点にあるときのピストン上部の容積（燃焼室容積v）との比をいう。

従って，圧縮比は次の式で表すことができる。

$$\text{圧縮比} = \frac{\text{排気量} + \text{燃焼室容積}}{\text{燃焼室容積}}$$

$$= \frac{\text{排気量}}{\text{燃焼室容積}} + 1$$

この式より，排気量400cm³，燃焼室容積50

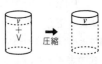

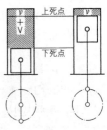

図1

V：排気量cm³
v：燃焼室容積cm³

cm³のガソリン・エンジンの圧縮比は,

$$圧縮比 = \frac{排気量}{燃焼室容積} + 1$$

$$= \frac{400}{50} + 1$$

$$= 9$$

ゆえに, 答えは(3)となる。

【No.27】 2Ωの抵抗2個を並列接続したときの合成抵抗として, **適切なも**
のは次のうちどれか。

(1) 0.25Ω　　　(2) 0.5Ω　　　(3) 1Ω　　　(4) 4Ω

解 **答え** (3)。

同じ抵抗 r を n 個, 並列に接続した場合の合成抵抗は $R = \dfrac{r}{n}$ で求められる。

従って, $R = \dfrac{r}{n} = \dfrac{2\,\Omega}{2} = 1\,\Omega$ となる。

ゆえに, 答えは(3)となる。

18・10 (3級ジーゼル登録)

【No.21】 ばね定数が5N/mmのコイル・スプリングを3cm圧縮するため
に必要な力として, **適切な**ものは次のうちどれか。

(1) 5N　　　(2) 15N　　　(3) 50N　　　(4) 150N

解 **答え** (4)。

ばね定数が5N/mmのスプリングとは, 1mm圧縮又は引っ張るのに5
Nの力を必要とするスプリングのことである。

設問の3cm圧縮するために必要な力は, 30mm圧縮するという訳だか
ら, たんに30倍してやればよい。

従って, 5N/mm×30mm=150Nとなる。

ゆえに, 答えは(4)となる。

(注) ばね定数の単位がN/mmなので, 長さのcm単位をmm単位に直して計
算すること。

－203－

【No.25】 図に示すトルク・レンチを用い，80N・mでナットを締め付けたときに，図のピンにかかる力として，**適切なもの**は次のうちどれか。

(1) 20N
(2) 32N
(3) 200N
(4) 320N

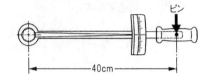

解 答え (3)。

トルク・レンチの目盛りに表示されるトルク(T)の数値は，ピンにかけた力(F)とトルク・レンチの有効長さ(L)の積で表示される構造であり，式で表すと次のようになる。

　T(トルク)＝F(力)×L(長さ)

従って，長さ40cm＝0.4mのトルク・レンチで，ナットを締め付けたときのトルク・レンチの目盛りが80N・mならば，ピンにかけた力(F)は，

　$T = F \times L$ より，$F = \dfrac{T}{L} = \dfrac{80\text{N}\cdot\text{m}}{0.4\text{m}} = 200\text{N}$ となる。

ゆえに，答えは(3)となる。

(注) トルクの単位がN・mなので，長さのcm単位をm単位に直して式に代入すること。

【No.26】 圧縮比が20，燃焼室容積が60cm³のエンジンの排気量として，**適切なもの**は次のうちどれか。

(1) 1080cm³
(2) 1140cm³
(3) 1200cm³
(4) 1260cm³

解 答え (2)。

圧縮比は，吸入された空気がどれだけ圧縮されたかを表す数値で，図1のようにピストンが下死点にあるときのピストン上部の容積（排気量V＋燃焼室容積v）と，ピストンが上死点にあるときのピストン上部の容積（燃焼室容積v）との比をいう。

—204—

従って，圧縮比は次の式で表すことができる。

$$圧縮比 = \frac{排気量 + 燃焼室容積}{燃焼室容積}$$

$$= \frac{排気量}{燃焼室容積} + 1$$

この式より，排気量を求める式に変形し求めると，

  排気量 ＝（圧縮比－1）×燃焼室容積
     ＝（20－1）×60
     ＝1140cm³

ゆえに，答えは(2)となる。

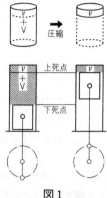

図1

V：排気量cm³
v：燃焼室容積cm³

18・10（2級ガソリン登録）

【No.16】 図に示すプラネタリ・ギヤ・ユニットでプラネタリ・キャリヤを固定し，サン・ギヤを900回転させたときのインターナル・ギヤの回転数として，**適切なもの**は次のうちどれか。ただし，（ ）内の数値はギヤの歯数を示す。

(1) 3600回転　　(2) 1800回転
(3) 600回転　　(4) 450回転

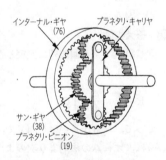

解 答え (4)。

プラネタリ・キャリヤを固定し，サン・ギヤを回転させると，プラネタリ・ピニオンは自転し，インターナル・ギヤはサン・ギヤと反対方向に減速されて回転する。

また，サン・ギヤが入力，インターナル・ギヤが出力の場合の変速比は，次のようになる。

$$\text{変速比} = \frac{\text{インターナル・ギヤ歯数}}{\text{サン・ギヤ歯数}}$$

$$= \frac{76}{38}$$

$$= 2$$

従って,出力側の回転数は変速比に反比例することから,インターナル・ギヤの回転数は,900÷2＝450となる。

ゆえに,答えは(4)となる。

【No.34】 24Vのバッテリに4オームの抵抗4個を図のように接続したとき,アンメータに流れる電流として,**適切な**ものは次のうちどれか。

(1)　1.5A
(2)　 6 A
(3)　12A
(4)　24A

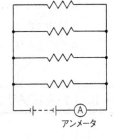

解 答え　(4)。

同じ抵抗 r を n 個並列に接続した場合の合成抵抗は,次の式より求められる。

$$R = \frac{r}{n} = \frac{4}{4} = 1\,\Omega$$

従って,全電圧 E(V) が24Vで,全抵抗 R(Ω) が 1 Ωなので,全電流 I (A) は,オームの法則より次のように求められる。

$$I(A) = \frac{E(V)}{R(\Omega)} = \frac{24V}{1\,\Omega} = 24A$$

ゆえに,答えは(4)となる。

【No.35】 図に示す方法で前軸荷重8000Nの乗用車をつり上げたときに,レッカー車のワイヤにかかる荷重として,**適切な**ものは次のうちどれか。ただし,つり上げによる重心の移動はないものとする。

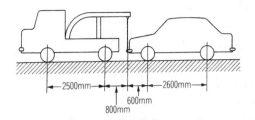

(1) 4800N　　(2) 6500N　　(3) 8000N　　(4) 24500N

解 答え (2)。

　乗用車をワイヤでつり上げると，次図に示すように乗用車の後軸が支点となり，乗用車の前軸荷重8000Nを，ワイヤと後軸で分担して支えることになる。

　この場合，ワイヤが分担する荷重をxNとすれば，乗用車後軸周りの力のモーメントのつり合いにより，次の計算式が成り立ち求められる。

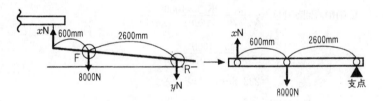

$$x \times (600+2600) = 8000 \times 2600$$

$$x = \frac{8000 \times 2600}{3200}$$

$$= 6500 \text{N}$$

ゆえに，答えは(2)となる。

18・10（2級ジーゼル登録）

【No.16】 次に示す諸元の自動車が，トランスミッションのギヤを第4速に入れて，速度45km/hで走行しているとき，駆動輪の回転速度として，**適切なもの**は次のうちどれか。ただし，タイヤのスリップはないものと

し，円周率は3.14とする。

(1) 約39min^{-1}
(2) 約43min^{-1}
(3) 約239min^{-1}
(4) 約478min^{-1}

第4速の変速比	：1.4
ファイナル・ギヤの減速比	：5.5
駆動輪の有効半径	：0.5m

解 答え (3)。

駆動輪の回転速度から自動車の速度（km/h）を求めるには，駆動輪が1回転したときの進行距離2πr（有効円周）に駆動輪回転速度を掛け，回転速度1分間当たりを1時間当たりにするため60倍し，さらに，m単位をkm単位に直す必要から1000で割って求められる。

以上のことから，次の式により求められるので，この式より駆動輪の回転速度を逆算すると，

$$車速 = \frac{駆動輪の有効円周(2\pi r) \times 駆動輪回転速度 \times 60}{1000}$$

$$駆動輪の回転速度 = \frac{車速 \times 1000}{駆動輪の有効円周(2\pi r) \times 60}$$

$$= \frac{45 \times 1000}{2 \times 3.14 \times 0.5 \times 60}$$

$$= 238.8 \cdots \text{min}^{-1}となる。$$

ゆえに，答えは(3)となる。

【No.17】 次の諸元の図のようなトラックにおいて，2人乗車し，荷台の矢印の位置に30000Nの荷重を加えたときの前軸荷重として，**適切なもの**は次のうちどれか。ただし，乗員1人550Nで，その荷重は前軸の中心に作用するものとして計算しなさい。

ホイールベース	3300mm
空車状態前軸荷重	16000N
空車状態後軸荷重	14000N

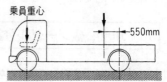

―208―

(1) 21000N　　(2) 22100N
(3) 24300N　　(4) 26500N

解 答え (2)。

積載時前軸荷重は，空車時前軸荷重16000Nに乗員荷重２人×550N＝1100N（乗員重心が前軸上にあるので，1100Nがそのまま前軸に加わる。）と，荷重30000Nによる前軸荷重増加分が加わった値となる。

従って，次図に示すように，荷重30000Nによる前軸荷重増加分をxNとすると，後軸には$(30000-x)$Nの荷重がかかり，これらの荷重が後軸から550mmの位置にある荷重の重心を支点として，力のモーメントがつり合っていると考えれば，次の関係式が成り立ち前軸荷重増加分のxNが求められる。

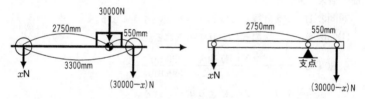

$$x \times 2750 = (30000 - x) \times 550$$
$$2750x = 30000 \times 550 - 550x$$
$$3300x = 30000 \times 550$$
$$x = \frac{30000 \times 550}{3300}$$
$$= 5000\text{N（前軸荷重増加分）}$$

よって，積載時前軸荷重は元々の空車時前軸荷重16000Nの他に，乗員荷重＝1100Nと，荷重30000Nによる前軸荷重増加分5000Nの荷重が加わるので，16000N＋1100N＋5000N＝22100Nとなる。

ゆえに，答えは(2)となる。

【No.18】 図に示す特性のトルク・コンバータにおいて，ポンプ・インペラが回転速度2400min^{-1}，トルク120N・mで回転し，タービン・ランナが720min^{-1}で回転しているときの記述として，**不適切なもの**は次のうち

どれか。
(1) 速度比は0.3である。
(2) 伝達効率は60%である。
(3) トルク比は2.0である。
(4) タービン軸トルクは60 N·mである。

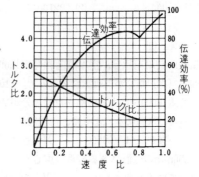

解 答え (4)。

設問の(1)～(4)を計算して確認すると次のようになる。

(1) 速度比は，次の式により求められる。

$$速度比 = \frac{タービン軸回転速度}{ポンプ軸回転速度} = \frac{720 \text{min}^{-1}}{2400 \text{min}^{-1}} = 0.3$$

(2) 伝達効率は，次の式により求められる。

伝達効率 = トルク比 × 速度比 × 100%
= 2.0 × 0.3 × 100%
= 60%

また，速度比が0.3のときの値を特性図より読み取ると60%となる。

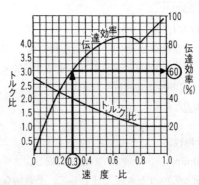

―210―

(3) トルク比は，速度比が0.3のときの値を特性図より読み取ると2.0となる。

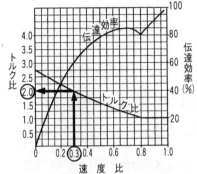

(4) タービン軸トルクは，次の式により求められる。

タービン軸トルク＝ポンプ軸トルク×トルク比
　　　　　　　　＝120N・m×2.0
　　　　　　　　＝240N・m

従って，設問のタービン軸トルクは60N・mではなく240N・mである。
ゆえに，答えは(4)となる。

【No.31】 自動車が72km/hの一定速度で走行しているときの出力が65kW だった。このときの走行抵抗として，**適切なもの**は次のうちどれか。

(1) 3.25N　　　　(2) 325N
(3) 3250N　　　 (4) 32500N

解　答え　(3)。

出力(仕事率)はワット(W)の単位で表し，1秒間に1ジュール(J＝N・m)の仕事量をする割合が1ワット(W)になる。

従って，出力(W)は次の式で表すことができる。

$$出力(W)=\frac{仕事量(J)}{時間(s)}=\frac{力(N)\times 距離(m)}{時間(s)}$$

$$=力(N)\times 速度(m/s)$$

上式より，速度の単位が秒速なので，時速72km/hを秒速に換算すると，

－211－

1 km＝1000m, 1 h ＝3600sより,

$$72km/h＝72×\frac{1000m}{3600s}＝20m/s となる。$$

また, 出力65kWをWに換算すると, 1 kW＝1000Wなので, 65kW＝65×1000W＝65000Wとなる。

よって, 出力(W)＝力(N)×速度(m/s)より,

$$力(N)＝\frac{出力(W)}{速度(m/s)}＝\frac{65000W}{20m/s}＝3250N となる。$$

ゆえに, 答えは(3)となる。

【No.32】 1 cm²当たり 5 Nの力が作用したときの圧力として, **適切なもの**は次のうちどれか。

(1) 5 Pa　　　(2) 50Pa　　　(3) 5 kPa　　　(4) 50kPa

解 答え (4)。

圧力の単位はパスカル(Pa)という固有名の単位記号が用いられ, 1 Paは, 1 Nの力を 1 m²の面積で受け止めている圧力を表す。

すなわち, $1 Pa＝\dfrac{1 N}{1 m^2}＝1 N/m^2$のことである。

上式より, 面積の単位がm²なので, 1 cm²をm²（平方メートル）に換算すると,

$$1 cm＝\frac{1 m}{100}より, 1 cm^2＝\frac{1 m}{100}×\frac{1 m}{100}＝\frac{1 m^2}{10000}となる。$$

従って,

$$圧力＝\frac{5 N}{\dfrac{1 m^2}{10000}}＝5 N×\frac{10000}{1 m^2}＝50000N/m^2＝50000Pa$$

となり, kPaに換算するため1000で割って, 50000Pa÷1000＝50kPaとなる。

ゆえに, 答えは(4)となる。

19・3（3級シャシ登録）

【No.26】 図のように12Vのバッテリ1個に12V用36Wの電球2個を接続したとき、アンメータに流れる電流として、**適切**なものは次のうちどれか。ただし、電球以外の回路の抵抗はないものとする。

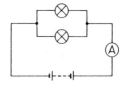

(1) 1.5 A　　(2) 3 A　　(3) 6 A　　(4) 8 A

解 答え (3)。

電球2個は並列に接続されているので、それぞれの電球に電源電圧12Vが加わる。従って、1個の電球に流れる電流I(A)は、電力P(W)＝電圧E(V)×電流I(A)より、

$$I(A) = \frac{P(W)}{E(V)} = \frac{36W}{12V} = 3A$$ となり、同じワット数のランプ2個を並列接続しているからアンメータに流れる電流I(A)はランプ2個分で、

3A×2個＝6Aとなる。

ゆえに、答えは(3)となる。

【No.27】 図に示す油圧式ブレーキのペダルを矢印の方向に80Nの力で押したとき、プッシュ・ロッドがマスタ・シリンダのピストンを押す力として、**適切**なものは次のうちどれか。ただし、リターン・スプリングのばね力は考えないものとする。

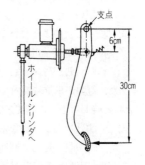

(1) 240N　　(2) 400N
(3) 480N　　(4) 2400N

解 答え (2)。

ブレーキ・ペダルを80Nの力で踏み込むと次図に示すように、「テコの原理」で、テコがつり合っている状態と考えて、作用点、支点、力点に着目し、マスタ・シリンダのピストンを押す力をxとして、支点周りの力のモ

－213－

ーメントのつり合い式を立てて求めると，次のようになる。

$$x \times \ell_2 = F \times \ell_1$$

$$x = F \times \frac{\ell_1}{\ell_2}$$

$$= 80\,\mathrm{N} \times \frac{30\,\mathrm{cm}}{6\,\mathrm{cm}}$$

$$= 400\,\mathrm{N}$$

ゆえに，答えは(2)となる。

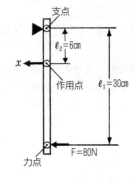

19・3（3級ガソリン登録）

【No.20】 電球に12Vの電圧をかけたところ3Aの電流が流れた。この状態で2時間経過したときの消費電力量として，**適切**なものは次のうちどれか。

(1) 6 Ah (2) 18 Ah (3) 36 Wh (4) 72 Wh

解 答え (4)。

電気が単位時間に行う仕事の割合，すなわち，仕事率を電力（P）といい，電圧（E）と電流（I）の積で表され，単位には仕事率と同じW（ワット）を用いる。

式で表すと次のようになる。

　　電力＝電圧×電流

　P (W) ＝ E (V) × I (A)

また，電力が単位時間内にする仕事の総量を電力量（Wp）といい，電力（P）と時間（t）の積で表され，単位はWh（ワット時）が用いられる。

式で表すと次のようになる。

　　電力量＝電力×時間

　Wp (Wh) ＝ P (W) × t (h)

以上のことから，次のように求められる。

　P ＝ E × I ＝ 12V × 3A ＝ 36W なので，

　Wp ＝ P × t ＝ 36W × 2h ＝ 72Wh となる。

ゆえに，答えは(4)となる。

【No21】 圧縮比が9，燃焼室容積が50cm³のエンジンの排気量として，**適切なもの**は次のうちどれか。
(1) 450cm³ (2) 400cm³ (3) 350cm³ (4) 300cm³

解 答え (2)。

圧縮比は，吸入された空気がどれだけ圧縮されたかを表す数値で，次図に示すピストンが下死点にあるときのピストン上部の容積（排気量V＋燃焼室容積v）と，ピストンが上死点にあるときのピストン上部の容積（燃焼室容積v）との比をいう。

従って，圧縮比は次の式で表すことができる。

$$圧縮比 = \frac{排気量＋燃焼室容積}{燃焼室容積}$$

$$= \frac{排気量}{燃焼室容積} + 1$$

この式より，排気量を求める式に変形し求めると，

排気量＝（圧縮比－1）×燃焼室容積
　　　＝（9－1）×50
　　　＝400cm³

ゆえに，答えは(2)となる。

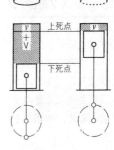

V：排気量 cm³
v：燃焼室容積 cm³

19・3 （3級ジーゼル登録）

【No26】 自動車が900mの坂を往復し，上りに3分，下りに2分要したときの平均速度として，**適切なもの**は次のうちどれか。
(1) 約15km/h (2) 約22km/h
(3) 約27km/h (4) 約32km/h

解 答え (2)。
平均速度V（km/h）は，全体を通じて物が移動した全走行距離L（km）

を，全体を通じて要した所要時間 t (h)で割って求めた速度のことで，式で表すと次のようになる。

$$\text{平均速度} V(\text{km/h}) = \frac{\text{全走行距離} L(\text{km})}{\text{所要時間} t(\text{h})}$$

従って，全走行距離は900mを往復するので，900m×2＝1800mとなり，kmに換算すると1000で割るため1.8kmとなる。

また，所要時間は上り3分，下り2分のため合計5分となり，時間に換算すると60で割るため $\frac{1h}{12}$ となることから，

平均速度V (km/h) は，$1.8 \text{km} \div \frac{1h}{12} = 21.6 \text{km/h}$ となる。

ゆえに，答えは(2)となる。

19・3 （2級ガソリン登録）

【No.17】 図に示すプラネタリ・ギヤ・ユニットでプラネタリ・キャリヤを固定し，インターナル・ギヤを500回転させたときのサン・ギヤの回転数として，**適切な**ものは次のうちどれか。

(1) 4500回転　　(2) 1000回転
(3) 750回転　　(4) 500回転

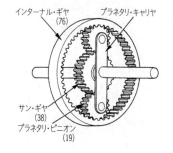

解 答え (2)。

プラネタリ・キャリヤを固定し，インターナル・ギヤを回転させると，プラネタリ・キャリヤ上でプラネタリ・ピニオンが自転し，インターナル・ギヤの回転方向と逆方向にサン・ギヤを回転させる。

すなわち，プラネタリ・ピニオンはアイドラ・ギヤとなりインターナル・ギヤがサン・ギヤを直接回転させていると考える。

よって，インターナル・ギヤが入力，サン・ギヤが出力の場合の変速比は，次のようになる。

$$\text{変速比} = \frac{\text{サン・ギヤ歯数}}{\text{インターナル・ギヤ歯数}}$$

$$= \frac{38}{76}$$

$$= 0.5$$

従って，出力側の回転数は変速比に反比例することから，サン・ギヤの回転数は，500÷0.5＝1000となる。

ゆえに，答えは(2)となる。

【№34】　自動車が72 km/hの一定速度で走行しているときの出力が60 kWだった。このときの走行抵抗として，**適切な**ものは次のうちどれか。

(1) 30 N　　　(2) 300 N　　　(3) 3000 N　　　(4) 30000 N

解　答え　(3)。

出力(仕事率)はワット(W)の単位で表し，1秒間に1ジュール(J ＝N·m) の仕事量をする割合が1ワット (W) になる。

従って，出力 (W) は次の式で表すことができる。

$$\text{出力(W)} = \frac{\text{仕事量(J)}}{\text{時間(s)}} = \frac{\text{力(N)×距離(m)}}{\text{時間(s)}} = \text{力(N)×速度(m/s)}$$

上式より，速度の単位が秒速なので，時速72 km/hを秒速に換算すると，1 km＝1000m，1 h＝3600sより，

$$72\,\text{km/h} = 72 \times \frac{1000\,\text{m}}{3600\,\text{s}} = 20\,\text{m/s}\text{となる。}$$

また，出力60 kWをWに換算すると，1 kW＝1000Wなので，60 kW＝60×1000W＝60000Wとなる。

よって，出力(W)＝力(N)×速度(m/s)より，

$$\text{力(N)} = \frac{\text{出力(W)}}{\text{速度(m/s)}} = \frac{60000\,\text{W}}{20\,\text{m/s}} = 3000\,\text{N}\text{となる。}$$

ゆえに，答えは(3)となる。

【№35】　図に示す方法で乗用車をつり上げたときの乗用車の後軸荷重として，**適切な**ものは次のうちどれか。ただし，つり上げによる重心の移動

はないものとする。

乗用車の空車時前軸荷重	4000N
乗用車の空車時後軸荷重	5000N

(1) 3200N　　(2) 5800N
(3) 7200N　　(4) 9000N

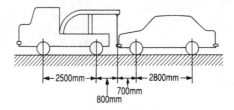

解 答え (2)。

つり上げたときの乗用車の後軸荷重を求めるには, ワイヤを支点として乗用車の前軸荷重4000Nに対して丁度つり合う後軸の支持力, すなわち後軸荷重の増加分を求めればよい。従っ

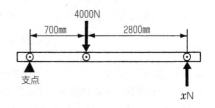

て後軸荷重の増加分をxNとすれば, ワイヤ周りの力のモーメントのつり合いにより, 次の計算式が成り立ち求められる。

$$x \times (2800+700) = 4000 \times 700$$

$$x = \frac{4000 \times 70}{3500}$$

$$= 800\text{N}(後軸荷重増加分)$$

従って, つり上げたときのレッカー車の後軸荷重は, 元々の後軸荷重5000Nに, つり上げによる後軸荷重増加分の800Nが加わるので, 5000N+800N=5800Nとなる。

ゆえに, 答えは(2)となる。

19・3 (2 級ジーゼル登録)

【No23】 図に示すレッカー車で, 諸元のような自動車をつり上げたときレッカー車の後軸荷重として, **適切**なものは次のうちどれか。

試験問題実例

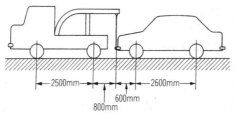

(1) 8580 N
(2) 12860 N
(3) 14580 N
(4) 18450 N

	空車時前軸荷重	空車時後軸荷重
レッカー車	10000 N	6000 N
乗用車	8000 N	5300 N

解 答え (3)。

自動車をつり上げたときのレッカー車の後軸荷重を求めるには、最初にワイヤにかかる荷重を求める必要がある。従って、乗用車をワイヤでつり上げると、次図1に示すように乗用車の後軸が支点となり、乗用車の前軸荷重8000Nを、ワイヤと後軸で分担して支えることになる。

この場合、ワイヤが分担する荷重を x N とすれば、乗用車後軸周りの力のモーメントのつり合いにより、次の計算式が成り立ち求められる。

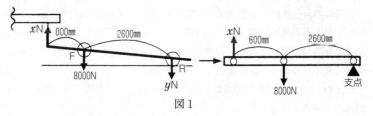

図1

$$x \times (600+2600) = 8000 \times 2600$$

$$x = \frac{8000 \times 2600}{3200}$$

$$= 6500 \text{N (ワイヤにかかる荷重)}$$

次にワイヤにかかる荷重6500Nに対して丁度つり合う後軸の支持力、すなわちレッカー車の後軸荷重の増加分を y N とすれば、次図2のように前軸周りのモーメントのつり合いより、次の計算式が成り立ち求められる。

$$y \times 2500 = 6500 \times (2500+800)$$

$$y = \frac{6500 \times 3300}{2500}$$

$$= 8580\,\text{N}\,(後軸荷重増加分)$$

従って，つり上げたときのレッカー車の後軸荷重は，元々の後軸荷重6000Nに，つり上げによる後軸荷重増加分の8580Nが加わるので，6000N＋8580N＝14580Nとなる。

ゆえに，答えは(3)となる。

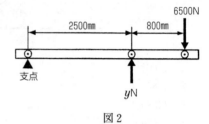

図2

【No.31】 駆動輪の有効半径が0.5mの自動車が速度45km/hで走行しているときの駆動輪の回転速度として，**適切**なものは次のうちどれか。ただし，タイヤのスリップはないものとし，円周率は3.14とする。

(1) 約39 min^{-1} 　　(2) 約43 min^{-1}
(3) 約239 min^{-1} 　(4) 約478 min^{-1}

解 答え (3)。

駆動輪の回転速度から自動車の速度（km/h）を求めるには，駆動輪が1回転したときの進行距離 $2\pi r$（有効円周）に駆動輪回転速度を掛け，回転速度1分間当たりを1時間当たりにするため60倍し，さらに，m単位をkm単位に直す必要から1000で割って求められる。

以上のことから，次の式により求められるので，この式より駆動輪の回転速度を逆算すると，

$$車速 = \frac{駆動輪の有効円周(2\pi r) \times 駆動輪の回転速度 \times 60}{1000}$$

$$駆動輪の回転速度 = \frac{車速 \times 1000}{駆動輪の有効円周(2\pi r) \times 60}$$

$$= \frac{45 \times 1000}{2 \times 3.14 \times 0.5 \times 60}$$

$$= 238.8 \cdots \text{min}^{-1}\,となる。$$

ゆえに，答えは(3)となる。

試験問題実例

19・7 （3級シャシ検定）

【No22】 表に示す諸元の自動車において，トランスミッションのギヤが第
3速，エンジンの回転速度が2,000min⁻¹で走行しているときの車速とし
て，**適切な**ものは次のうちどれか。

ただし，機械損失及びタイヤのスリップはないものとし，円周率は3.14
とする。

(1) 43 km/h
(2) 45 km/h
(3) 47 km/h
(4) 50 km/h

表

第3速の変速比	: 1.5
ファイナル・ギヤの減速比	: 3.5
駆動輪の有効半径	: 0.3m

解 答え (1)。

エンジン回転速度から車速（km/h）を求めるには，駆動輪が1回転し
たときの進行距離$2\pi r$（有効円周）にエンジン回転速度を掛け，回転速度
1分間当たりを1時間当たりにするため60倍する。

しかし，実際にはトランスミッションとファイナル・ギヤで減速される
から，動力伝達経路の総減速比（変速比×終減速比）で割り，さらに，m
単位をkm単位に直す必要から1000で割る。

以上のことから，次の式により求められる。

$$車速 = \frac{駆動輪の有効円周（2\pi r）×エンジン回転速度×60}{変速比×終減速比×1000}$$

$$= \frac{2×3.14×0.3×2000×60}{1.5×3.5×1000}$$

$$= 43.06\cdots km/h となる。$$

ゆえに，答えは(1)となる。

【No23】 図に示すトランスミッションの変速比として，**適切な**ものは次の
うちどれか。なお，図中の（ ）内の数字はギヤの歯数を示す。

(1) 0.1 　　　(2) 0.75 　　　(3) 1.6 　　　(4) 10.0

－221－

試験問題実例

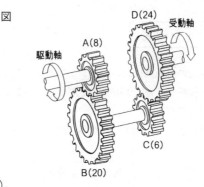

解 答え (4)。

変速比とは,トランスミッションの変速に用いるギヤのギヤ比のことで,次の式で表される。

$$変速比 = \frac{出力側(受動側)ギヤ歯数}{入力側(駆動側)ギヤ歯数} = \frac{ギヤBの歯数}{ギヤAの歯数} \times \frac{ギヤDの歯数}{ギヤCの歯数}$$

従って,次のように求まる。

$$変速比 = \frac{20}{8} \times \frac{24}{6} = 10.0$$

ゆえに,答えは(4)となる。

【No.25】 図の回路において,バッテリが12V,ランプ球が24W/個のとき,ヒューズに流れる電流(A)として,**適切なもの**は次のうちどれか。ただし,電球以外の回路の抵抗はないものとする。

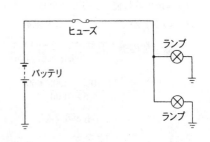

(1) 1.0 A　　(2) 2.0 A　　(3) 4.0 A　　(4) 48.0 A

解 答え (3)。

電球2個は並列に接続されているので,それぞれの電球に電源電圧12Vが加わる。従って,1個の電球に流れる電流 I (A)は,電力 P (W) = 電圧

-222-

E(V)×電流I(A)より,

$$I(A)=\frac{P(W)}{E(V)}=\frac{24W}{12V}=2A$$ となり, 同じワット数のランプ2個を並列接続しているからヒューズに流れる電流I(A)はランプ2個分で, 2A×2個＝4Aとなる。

ゆえに, 答えは(3)となる。

19・7 (2級ガソリン検定)

【No.24】 図のような特性を持つトルク・コンバータでポンプ軸の回転速度が3000 min^{-1}, トルクが300N・mで回転し, タービン軸の回転速度が2400 min^{-1}で回転しているとき, タービン軸にかかるトルクとして, 適切なものは次のうちどれか。

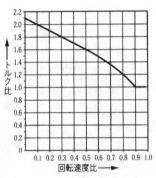

ただし, 機械損失はないものとする。

(1) 240N・m (2) 250N・m (3) 360N・m (4) 375N・m

解 答え (3)。

最初にポンプ軸回転速度とタービン軸回転速度より, 速度比を求める。

$$速度比=\frac{タービン軸回転速度}{ポンプ軸回転速度}$$

$$=\frac{2400\min^{-1}}{3000\min^{-1}}$$

$$=0.8$$

次に, 特性図より速度比が0.8のときのトルク比の値を読み取ると右図に示すとおり1.2となる。

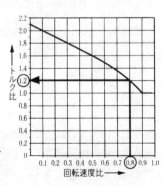

従って，タービン軸トルクは，次の式により求められる。

　　タービン軸トルク＝ポンプ軸トルク×トルク比
　　　　　　　　　　＝300N·m×1.2
　　　　　　　　　　＝360N·m

ゆえに，答えは(3)となる。

【No.27】 図のプラネタリ・ギヤにおいて，インターナル・ギヤを固定し，プラネタリ・キャリヤの回転数が600回転のとき，サン・ギヤの回転数として，**適切なもの**は次のうちどれか。なお，図中の（　）内の数字はギヤの歯数を示す。

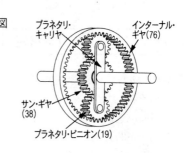

(1) 200回転　　(2) 300回転　　(3) 1,200回転　　(4) 1,800回転

解　答え (4)。

インターナル・ギヤを固定し，プラネタリ・キャリヤを回転させると，プラネタリ・ピニオンはインターナル・ギヤ上を自転しながら公転し，サン・ギヤは増速されてプラネタリ・キャリヤと逆方向に回転する。

また，プラネタリ・キャリヤの見かけ上の歯数はインターナル・ギヤ歯数＋サン・ギヤ歯数で表されるので，プラネタリ・キャリヤが入力，サン・ギヤが出力の場合の変速比は，次のようになる。

$$変速比 = \frac{サン・ギヤ歯数}{インターナル・ギヤ歯数＋サン・ギヤ歯数}$$

$$= \frac{38}{76+38}$$

$$= \frac{1}{3}$$

従って，出力側の回転数は変速比に反比例することから，サン・ギヤの回転数は，$600 \div \frac{1}{3} = 600 \times 3 = 1800$となる。

ゆえに，答えは(4)となる。

【No31】 表に示す諸元のガソリン・エンジンの総排気量及び圧縮比の値の組み合わせとして、**適切な**ものは次のうちどれか。ただし、円周率は3.14として計算しなさい。

表

> 4サイクル直列4シリンダ・エンジン
> シリンダ内径：75.0mm
> ピストン・ストローク：84.7mm
> 燃焼室容積：39.3 cm³

　　　総排気量　　　　圧縮比
(1)　1,496 cm³　　　　9.5
(2)　1,496 cm³　　　　10.5
(3)　1,653 cm³　　　　9.5
(4)　1,653 cm³　　　　10.5

解 答え (2)。

排気量はピストンが下死点から上死点に移動する間にピストンが排出できる容積で、図1に示した内径D及びピストン行程Lの円柱体積V（円の面積×高さ）になり、総排気量は、これにシリンダ数を掛けて求められる。

以上のことから次のようになる。

$V_T = (半径)^2 × π × ピストン・ストローク × シリンダ数$

$= \left(\dfrac{D}{2}\right)^2 × π × L × n$

$= \dfrac{D^2}{4} × π × L × n$

$= \dfrac{7.5^2}{4} × 3.14 × 8.47 × 4$

$= 1496.01\cdots$ cm³ となるから、

総排気量は、約1,496 cm³ となる。

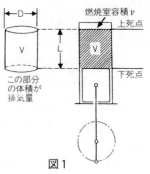

図1

ただし、
V_T：総排気量 cm³
D：シリンダ内径 cm
L：ピストン・ストローク cm
n：シリンダ数
π：円周率3.14

試験問題実例

次に圧縮比は、吸入された空気がどれだけ圧縮されたかを表す数値で、図2のようにピストンが下死点にあるときのピストン上部の容積（排気量V＋燃焼室容積v）と、ピストンが上死点にあるときのピストン上部の容積（燃焼室容積v）との比をいう。

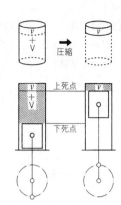

従って、圧縮比は次の式で表すことができる。

$$圧縮比 = \frac{排気量＋燃焼室容積}{燃焼室容積}$$

$$= \frac{排気量}{燃焼室容積} + 1$$

図2

式からも分かるように、圧縮比を求めるには、まず排気量の値を算出する必要があり、今回の排気量は総排気量の$\frac{1}{4}$なので$1,496 \text{ cm}^3 \div 4 = 374 \text{cm}^3$となるから、

圧縮比は、$圧縮比 = \frac{排気量}{燃焼室容積} + 1$より、

$$= \frac{374}{39.3} + 1$$

$$= 10.51\cdots となるから、$$

圧縮比は、約10.5となる。

ゆえに、総排気量及び圧縮比の値の組み合わせは(2)となる。

（注）排気量の単位はcm³なので、内径及びストロークのmm単位をcm単位に直して式に代入すること。

【No.32】次に示す図A及び図Bの回路において電圧Vの値の組み合わせとして、**適切なもの**は次のうちどれか。ただし、図A及び図Bの回路は、バッテリ及び配線等の抵抗はないものとし、電圧計の内部抵抗は無限大とする。

　　　図A　　　　　図B
(1)　4　V　　　　4　V
(2)　4　V　　　　8　V

－226－

(3)　8　V　　　　　4　V
(4)　8　V　　　　　8　V

図

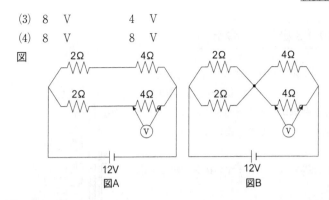

解　答え　(4)。

　図Aの回路は2Ωと4Ωの抵抗を直列に接続したものを2列並行に結線した回路である。従って回路全体は並列のため、2Ωと4Ωの抵抗を直列に接続した両端には電源電圧の12Vが加わる。よって2Ωと4Ωの抵抗を直列に接続した部分には電流I(A)=電圧E(V)÷抵抗R(Ω)=12V÷(2Ω+4Ω)=2Aの電流が流れるから、4Ωの抵抗の両端には電圧E(V)=電流I(A)×抵抗R(Ω)=2A×4Ω=8Vが加わる。

　図Bの回路は2Ωの抵抗を並列に接続した部分と4Ωの抵抗を並列に接続した部分を直列に結線した回路である。また、同じ抵抗rをn個並列に接続した場合の合成抵抗は次の式より求められるため、2Ωの抵抗を並列に接続した部分の合成抵抗をxとして、4Ωの抵抗を並列に接続した部分の合成抵抗をyとして求めると、

$$x = \frac{r}{n} = \frac{2}{2} = 1\ \Omega \qquad y = \frac{r}{n} = \frac{4}{2} = 2\ \Omega\ となる。$$

　従って、回路全体の合成抵抗は$R = x + y = 1\ \Omega + 2\ \Omega = 3\ \Omega$となり、電源電圧が12Vならば、回路に流れる電流は電流I(A)=電圧E(V)÷抵抗R(Ω)=12V÷3Ω=4Aの電流が流れる。

　また、同じ抵抗が並列に接続されていることから、2Ωと4Ωの抵抗にはそれぞれ4A÷2=2Aの電流が流れる。

　ゆえに、図A及び図Bの4Ωの抵抗の両端には電圧E(V)=電流I(A)×抵抗R(Ω)=2A×4Ω=8Vが加わるので、答えは(4)となる。

試験問題実例

19・10（3級シャシ登録）

【No 6】 図に示すファイナル・ギヤを備え，トランスミッションの第5速の変速比が0.9である自動車に関する次の文章の（ ）に当てはまるものとして，**適切なもの**は次のうちどれか。

なお，図の数値は各ギヤの歯数を示している。

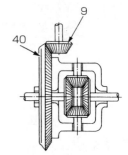

トランスミッションを第5速にし，エンジンの回転速度を2000 min^{-1}で直進した場合の駆動輪の回転速度は，（ ）min^{-1}になる。

(1) 50 　　(2) 250 　　(3) 500 　　(4) 1000

解 答え (3)。

駆動輪の回転速度とは，エンジン回転速度をトランスミッションで変速し，さらに変速された回転速度をファイナル・ギヤで最終減速して伝達された回転速度である。

従って，エンジン回転速度から駆動輪の回転速度を求めるには，動力伝達経路の総減速比（変速比×終減速比）で割って求められる。

以上のことから，次の式により求められる。

駆動輪の回転速度＝エンジン回転速度÷総減速比

$$= 2000 \div \left(0.9 \times \frac{40}{9}\right)$$

$$= 500 \, \text{min}^{-1}$$

ゆえに，答えは(3)となる。

【No 26】 図のようにかみ合ったギヤA，B，C，DのギヤAをトルク130 N・mで回転させたときのギヤDのトルクとして，**適切なもの**は次のうちどれか。ただし，伝達による損失はないものとし，ギヤBとギヤCは同一の軸に固定されている。なお，（ ）内の数値はギヤの歯数を示す。

－228－

(1) 52 N·m
(2) 208 N·m
(3) 325 N·m
(4) 422.5 N·m

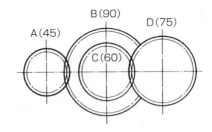

解 答え (3)。

ギヤAをトルク130 N·mで回転させたとき，ギヤDのトルクは，ギヤA〜ギヤDまでの伝達される歯車比に比例するから，次の式により求められる。

ギヤA〜ギヤDまでの歯車比

$$歯車比 = \frac{出力側歯数}{入力側歯数} = \frac{ギヤBの歯数 \times ギヤDの歯数}{ギヤAの歯数 \times ギヤCの歯数}$$

$$= \frac{90 \times 75}{45 \times 60}$$

$$= 2.5$$

出力側のトルクは歯車比に比例することから，ギヤDのトルクは，130 N·m×2.5＝325 N·mとなる。

ゆえに，答えは(3)となる。

【No.27】 トルク・レンチに図のようなアダプタを取り付けて締め付けたとき，トルク・レンチの読みが100 N·mだった。このときのナットの締め付けトルクとして，**適切な**ものは次のうちどれか。

(1) 76.9 N·m
(2) 130 N·m
(3) 153.8 N·m
(4) 260 N·m

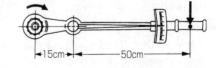

解 答え (2)。

トルク・レンチの目盛りに表示されるトルク(T)の数値は，握りに加えた力(F)とトルク・レンチの有効長さ(L)の積で表示される構造であり，次図のようにアダプタを取り付けた場合，Aの位置でのトルクではなく，

— 229 —

Bの位置でのトルクとなる。

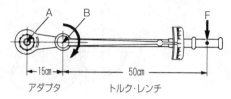

従って、トルク・レンチの読みが100N·mで、トルク・レンチの有効長さが50cm＝0.5mならば、ナット締め付け時に握りに加えた力(F)は、

T(トルク)＝F(力)×L(長さ)より、

$$F = \frac{T}{L} = \frac{100\text{N·m}}{0.5\text{m}} = 200\text{N}$$ となる。

よって、アダプタを取り付けてナットを締め付けるトルクは、握りに加えた200Nの力とナットまでの長さ（アダプタ長さ0.15m＋トルク・レンチの有効長さ0.5m）＝0.65mの積によって求まるから、

T＝F×L＝200N×(0.15＋0.5)m＝130N·mとなる。

ゆえに、答えは(2)となる。

（注）トルクの単位がN·mなので、長さのcm単位をm単位に直して式に代入すること。

19・10（3級ガソリン登録）

【No.23】 長さ50cmのトルク・レンチに200Nの力をかけてナットを締め付けたときの締め付けトルクとして、**適切なもの**は次のうちどれか。

(1) 4 N·m　(2) 40 N·m　(3) 100 N·m　(4) 1000 N·m

解 答え (3)。

トルク・レンチの目盛りに表示されるトルク(T)の数値は、トルク・レンチ握りにかけた力(F)とトルク・レンチの有効長さ(L)の積で表示される構造であり、式で表すと次のようになる。

T(トルク)＝F(力)×L(長さ)

従って、長さ50cm＝0.5mのトルク・レンチに、200Nの力をかけたときの締め付けトルクは、

T＝F×Lより，T＝200N×0.5m＝100N·mとなる。

ゆえに，答えは(3)となる。

（注）　トルクの単位がN·mなので，長さのcm単位をm単位に直して式に代入すること。

【No.24】　速度72 km/hで走行している自動車が1秒間に移動する距離として，**適切なもの**は次のうちどれか。

(1)　7.2m　　　(2)　12m　　　(3)　20m　　　(4)　43.2m

解　答え　(3)。

時速72 km/hを秒速に換算すればよいから，1 km＝1000m，1 h＝3600sより，

$$72 \text{ km/h} = 72 \times \frac{1000 \text{m}}{3600 \text{ s}} = 20 \text{m/s}$$

となる。

ゆえに，答えは(3)となる。

19・10（3級ジーゼル登録）

【No.20】　燃焼室容積75 cm³，ピストン行程容積1230 cm³のエンジンの圧縮比として，**適切なもの**は次のうちどれか。

(1)　15.4　　　(2)　16.4　　　(3)　17.4　　　(4)　18.4

解　答え　(3)。

圧縮比は，吸入された空気がどれだけ圧縮されたかを表す数値で，次図に示すピストンが下死点にあるときのピストン上部の容積（排気量V＋燃焼室容積v）と，ピストンが上死点にあるときのピストン上部の容積（燃焼室容積v）との比をいう。

従って，圧縮比は次の式で表し求めることができる。

$$圧縮比 = \frac{排気量＋燃焼室容積}{燃焼室容積}$$

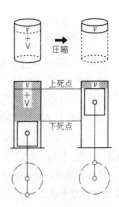

$$=\frac{排気量}{燃焼室容積}+1$$

$$=\frac{1230}{75}+1$$

$$=17.4$$

ゆえに，答えは(3)となる。

【No.22】 図に示す回路の合成抵抗として，**適切な**ものは次のうちどれか。ただし，バッテリ及び配線の抵抗はないものとする。

(1) 2.2Ω　　(2) 2.8Ω
(3) 3.2Ω　　(4) 7.0Ω

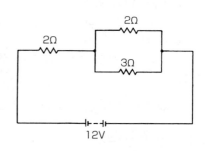

解 答え (3)。

設問の回路は，直・並列回路なので，まず2Ωと3Ωの並列部分の合成抵抗をXとして求める。抵抗を並列に接続したときの合成抵抗は，接続された抵抗値の逆数の和の逆数となるから，

$$X=\frac{1}{\frac{1}{2}+\frac{1}{3}}=\frac{1}{\frac{3}{6}+\frac{2}{6}}=1\times\frac{6}{5}=1.2Ω となる。$$

従って，この回路は2Ωと1.2Ωの抵抗を直列接続した回路となることから，全合成抵抗Rは，R＝2Ω＋1.2Ω＝3.2Ωとなる。

ゆえに，答えは(3)となる。

【No.23】 ばね定数が3.5N/mmのコイル・スプリングを2cm圧縮するために必要な力として，**適切な**ものは次のうちどれか。

(1) 1.75N　　(2) 7.0N　　(3) 17.5N　　(4) 70N

解 答え (4)。

ばね定数が3.5N/mmのスプリングとは，1mm圧縮又は引っ張るのに3.5Nの力を必要とするスプリングのことである。

設問の2cm圧縮するために必要な力は，20mm圧縮するという訳だから，たんに20倍してやればよい。

従って，3.5N/mm×20mm＝70Nとなる。

ゆえに，答えは(4)となる。

(注) ばね定数の単位がN/mmなので，長さのcm単位をmm単位に直して計算すること。

19・10（2級ガソリン登録）

【No.17】 図に示す特性のトルク・コンバータにおいて，ポンプ・インペラが回転速度2400 min^{-1}，トルク120N·mで回転し，タービン・ランナが速度比0.3で回転しているときの記述として，**適切な**ものは次のうちどれか。

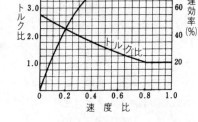

(1) タービン・ランナは，800 min^{-1}で回転している。

(2) トルク比は3.0である。

(3) タービン・ランナは，トルク240N·mで回転している。

(4) 伝達効率は40％である。

解 答え (3)。

設問の(1)～(4)を計算して確認すると次のようになる。

(1) タービン・ランナの回転速度は，次の速度比の式より求められる。

$$速度比 = \frac{タービン軸回転速度}{ポンプ軸回転速度}$$

タービン軸回転速度＝ポンプ軸回転速度×速度比
$$= 2400 \text{min}^{-1} \times 0.3$$
$$= 720 \text{min}^{-1}$$

従って，設問のタービン・ランナの回転速度は800min^{-1}ではなく720min^{-1}

－233－

である。

(2) トルク比は,速度比が0.3のときの値を特性図より読み取ると2.0となる。

従って,設問のトルク比は3.0ではなく2.0である。

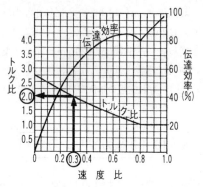

(3) タービン軸トルクは,次の式により求められる。

　　タービン軸トルク＝ポンプ軸トルク×トルク比
　　　　　　　　　　＝120N·m×2.0
　　　　　　　　　　＝240N·m

従って,設問のタービン・ランナのトルク240N·mは正しい。

ゆえに,答えは(3)となる。

(4) 伝達効率は,次の式により求められる。

　　伝達効率＝トルク比×速度比×100%
　　　　　　＝2.0×0.3×100%
　　　　　　＝60%

また,速度比が0.3のときの値を特性図より読み取ると60%となる。

従って,設問の伝達効率は40%ではなく60%である。

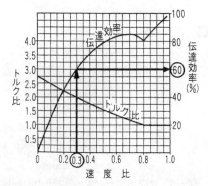

試験問題実例

【No.31】　エンジン回転速度2400min⁻¹，ピストン・ストロークが100mmの
　　エンジンの平均ピストン・スピードとして，**適切な**ものは次のうちどれ
　　か。

(1)　4 m/s　　　　(2)　8 m/s　　　　(3)　14.4m/s　　　　(4)　28.8m/s

解　答え　(2)。

　平均ピストン速度V（m/s）は，ピストンが1秒間にシリンダ内を何m
の速さで動くかを表したもので，クランクシャフト1回転当たりのピスト
ン移動距離2L（ツーストローク）に，クランクシャフト（エンジン）の
毎秒回転速度$\frac{N}{60}$を掛けて求められる。

　以上のことから，次の式により求められる。

$$V = 2L \times \frac{N}{60} = \frac{LN}{30} = \frac{0.1m \times 2400}{30} = 8 \text{ m/s}$$

ゆえに，答えは(2)となる。

(注)　平均ピストン速度の単位はm/sなので，ピストン・ストロークのmm
　　　単位をm単位に直して式に代入すること。

【No.32】　荷重14000Nの自動車が，こう配100分の1の坂道を1秒間に垂直
　　方向に0.2m上がりながら走行している。水平な道路を走行する場合に比
　　べて余分に必要とする出力として，**適切な**ものは次のうちどれか。

(1)　280W　　　　(2)　2.8kW　　　　(3)　28kW　　　　(4)　280kW

解　答え　(2)。

　出力（仕事率）は，ワット（W）の単位で表し，1秒間に1ジュール（J
＝N·m）の仕事量をする割合が1ワット（W）になる。

　従って，出力（W）は次の式で表すことができる。

$$出力(W) = \frac{仕事率(J)}{時間(s)} = \frac{力(N) \times 距離(m)}{時間(s)} = 力(N) \times 速度(m/s)$$

　この式に，力である自動車の荷重14000Nと，速度は1秒間に0.2m垂直
方向に上がるため，秒速0.2mを代入して出力（W）を求め，あとはkWに
換算してやればよい。

　以上のことから，次のように求まる。

　　出力(W)＝力(N)×速度(m/s)＝14000×0.2＝28000W

試験問題実例

kWに換算すると，1000W＝1 kWなので，

$$2800W＝2800×\frac{1\ kW}{1000}＝2.8\ kW となる。$$

ゆえに，答えは(2)となる。

19・10（2級ジーゼル登録）

【No30】 自動車が72 km/hの一定速度で走行しているときの出力が60kWだった。このときの走行抵抗として，**適切な**ものは次のうちどれか。

(1) 3 N   (2) 30 N   (3) 300 N   (4) 3000 N

解 答え (4)。

出力（仕事率）はワット（W）の単位で表し，1秒間に1ジュール（J＝N·m）の仕事量をする割合が1ワット（W）になる。

従って，出力（W）は次の式で表すことができる。

$$出力(W)＝\frac{仕事量(J)}{時間(s)}＝\frac{力(N)×距離(m)}{時間(s)}＝力(N)×速度(m/s)$$

上式より，速度の単位が秒速なので，時速72 km/hを秒速に換算すると，1 km＝1000m，1 h＝3600sより，

$$72\ km/h＝72×\frac{1000m}{3600\ s}＝20m/s となる。$$

また，出力60kWをWに換算すると，1 kW＝1000Wなので，60kW＝60×1000W＝60000Wとなる。

よって，出力(W)＝力(N)×速度(m/s)より，

$$力(N)＝\frac{出力(W)}{速度(m/s)}＝\frac{60000W}{20m/s}＝3000 N となる。$$

ゆえに，答えは(4)となる。

【No32】 図に示すレッカー車の空車時の前軸荷重が12000 N，後軸荷重が4800Nである場合，ワイヤに9000Nの荷重をかけたときの後軸荷重として，**適切な**ものは次のうちどれか。ただし，つり上げによるレッカー車の姿勢の変化は考えないものとする。

—236—

(1) 11625 N
(2) 13800 N
(3) 16425 N
(4) 20625 N

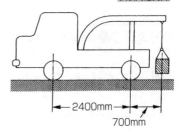

解 答え (3)。

レッカー車の後軸から700mmの所に9000Nの荷重がかかっているので、この荷重に対して丁度つり合う後軸の支持力すなわち後軸荷重の増加分を x N とすれば、次図のように前軸周りの力のモーメントのつり合い条件より、次の関係式が成り立ち求められる。

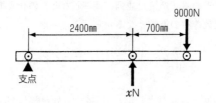

$$x\text{N} \times 2400\text{mm} = 9000\text{N} \times (2400\text{mm} + 700\text{mm})$$

$$x = \frac{9000\text{N} \times 3100\text{mm}}{2400\text{mm}}$$

$$= 11625\text{N}（後軸荷重増加分）$$

従って、ワイヤに荷重をかけたときの後軸荷重は、元々の後軸荷重4800Nに、さらに11625Nの荷重が加わるので、

4800 N + 11625 N = 16425 N となる。

ゆえに、答えは(3)となる。

20・3（3級シャシ登録）

【No.21】 図に示す回路の合成抵抗として，**適切な**ものは次のうちどれか。
ただし，バッテリ及び配線等の抵抗はないものとする。

(1) 4.6Ω
(2) 4.8Ω
(3) 5.6Ω
(4) 6.6Ω

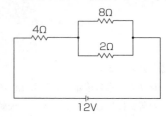

解 答え (3)。

設問の回路は，直・並列回路なので，まず8Ωと2Ωの並列部分の合成抵抗をXとして求める。抵抗を並列に接続したときの合成抵抗は，接続された抵抗値の逆数の和の逆数となるから，

$$X = \frac{1}{\frac{1}{8}+\frac{1}{2}} = \frac{1}{\frac{1}{8}+\frac{4}{8}} = 1 \times \frac{8}{5} = 1.6Ω となる。$$

従って，この回路は4Ωと1.6Ωの抵抗を直列接続した回路となることから，全合成抵抗Rは，R＝4Ω＋1.6Ω＝5.6Ωとなる。
ゆえに，答えは(3)となる。

【No.26】 図に示す前進4段のトランスミッションで第3速のときの変速比として，**適切な**ものは次のうちどれか。

(1) 2.5
(2) 1.6
(3) 1.5
(4) 1.25

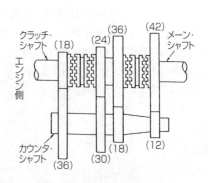

—238—

解 答え (2)。

第3速の動力伝達経路は右図に示すようになり，ギヤの変速比は $\dfrac{\text{出力側ギヤ歯数}}{\text{入力側ギヤ歯数}}$ で求められる。

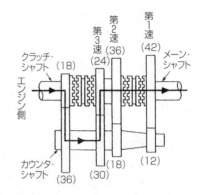

従って，第3速の変速比＝ $\dfrac{36}{18} \times \dfrac{24}{30} = 1.6$ となる。

ゆえに，答えは(2)となる。

20・3 （3級ガソリン登録）

【No.8】 排気量420cm³，燃焼室容積60cm³のガソリン・エンジンの圧縮比として，**適切なもの**は次のうちどれか。

(1) 6
(2) 7
(3) 8
(4) 9

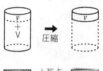

解 答え (3)。

圧縮比は，吸入された空気がどれだけ圧縮されたかを表す数値で，図1のようにピストンが下死点にあるときのピストン上部の容積（排気量V＋燃焼室容積v）と，ピストンが上死点にあるときのピストン上部の容積（燃焼室容積v）との比をいう。

従って，圧縮比は次の式で表すことができる。

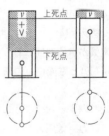

図1

V＝排気量 cm³

v＝燃焼室容積 cm³

試験問題実例

$$圧縮比 = \frac{排気量 + 燃焼室容積}{燃焼室容積}$$

$$= \frac{排気量}{燃焼室容積} + 1$$

この式より，排気量420cm³，燃焼室容積60cm³のガソリン・エンジンの圧縮比は，

$$圧縮比 = \frac{排気量}{燃焼室容積} + 1$$

$$= \frac{420}{60} + 1$$

$$= 8$$

ゆえに，答えは<u>(3)</u>となる。

【No.22】 12V用の電球に規定の電圧をかけたところ5Aの電流が流れた。この状態で2時間経過したときの消費電力量として，**適切な**ものは次のうちどれか。

(1) 30Ah

(2) 60Wh

(3) 4.8Ah

(4) 120Wh

解 答え (4)。

電気が単位時間に行う仕事の割合，すなわち，仕事率を電力(P)といい，電圧(E)と電流(I)の積で表され，単位には仕事率と同じW(ワット)を用いる。

式で表すと次のようになる。

電力＝電圧×電流

P(W)＝E(V)×I(A)

また，電力が単位時間内にする仕事の総量を電力量(Wp)といい，電力(P)と時間(t)の積で表され，単位はW·h(ワット時)が用いられる。

式で表すと次のようになる。

電力量＝電力×時間

試験問題実例

$Wp (W \cdot h) = P (W) \times t (h)$

以上のことから，次のように求められる。

$P = E \times I = 12V \times 5A = 60W$なので，

$Wp = P \times t = 60W \times 2h = 120Wh$となる。

ゆえに，答えは(4)となる。

【No27】 自動車で60km離れた場所を往復したところ2時間30分かかった。平均速度として，**適切な**ものは次のうちどれか。

(1) 24 km/h

(2) 48 km/h

(3) 60 km/h

(4) 80 km/h

解 答え (2)。

平均速度V (km/h)は，全体を通じて物が移動した距離L (km)を，全体を通じて要した所要時間 t (h)で割って求めた速度のことで，式で表すと次のようになる。

$$平均速度V (km/h) = \frac{全走行距離L(km)}{所要時間 t(h)}$$

従って，全走行距離は60km を往復するので，60km × 2 = 120kmとなり，所要時間は2時間30分なので時間に換算すると2.5hとなることから，

平均速度V (km/h)は，$\dfrac{120 km}{2.5 h} = 48 km/h$となる。

ゆえに，答えは(2)となる。

20・3（3級ジーゼル登録）

【No21】 圧縮比が19，燃焼室容積が50cm³のエンジンの排気量として，**適切な**ものは次のうちどれか。

(1) 850cm³

(2) 900cm³

(3) 950cm³

—241—

(4) 1000cm³

解 答え (2)。

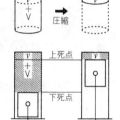

図1

V =排気量 cm³
v =燃焼室容積 cm³

圧縮比は、吸入された空気がどれだけ圧縮されたかを表す数値で、図1のようにピストンが下死点にあるときのピストン上部の容積(排気量V+燃焼室容積v)と、ピストンが上死点にあるときのピストン上部の容積(燃焼室容積v)との比をいう。

従って、圧縮比は次の式で表すことができる。

$$圧縮比 = \frac{排気量 + 燃焼室容積}{燃焼室容積}$$

$$= \frac{排気量}{燃焼室容積} + 1$$

この式より、排気量を求める式に変形し求めると、

排気量 = (圧縮比 − 1) × 燃焼室容積
= (19 − 1) × 50
= 900cm³

ゆえに、答えは(2)となる。

【No.23】 図に示す回路の合成抵抗として、**適切な**ものは次のうちどれか。ただし、バッテリ及び配線等の抵抗はないものとする。

(1) 2.5Ω
(2) 3.0Ω
(3) 4.0Ω
(4) 10.0Ω

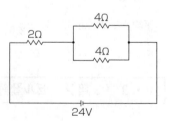

解 答え (3)。

設問の回路は、直・並列回路なので、まず4Ωと4Ωの並列部分の合成抵抗をXとして求める。抵抗を並列に接続したときの合成抵抗は、接続さ

れた抵抗値の逆数の和の逆数となるから，

$$X = \frac{1}{\frac{1}{4}+\frac{1}{4}} = \frac{1}{\frac{2}{4}} = 1 \times \frac{4}{2} = 2\,\Omega\,となる。$$

従って，この回路は2Ωと2Ωの抵抗を直列接続した回路となることから，全合成抵抗Rは，R＝2Ω＋2Ω＝4Ωとなる。

ゆえに，答えは(3)となる。

20・3（2級ガソリン登録）

【No17】 図に示すプラネタリ・ギヤ・ユニットでサン・ギヤを固定し，インターナル・ギヤを600回転させたときのプラネタリ・キャリヤの回転数として，**適切なもの**は次のうちどれか。ただし，（ ）内の数値はギヤの歯数を示す。

(1) 1800回転
(2) 1200回転
(3) 400回転
(4) 300回転

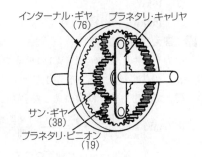

解 答え (3)。

サン・ギヤを固定し，インターナル・ギヤを回転させると，プラネタリ・ピニオンは自転しながら公転し，プラネタリ・キャリヤは減速されてインターナル・ギヤと同方向に回転する。

また，プラネタリ・キャリヤの見かけ上の歯数はインターナル・ギヤ歯数＋サン・ギヤ歯数で表されるので，インターナル・ギヤが入力，プラネタリ・キャリヤが出力の場合の変速比は，次のようになる。

$$変速比＝\frac{インターナル・ギヤ歯数＋サン・ギヤ歯数}{インターナル・ギヤ歯数}$$

試験問題実例

$$=\frac{76+38}{38}$$

$$=1.5$$

従って，出力側の回転数は変速比に反比例することから，プラネタリ・キャリヤの回転数は，$600\div1.5=400$となる。

ゆえに，答えは(3)となる。

【No.35】　自動車が72km/hの一定速度で走行している自動車の駆動力が800Nだったときの出力として，**適切な**ものは次のうちどれか。

(1)　5.6kW

(2)　9.6kW

(3)　16kW

(4)　160kW

解　答え　(3)。

出力(仕事率)はワット(W)の単位で表し，1秒間に1ジュール(J＝N·m)の仕事量をする割合が1ワット(W)になる。

従って，出力(W)は次の式で表すことができる。

$$出力(W)=\frac{仕事量(J)}{時間(s)}=\frac{力(N)\times距離(m)}{時間(s)}=力(N)\times速度(m/s)$$

上式より，速度の単位が秒速なので，時速72km/hを秒速に換算すると，1km＝1000m，1h＝3600sより，

$$72\,km/h=\frac{72\times1000m}{3600\,s}=20m/sとなる。$$

よって，出力(W)＝力(N)×速度(m/s)より，

$$=800N\times20m/s$$

$$=16000W$$

出力16000WをkWに換算すると，

$$1W=\frac{1kW}{1000}なので，16000W=16000\times\frac{1kW}{1000}=16\,kWとなる。$$

ゆえに，答えは(3)となる。

20・3 （2級ジーゼル登録）

【No.10】 電子制御式分配型インジェクション・ポンプで用いられている，回転速度センサの波形が下図のような場合，このときのエンジン回転速度として，**適切**なものは次のうちどれか。

(1) 750min⁻¹
(2) 1500min⁻¹
(3) 3000min⁻¹
(4) 7500min⁻¹

ポンプのドライブ・シャフト・ギヤの回転角度と時間

解 答え (2)。

設問では，インジェクション・ポンプのドライブ・シャフト・ギヤの回転角度と時間として，90°と20msが設定されているので，まずポンプが1回転，すなわちドライブ・シャフト・ギヤ1回転に要する時間と，そのときのエンジン回転数が何回転するかを考える。

よって，ドライブ・シャフト・ギヤが1回転（360°）で要する時間は20ms×4倍＝80msで，このときのエンジン回転数は2回転している。（インジェクション・ポンプの回転は常にエンジン回転の1／2回転のため，ポンプが1回転しているならば，エンジン回転数は2回転していることになる。）

従って，80ms間でエンジン回転数が2回転するならば，60秒間（1分間）では何回転するかを求めれば良いことになる。

以上のことから，次の比の計算式が成り立ち求められるが，80msを秒に換算しておく必要がある。

80msを秒に換算すると，$80 \times \dfrac{1}{1000} = 0.08$ s

0.08 s ： 2回転＝60 s ： x 回転

$x \times 0.08 = 2 \times 60$

$x = \dfrac{2 \times 60}{0.08} = 1500$

—245—

ゆえに，答えは(2)となる。

【No.31】 図(1)の特性を持つ温度センサを，図(2)の回路に用いて計測した温度が80℃の場合，コントロール・ユニットに入力される電圧値として，**適切な**ものは次のうちどれか。ただし，配線の抵抗はないものとする。

図(1)

図(2)

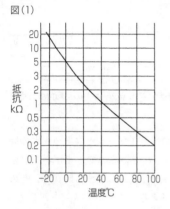
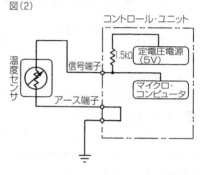

(1) 約0.83V
(2) 約1.76V
(3) 約2.00V
(4) 約4.16V

解 答え (1)。

図(1)の温度センサ特性から80℃のときの抵抗値を読み取ると0.3kΩである。

よって，5V定電圧電源からアース間は直列回路であるため，この間の合成抵抗は，$1.5\,\text{k}\Omega + 0.3\,\text{k}\Omega = 1.8\,\text{k}\Omega$であり，この回路に流れる電流は

$$\frac{5\,\text{V}}{1.8\,\text{k}\Omega} \fallingdotseq 2.77\,\text{mA}$$ となる。

図(1)

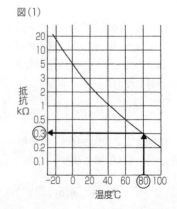

―246―

従って，信号端子電圧となる電圧は，信号端子とアース間の電圧降下であるため，$2.77\,\text{mA} \times 0.3\,\text{k}\Omega \fallingdotseq 0.83\,\text{V}$になる。

また，別解として単純に直列回路の分圧を利用して，次の計算式から求めても良い。

$$信号端子電圧 = \frac{0.3\,\text{k}\Omega}{(1.5\,\text{k}\Omega + 0.3\,\text{k}\Omega)} \times 5\,\text{V} \fallingdotseq 0.83\,\text{V}$$

ゆえに，答えは(1)となる。

【No.32】 自動車が$54\,\text{km/h}$の一定の速度で走行しているときの出力が$60\,\text{kW}$だった。このときの駆動力として，適切なものは次のうちどれか。

(1) $4\,\text{N}$

(2) $400\,\text{N}$

(3) $4000\,\text{N}$

(4) $40000\,\text{N}$

解 答え (3)。

出力(仕事率)はワット(W)の単位で表し，1秒間に1ジュール($\text{J} = \text{N·m}$)の仕事量をする割合が1ワット(W)になる。

従って，出力(W)は次の式で表すことができる。

$$出力(\text{W}) = \frac{仕事量(\text{J})}{時間(\text{s})} = \frac{力(\text{N}) \times 距離(\text{m})}{時間(\text{s})} = 力(\text{N}) \times 速度(\text{m/s})$$

上式より，速度の単位が秒速なので，時速$54\,\text{km/h}$を秒速に換算すると，$1\,\text{km} = 1000\,\text{m}$，$1\,\text{h} = 3600\,\text{s}$より，

$$54\,\text{km/h} = 54 \times \frac{1000\,\text{m}}{3600\,\text{s}} = 15\,\text{m/s}となる。$$

また，出力$60\,\text{kW}$をWに換算すると，$1\,\text{kW} = 1000\,\text{W}$なので，$60\,\text{kW} = 60 \times 1000\,\text{W} = 60000\,\text{W}$となる。

よって，出力(W) = 力(N) × 速度(m/s)より，

$$力(\text{N}) = \frac{出力(\text{W})}{速度(\text{m/s})} = \frac{60000\,\text{W}}{15\,\text{m/s}} = 4000\,\text{N}となる。$$

ゆえに，答えは(3)となる。

試験問題実例

20・3 （電気装置登録）

【№12】 スタータの特性テストを行ったところ，電流200A，トルク15 N·m，回転速度3000min⁻¹の結果が得られた。このときのスタータの出力として，**適切な**ものは次のうちどれか。

(1) 28.3 kW

(2) 15.0 kW

(3) 9.0 kW

(4) 4.7 kW

解 答え (4)。

スタータの出力は次の式より求めることができる。ただし，求める単位がkWのため，前もって公式に$\frac{1}{1000}$倍してある。

$$P = \frac{2\pi TN}{60} \times \frac{1}{1000} = \frac{2 \times 3.14 \times 15 \times 3000}{60 \times 1000} = 4.71 \text{ kW}$$

ゆえに，答えは(4)となる。

20・7 （3級ガソリン検定）

【№26】 4Ωの抵抗2個を並列に接続したときの合成抵抗として，**適切な**ものは次のうちどれか。

(1) 1Ω

(2) 2Ω

(3) 4Ω

(4) 8Ω

解 答え (2)。

同じ抵抗rをn個並列に接続した場合の合成抵抗は，次の式より求められる。

$$R = \frac{r}{n} = \frac{4}{2} = 2 \text{ Ω}$$

-248-

ゆえに，答えは(2)となる。

20・7（2級ジーゼル検定）

【No.20】 次表のバッテリの電解液温度及び比重計による測定値をもとに，電解液の標準温度に換算した比重値として，**適切な**ものは次のうちどれか。

(1) 1.390
(2) 1.355
(3) 1.264
(4) 1.260

表

電解液温度：40℃
比重計による測定値：1.250

解 答え (3)。

電解液の標準温度に換算した比重値とは，電解液温度が20℃のときの比重値であり，次の式により求められる。

$S_{20} = S_t + 0.0007 (t - 20)$
　　$= 1.250 + 0.0007 (40 - 20)$
　　$= 1.250 + 0.0007 \times 20$
　　$= 1.264$

ただし，
S_{20}：20℃に換算した比重
S_t：t℃のときの比重
t：電解液温度
0.0007：温度換算係数

ゆえに，答えは(3)となる。

【No.32】 図の回路において，AB間の電圧として，**適切な**ものは次のうちどれか。ただし，図の回路は，バッテリ及び配線等の抵抗はないものとして計算すること。

(1) 0.48 V
(2) 0.6 V
(3) 8 V
(4) 16 V

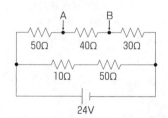

-249-

試験問題実例

解 答え (3)。

単純に直列回路の分圧を利用して，求めると次のようになる。

ＡＢ間の電圧＝$\dfrac{40\,\Omega}{(50\,\Omega+40\,\Omega+30\,\Omega)}\times 24\,\text{V}=8\,\text{V}$

ゆえに，答えは(3)となる。

別解として，順序立てて求めてみるとＡＢ間の電圧を求めるには，ＡＢ間に流れている電流を求める必要がある。回路は上側に50Ωと40Ω並びに30Ωが直列になっている回路と，下側に10Ωと50Ωが直列になっている回路で構成され，回路全体では上下で並列回路であるから，電源の24Vは上下の回路に等しく加わっていることになる。

よって，上側の50Ωと40Ω並びに30Ωが直列になっている回路部分に流れる電流は，

$I=\dfrac{24\,\text{V}}{(50\,\Omega+40\,\Omega+30\,\Omega)}=0.2\,\text{A}$ となり，

ＡＢ間の電圧はＥ＝Ｉ×Ｒ＝0.2×40＝8 Ｖとなる。

ゆえに，答えは(3)となる。

20・10 (3 級シャシ登録)

【No.21】 図に示す回路の合成抵抗として，**適切な**ものは次のうちどれか。ただし，バッテリ及び配線等の抵抗はないものとする。

(1) 10.2Ω
(2) 15Ω
(3) 20Ω
(4) 30Ω

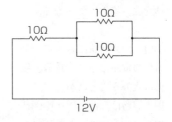

解 答え (2)。

設問の回路は，直・並列回路なので，まず上下に接続されている10Ωの並列部分の合成抵抗をＸとして求める。抵抗を並列に接続したときの合成抵抗は，接続された抵抗値の逆数の和の逆数となるから，

$$X = \cfrac{1}{\cfrac{1}{10} + \cfrac{1}{10}} = \cfrac{1}{\cfrac{2}{10}} = 1 \times \frac{10}{2} = 5\,\Omega\,となる。$$

従って，この回路は $10\,\Omega$ と $5\,\Omega$ の抵抗を直列接続した回路となることから，全合成抵抗 R は，R $= 10\,\Omega + 5\,\Omega = 15\,\Omega$ となる。

ゆえに，答えは (2) となる。

【No.26】 自動車で80 km離れた場所を往復したところ3時間12分かかった。このときの平均速度として，**適切**なものは次のうちどれか。

(1) 25 km/h

(2) 25.6 km/h

(3) 50 km/h

(4) 51.2 km/h

解 答え (3)。

平均速度 V（km/h）は，全体を通じて物が移動した距離 L（km）を，全体を通じて要した所要時間 t（h）で割って求めた速度のことで，式で表すと次のようになる。

$$平均速度 V（km/h）= \frac{全走行距離 L（km）}{所要時間 t（h）}$$

従って，全走行距離は80 kmを往復するので，80 km × 2 = 160 kmとなり，所要時間は3時間12分なので時間に換算すると（3 × 60）+ 12 = 192分

$$\Rightarrow \frac{192}{60} = 3.2\,h\,となることから，$$

平均速度 V（km/h）は，$\dfrac{160\,km}{3.2\,h} = 50\,km/h$ となる。

ゆえに，答えは (3) となる。

20・10（3級ガソリン登録）

【No.21】 1シリンダ当たりの燃焼室容積が45cm³，圧縮比が9の4シリンダ・エンジンの総排気量として，**適切**なものは次のうちどれか。

—251—

(1)　320cm³
(2)　360cm³
(3)　1,280cm³
(4)　1,440cm³

解 答え (4)。

圧縮比は，吸入された空気がどれだけ圧縮されたかを表す数値で，図1のようにピストンが下死点にあるときのピストン上部の容積（排気量V＋燃焼室容積v）と，ピストンが上死点にあるときのピストン上部の容積（燃焼室容積v）との比をいう。

従って，圧縮比は次の式で表すことができる。

$$圧縮比 = \frac{排気量 + 燃焼室容積}{燃焼室容積}$$

$$= \frac{排気量}{燃焼室容積} + 1$$

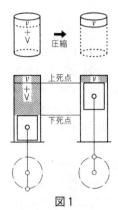

図1
V＝排気量 cm³
v＝燃焼室容積 cm³

圧縮比の式からも分るように，1シリンダ当たりの排気量を算出することができる。また，総排気量は排気量×シリンダ数で求められる。

以上のことから，次のように求められる。

1シリンダ当たりの排気量は，

$$圧縮比 = \frac{排気量}{燃焼室容積} + 1 \text{ より}$$

排気量＝(圧縮比－1)×燃焼室容積
　　　＝(9－1)×45
　　　＝360cm³ となる。

よって総排気量は，

V_T＝1シリンダ当たりの排気量×シリンダ数
　　＝360×4 ＝1,440 cm³

ゆえに，答えは<u>(4)</u>となる。

【No.23】 図に示す回路の合成抵抗として，**適切な**ものは次のうちどれか。ただし，バッテリ及び配線等の抵抗はないものとする。

(1) 4Ω
(2) 8Ω
(3) 18Ω
(4) 22Ω

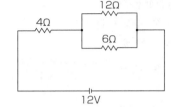

解 答え (2)。

設問の回路は，直・並列回路なので，まず12Ωと6Ωの並列部分の合成抵抗をXとして求める。抵抗を並列に接続したときの合成抵抗は，接続された抵抗値の逆数の和の逆数となるから，

$$X = \frac{1}{\frac{1}{12}+\frac{1}{6}} = \frac{1}{\frac{1}{12}+\frac{2}{12}} = 1 \times \frac{12}{3} = 4\,\Omega\ となる。$$

従って，この回路は4Ωと4Ωの抵抗を直列接続した回路となることから，全合成抵抗Rは，R＝4Ω＋4Ω＝8Ωとなる。

ゆえに，答えは(2)となる。

20・10（3級ジーゼル登録）

【No.21】 燃焼室容積72cm³，ピストン行程容積1,260cm³のエンジンの圧縮比として，**適切な**ものは次のうちどれか。

(1) 17.5
(2) 18.5
(3) 19.5
(4) 20.5

解 答え (2)。

圧縮比は，吸入された空気がどれだけ圧縮されたかを表す数値で，図1のようにピストンが下死点にあるときのピストン上部の容積（排気量V＋燃焼室容積v）と，ピストンが上死点にあるときのピストン上部の容積

（燃焼室容積 v ）との比をいう。

従って，圧縮比は次の式で表し求めることができる。

$$圧縮比 = \frac{排気量 + 燃焼室容積}{燃焼室容積}$$

$$= \frac{排気量}{燃焼室容積} + 1$$

$$= \frac{1260}{72} + 1$$

$$= 18.5$$

ゆえに，答えは(2)となる。

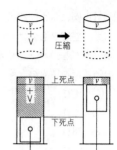

図1

V＝排気量 cm³

v＝燃焼室容積 cm³

【№23】 図に示す電気回路において，電流計Aが示す電流値として適切なものは次のうちどれか。ただし，バッテリ及び配線等の抵抗はないものとする。

(1) 3 A
(2) 4 A
(3) 6 A
(4) 8 A

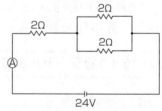

解 答え (4)。

設問の回路は，直・並列回路なので，まず上下に2Ωが並列接続されている部分の合成抵抗をXとして求める。抵抗を並列に接続したときの合成抵抗は，接続された抵抗値の逆数の和の逆数となるから，

$$X = \frac{1}{\frac{1}{2} + \frac{1}{2}} = \frac{1}{\frac{2}{2}} = 1 \times \frac{2}{2} = 1 \, \Omega となり，$$

この回路は2Ωと1Ωの抵抗を直列接続した回路となることから，全合成抵抗Rは，R＝2Ω＋1Ω＝3Ωとなる。

従って，電流計に流れる全電流 I (A)は，全電圧 E (V)が24Vで，全抵

抗 R（Ω）が 3 Ωならば，オームの法則より次のように求められる。

$$\mathrm{I(A)} = \mathrm{E(V)} = \frac{\mathrm{E(V)}}{\mathrm{R(\Omega)}} = \frac{24\,\mathrm{V}}{3\,\Omega} = 8\,\mathrm{A}$$

ゆえに，答えは(4)となる。

20・10（2級ガソリン登録）

【No.15】 自動車が72 km/h の一定速度で走行しているときの出力が20 kW
だった。このときの駆動力として，**適切な**ものは次のうちどれか。

(1) 10 N

(2) 100 N

(3) 1,000 N

(4) 10,000 N

解 答え (3)。

出力（仕事率）はワット（W）の単位で表し， 1秒間に 1 ジュール（J＝
N・m）の仕事量をする割合が 1 ワット（W）になる。

従って，出力（W）は次の式で表すことができる。

$$出力（W） = \frac{仕事量（J）}{時間（s）} = \frac{力（N）×距離（m）}{時間（s）} = 力（N）×速度（m/s）$$

上式より，速度の単位が秒速なので，時速72 km/h を秒速に換算すると，
1 km＝1000m， 1 h＝3600 s より，

$$72\,\mathrm{km/h} = 72 \times \frac{1000\mathrm{m}}{3600\,\mathrm{s}} = 20\mathrm{m/s}\,となる。$$

また，出力20 kW をW に換算すると， 1 kW＝1000W なので， 20 kW＝
20×1000W＝20000W となる。

よって，出力（W）＝力（N）×速度（m/s）より，

$$力（N） = \frac{出力（W）}{速度（m/s）} = \frac{20000}{20} = 1000\mathrm{N}\,となる。$$

ゆえに，答えは(3)となる。

【No.17】 図に示すプラネタリ・ギヤ・ユニットでインターナル・ギヤを固

定し，サン・ギヤを1,500回転させたときのプラネタリ・キャリヤの回転数として，**適切な**ものは次のうちどれか。

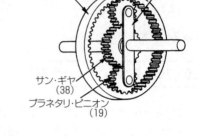

(1) 3,000回転
(2) 1,000回転
(3) 750回転
(4) 500回転

解 答え (4)。

インターナル・ギヤを固定し，サン・ギヤを回転させると，プラネタリ・ピニオンが自転しながら公転して，プラネタリ・キャリヤをサン・ギヤと同方向に減速させて回転する。

また，プラネタリ・キャリヤの見かけ上の歯数はインターナル・ギヤ歯数＋サン・ギヤ歯数で表されるので，サン・ギヤが入力，プラネタリ・キャリヤが出力の場合の変速比は，次のようになる。

$$変速比 = \frac{インターナル・ギヤ歯数＋サン・ギヤ歯数}{サン・ギヤ歯数}$$

$$= \frac{76+38}{38}$$

$$= 3$$

従って，出力側の回転数は変速比に反比例することから，プラネタリ・キャリヤの回転数は，1500÷3＝500となる。

ゆえに，答えは(4)となる。

【No.35】 図に示す方法で前軸荷重8,000Nの乗用車をつり上げたとき，レッカー車のワイヤにかかる荷重として，**適切な**も

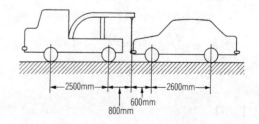

のは次のうちどれか。ただし，つり上げによる重心の移動はないものとする。

(1) 2,000 N
(2) 4,800 N
(3) 6,000 N
(4) 6,500 N

解 答え (4)。

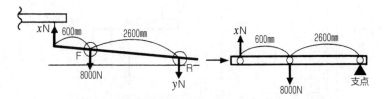

乗用車をワイヤでつり上げると，上図に示すように乗用車の後軸が支点となり，乗用車の前軸荷重8000Nを，ワイヤと後軸で分担して支えることになる。

この場合，ワイヤが分担する荷重をxNとすれば，乗用車後軸周りの力のモーメントのつり合いにより，次の計算式が成り立ち求められる。

$x \times (600+2600) = 8000 \times 2600$

$$x = \frac{8000 \times 2600}{3200}$$

$$= 6500 \text{ N}$$

ゆえに，答えは(4)となる。

20・10（2級ジーゼル登録）

【No.31】 図(1)の特性を持つ温度センサを図(2)の回路に用い，計測した温度が60℃の場合，コントロール・ユニットに入力される信号端子の電圧値として，**適切な**ものは次のうちどれか。ただし，配線の抵抗はないものとする。

(1) 約0.83 V

-257-

(2) 約1.25 V
(3) 約3.75 V
(4) 約4.16 V

図(1)

図(2)

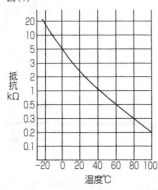

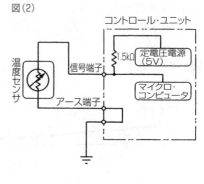

解 答え (2)。

図(1)の温度センサ特性から60℃のときの抵抗値を読み取ると0.5 kΩである。

よって、5 V定電圧電源からアース間は直列回路であるため、この間の合成抵抗は、1.5 kΩ+0.5 kΩ＝2 kΩであり、この回路に流れる電流は

$\dfrac{5\text{ V}}{2\text{ kΩ}} = 2.5\text{mA}$ となる。

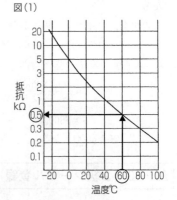

図(1)

従って、信号端子電圧となる電圧は、信号端子とアース間の電圧降下であるため、2.5mA×0.5 kΩ＝1.25 Vになる。

また、別解として単純に直列回路の分圧を利用して、次の計算式から求めても良い。

—258—

試験問題実例

$$\text{信号端子電圧} = \frac{0.5\,\text{k}\Omega}{(1.5\,\text{k}\Omega + 0.5\,\text{k}\Omega)} \times 5\,\text{V} = 1.25\,\text{V}$$

ゆえに，答えは(2)となる。

【No.32】　駆動輪の有効半径が0.45mの自動車が速度60 km/hで走行しているときの駆動輪の回転速度として，**適切**なものは次のうちどれか。ただし，タイヤのスリップはないものとし，円周率は3.14とする。

(1)　約86 min⁻¹

(2)　約177 min⁻¹

(3)　約354 min⁻¹

(4)　約708 min⁻¹

解　答え　(3)。

駆動輪の回転速度から自動車の速度(km/h)を求めるには，駆動輪が1回転したときの進行距離2πr(有効円周)に駆動輪回転速度を掛け，回転速度1分間当たりを1時間当たりにするため60倍し，さらに，m単位をkm単位に直す必要から1000で割って求められる。

以上のことから，次の式により求められるので，この式より駆動輪の回転速度を逆算すると，

$$\text{車速} = \frac{\text{駆動輪の有効円周}(2\pi r) \times \text{駆動輪回転速度} \times 60}{1000}$$

$$\text{駆動輪の回転速度} = \frac{\text{車速} \times 1000}{\text{駆動輪の有効円周}(2\pi r) \times 60}$$

$$= \frac{60 \times 1000}{2 \times 3.14 \times 0.45 \times 60}$$

$$= 353.8\cdots\,\text{min}^{-1} \text{となる。}$$

ゆえに，答えは(3)となる。

－259－

試験問題実例

21・3 (3 級シャシ登録)

【No.6】 図に示すファイナル・ギヤを備え，トランスミッションの第 3
速の変速比が 1.8 である自動車に関する次の文章の（ ）にあてはまる
ものとして，**適切なもの**は次のうちどれか。なお，図の数値は各ギヤの
歯数を示している。

トランスミッションを第 3 速にし，エンジ
ンの回転速度を 2400min⁻¹ で直進した場合の
駆動輪の回転速度は，（ ）min⁻¹ になる。

(1) 100
(2) 150
(3) 300
(4) 540

解 答え (3)。

駆動輪の回転速度は，エンジン回転速度をトランスミッションで変速し，
更に変速された回転速度をファイナル・ギヤで最終減速して伝達された回
転速度である。

従って，エンジン回転速度から駆動輪の回転速度を求めるには，動力伝
達経路の総減速比（変速比×終減速比）で割って求められる。

以上のことから，次の式により求められる。

駆動輪の回転速度＝エンジン回転速度÷総減速比

$$= 2400 \div \left(1.8 \times \frac{40}{9}\right) = 300\text{min}^{-1}$$

ゆえに，答えは(3)となる

【No.27】 図に示す油圧式ブレーキのペダルを矢印の方向に 60N の力で押
したとき，プッシュ・ロッドがマスタ・シリンダのピストンを押す力と
して，**適切なもの**は次のうちどれか。ただし，リターン・スプリングの
ばね力は考えないものとする。

—260—

試験問題実例

(1) 180N
(2) 300N
(3) 360N
(4) 1,800N

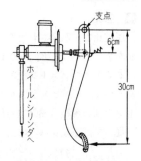

解 答え (2)。

ブレーキ・ペダルを60Nの力で踏み込むと右図に示すように,「テコの原理」で,作用点,支点,力点に着目し,マスタ・シリンダのピストンを押す力をxとして,支点周りの力のモーメントのつり合い式を立てて求めると,次のようになる。

$$x \times \ell_2 = F \times \ell_1$$

$$x = F \times \frac{\ell_1}{\ell_2}$$

$$= 60N \times \frac{30cm}{6cm}$$

$$= 300N$$

ゆえに,答えは(2)となる。

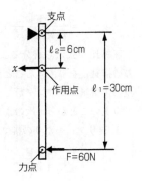

21・3 (3級ガソリン登録)

【No.26】 圧縮比が8.5,燃焼室容積が50cm³の4サイクル4シリンダ・エンジンの総排気量として,**適切なもの**は次のうちどれか。

(1) 1,500cm³
(2) 1,400cm³
(3) 425cm³
(4) 375cm³

解 答え (1)。

圧縮比は，吸入された空気がどれだけ圧縮されたかを表す数値で，図1のようにピストンが下死点にあるときのピストン上部の容積（排気量V＋燃焼室容積v）と，ピストンが上死点にあるときのピストン上部の容積（燃焼室容積v）との比をいう。

従って，圧縮比は次の式で表すことができる。

$$圧縮比 = \frac{排気量 + 燃焼室容積}{燃焼室容積}$$

$$= \frac{排気量}{燃焼室容積} + 1$$

圧縮比の式からも分るように，1シリンダ当たりの排気量を算出することができる。また，総排気量は排気量×シリンダ数で求められる。

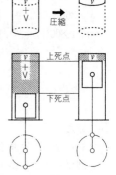

図1

V＝排気量 cm³
v＝燃焼室容積 cm³

以上のことから，次のように求められる。

1シリンダ当たりの排気量は，

$$圧縮比 = \frac{排気量}{燃焼室容積} + 1 \text{ より、}$$

排気量 ＝ (圧縮比 − 1) × 燃焼室容積
　　　 ＝ (8.5 − 1) × 50
　　　 ＝ 375cm³ となる。

よって総排気量は，

V_T ＝ 1シリンダ当たりの排気量×シリンダ数 ＝ 375 × 4 ＝ 1500cm³

ゆえに，答えは(1)となる。

【No.27】 2Ωの抵抗2個を並列接続したときの合成抵抗として，**適切なもの**は次のうちどれか。

(1) 0.25 Ω
(2) 0.5 Ω
(3) 1 Ω
(4) 4 Ω

解 答え (3)。

同じ抵抗 r を n 個並列に接続した場合の合成抵抗は，次の式より求められる。

$$R = \frac{r}{n} = \frac{2}{2} = 1\,\Omega$$

ゆえに，答えは(3)となる。

21・3 （3級ジーゼル登録）

【No.22】 図に示す回路の合成抵抗として，**適切なもの**は次のうちどれか。ただし，バッテリ及び配線等の抵抗はないものとする。

(1) 2Ω
(2) 3Ω
(3) 5Ω
(4) 6Ω

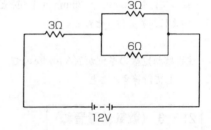

解 答え (3)。

設問の回路は，直・並列回路なので，まず 3Ω と 6Ω の並列部分の合成抵抗をXとして求める。抵抗を並列に接続したときの合成抵抗は，接続された抵抗値の逆数の和の逆数となるから，

$$X = \frac{1}{\frac{1}{3}+\frac{1}{6}} = \frac{1}{\frac{3}{6}} = 1 \times \frac{6}{3} = 2\Omega \text{ となる。}$$

従って，この回路は 3Ω と 2Ω の抵抗を直列接続した回路となることから，全合成抵抗Rは，R = 3Ω + 2Ω = 5Ω となる。

ゆえに，答えは(3)となる。

【No.23】 ばね定数が 4.5N/mm のコイル・スプリングを 3cm 圧縮するのに必要な力として，**適切なもの**は次のうちどれか。

試験問題実例

(1) 1.35N

(2) 13.5N

(3) 15.0N

(4) 135N

解 答え (4)。

ばね定数が 4.5N/mm のスプリングとは，1 mm 圧縮又は引っ張るのに 4.5N の力を必要とするスプリングのことである。

設問の 3 cm 圧縮するために必要な力は，30mm 圧縮するという訳だから，たんに 30 倍してやればよい。

従って，4.5N/mm × 30mm = 135N となる。

ゆえに，答えは(4)となる。

(注) ばね定数の単位が N/mm なので，長さの単位 cm を mm 単位に直して計算すること。

21・3 （電気装置登録）

【No.25】 比重 1.200（20℃）のバッテリのセル起電力として，**適切なもの**は次のうちどれか。

(1) 2.10V

(2) 2.05V

(3) 2.00V

(4) 1.95V

解 答え (2)。

1 セル当たりの起電力と比重との関係は，次の計算式で概略を知ることができる。

起電力 ≒ 0.85 + 比重値

従って，0.85 + 1.200 = 2.05V となる。

ゆえに，答えは(2)となる。

21・3（2級ガソリン登録）

【No.16】 図に示すプラネタリ・ギヤ・ユニットでプラネタリ・キャリヤを固定し，サン・ギヤを800回転させたときのインターナル・ギヤの回転数として，**適切なもの**は次のうちどれか。ただし，（ ）内の数値はギヤの歯数を示す。

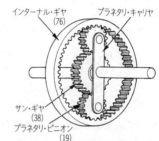

(1) 1600回転
(2) 1200回転
(3) 400回転
(4) 200回転

解 答え (3)。

プラネタリ・キャリヤを固定し，サン・ギヤを回転させると，プラネタリ・ピニオンは自転し，インターナル・ギヤはサン・ギヤと反対方向に減速されて回転する。

また，サン・ギヤが入力，インターナル・ギヤが出力の場合の変速比は，次のようになる。

$$変速比 = \frac{インターナル・ギヤ歯数}{サン・ギヤ歯数}$$

$$= \frac{76}{38}$$

$$= 2$$

従って，出力側の回転数は変速比に反比例することから，インターナル・ギヤの回転数は，800 ÷ 2 = 400 となる。

ゆえに，答えは(3)となる。

【No.34】 図に示す回路においてA，B間の電圧として，**適切なもの**は次のうちどれか。ただし，バッテリ及び配線等の抵抗はないものとする。
(1) 0.75V

(2) 1.20V
(3) 2.25V
(4) 3.00V

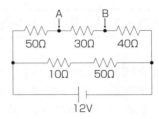

解 答え (4)。

単純に直列回路の分圧を利用して,求めると次のようになる。

$$\text{AB間の電圧} = \frac{30\ \Omega}{(50\ \Omega + 30\ \Omega + 40\ \Omega)} \times 12\text{V} = 3\text{V}$$

ゆえに,答えは(4)となる。

別解として,順序立てて求めてみるとAB間の電圧を求めるには,AB間に流れている電流を求める必要がある。回路は上側に50Ωと30Ω並びに40Ωが直列になっている回路と,下側に10Ωと50Ωが直列になっている回路で構成され,回路全体では上下で並列回路であるから,電源の12Vは上下の回路に等しく加わっていることになる。

よって,上側の50Ωと30Ω並びに40Ωが直列になっている回路部分に流れる電流は,

$$I = \frac{12\text{V}}{(50\Omega + 30\Omega + 40\Omega)} = 0.1\text{A となり},$$

AB間の電圧はE = I × R = 0.1 × 30 = 3Vとなる。

ゆえに,答えは(4)となる。

【No.35】 次の諸元を有するトラックの最大積載時の前軸荷重について,**適切なもの**は次のうちどれか。ただし,乗車1人当たりの荷重は550Nで,その荷重は前軸上に作用し,また,積載物の荷重は荷台に等分布にかかるものとする。

ホイールベース	5,600mm	乗車定員	3人
空車時前軸荷重	35,900N	荷台内側長さ	6,900mm
空車時後軸荷重	29,400N	リヤ・オーバハング（荷台内側まで）	2,650mm
最大積載荷重	70,000N		

(1) 45,900N
(2) 47,550N
(3) 80,675N
(4) 90,675N

解 答え (2)。

最初に荷台オフセットを求める必要がある。荷台オフセットとは，後軸から荷台中心までの距離で，一般には，次図のように後軸より前方に荷台中心がある。

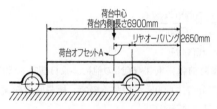

荷台オフセットをAとすれば，図からわかるように，荷台オフセットは荷台内側寸法の1/2の長さ－リヤ・オーバハング量であるから，次の式により求められる。

$$荷台オフセット = \frac{(荷台内側寸法)}{2} - リヤ・オーバハング量$$

$$= \frac{6900}{2} - 2650 = 3450 - 2650$$

$$= 800\text{mm となる。}$$

次に積載時前軸荷重は，空車時前軸荷重35900Nに乗員荷重3人×550N＝1650N（乗員重心が前軸上にあるので，1650Nがそのまま前軸に加わる。）と，荷物70000Nによる前軸荷重増加分が加わった値となる。

従って，次図に示すように，荷物70000Nによる前軸荷重増加分をxとすると，後軸には70000N－xの荷重がかかり，これらの荷重が後軸から800mmの位置にある荷物の重心を支点として，力のモーメントがつり合っていると考えれば，次の関係式が成り立ち，前軸荷重増加分xを求められる。

試験問題実例

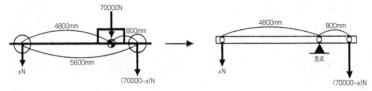

$$x \times 4800 = (70000 - x) \times 800$$
$$4800x = 70000 \times 800 - 800x$$
$$5600x = 70000 \times 800$$
$$x = \frac{70000 \times 800}{5600}$$
$$= 10000\text{N}$$

よって，空車時前軸荷重 35900N の他に，乗員荷重 1650N と，荷物による前軸荷重増加分の 10000N が加わるので，積載時前軸荷重 = 35900N + 1650N + 10000N = 47550N

ゆえに，答えは(2)となる。

21・3 （2級ジーゼル登録）

【No.30】 自動車が 54km/h の一定速度で走行しているときの駆動力が 500N だった。このときの出力として，**適切なもの**は次のうちどれか。
(1) 5.0 kW
(2) 5.4 kW
(3) 7.5 kW
(4) 75.0 kW

解 答え (3)。

出力（仕事率）はワット（W）の単位で表し，1秒間に1ジュール（J = N·m）の仕事量をする割合が1ワット（W）になる。

従って，出力（W）は次の式で表すことができる。

$$出力(W) = \frac{仕事量(J)}{時間(s)} = \frac{力(N) \times 距離(m)}{時間(s)} = 力(N) \times 速度(m/s)$$

上式より，速度の単位が秒速なので，時速54km/hを秒速に換算すると，
1km = 1000m, 1h = 3600s より，

$$54\text{km/h} = 54 \times \frac{1000\text{m}}{3600\text{s}} = 15\text{m/s}$$ となる。

よって，出力(W) = 力(N) × 速度(m/s) より，
$$= 500\text{N} \times 15\text{m/s}$$
$$= 7500\text{W}$$

出力7500WをkWに換算すると，$1\text{W} = \frac{1\text{kW}}{1000}$ なので，

$$7500\text{W} = 7500 \times \frac{1\text{kW}}{1000} = 7.5\text{kW}$$ となる。

ゆえに，答えは(3)となる。

【No.32】 図のレッカー車の空車時の前軸荷重が12,000N，後軸荷重が4,500Nである場合，ワイヤに6,000Nの荷重をかけたときの後軸荷重として，**適切なもの**は次のうちどれか。ただし，吊り上げによるレッカー車の重心の移動はないものとする。

(1) 7,750N
(2) 10,500N
(3) 12,250N
(4) 19,750N

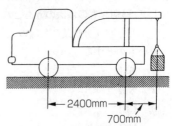

解 答え (3)。

レッカー車の後軸から700mmの所に6000Nの荷重がかかっているので，この荷重に対して丁度つり合う後軸の支持力すなわち後軸荷重の増加分を xN とすれば，次図のように前軸周りの力のモーメントのつり合い条件より，次の関係式が成り立ち求められる。

—269—

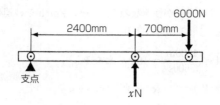

$$x \times 2400 = 6000 \times (2400 + 700)$$

$$x = \frac{6000 \times 3100}{2400}$$

$$= 7750\text{N}（後軸荷重増加分）$$

従って，つり上げたときの後軸荷重は，元々の後軸荷重 4500N に，さらに 7750N の荷重が加わるので，4500N + 7750N = 12250N となる。

ゆえに，答えは(3)となる。

21・10（3級シャシ登録）

【No.21】 図に示す回路の合成抵抗として，**適切なもの**は次のうちどれか。ただし，バッテリ及び配線の抵抗はないものとする。

(1)　6Ω
(2)　8Ω
(3)　13Ω
(4)　16Ω

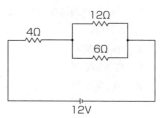

解　答え　(2)。

設問の回路は，直・並列回路なので，まず12Ωと6Ωの並列部分の合成抵抗をXとして求める。抵抗を並列に接続したときの合成抵抗は，接続された抵抗値の逆数の和の逆数となるから，

$$X = \frac{1}{\frac{1}{12}+\frac{1}{6}} = \frac{1}{\frac{3}{12}} = 1 \times \frac{12}{3} = 4\Omega \text{ となる。}$$

従って，この回路は 4Ωと 4Ωの抵抗を直列接続した回路となることから，全合成抵抗Rは，R = 4Ω + 4Ω = 8Ωとなる。

ゆえに，答えは(2)となる。

【No.26】 図に示す前進 4 段のトランスミッションで第 1 速のときの変速比として，**適切なもの**は次のうちどれか。ただし，図中の（ ）内の数値はギヤの歯数を示す。

(1) 4
(2) 5
(3) 6
(4) 7

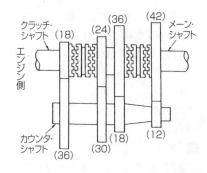

解 答え (4)。

第 1 速の動力伝達経路は右図に示すようになり，

ギヤの変速比は

$\frac{\text{出力側ギヤ歯数}}{\text{入力側ギヤ歯数}}$ で求められる。

従って，

第 1 速の変速比 = $\frac{36}{18} \times \frac{42}{12} = 7$

となる。

ゆえに，答えは(4)となる。

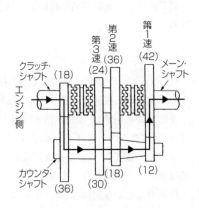

21・10（3級ガソリン登録）

【No.25】 図に示す電気回路の抵抗と電流に関する次の文章の（イ）～（ロ）に当てはまるものとして，下の組み合わせとして，**適切なもの**は次のうちどれか。ただし，バッテリ及び配線等の抵抗はないものとする。

回路におけるすべての抵抗の合成抵抗は（イ）Ωで，電流計Aが示す電流値は（ロ）Aである。

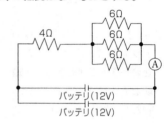

	（イ）	（ロ）
(1)	6	2
(2)	6	4
(3)	18	2
(4)	22	4

解 答え (1)。

設問の回路は，直・並列回路なので，まず6Ωの同じ抵抗3個を並列に接続した部分の合成抵抗をXとして求める。

同じ抵抗rをn個並列に接続した場合の合成抵抗は，次の式より求められる。

$$X = \frac{r}{n} = \frac{6}{3} = 2Ω$$

従って，この回路は4Ωと2Ωの抵抗を直列接続した回路となることから，全合成抵抗Rは，R = 4Ω + 2Ω = 6Ωとなる。

また，この回路は12Vのバッテリが並列接続となっているので，容量は2倍になるが電圧は12Vのままである。

よって，電圧が12Vで合成抵抗が6Ωならば，電流計Aに流れる電流値はオームの法則より，電流＝電圧÷抵抗＝12V÷6Ω＝2Aとなる。

以上のことから，合成抵抗（イ）は6Ωで，電流値（ロ）は2Aとなる。
ゆえに，答えは(1)となる。

【No.26】 電球に12Vの電圧をかけたところ2Aの電流が流れた。この状

態で 2 時間経過したときの消費電力量として，**適切な**ものは次のうちどれか。

(1)　6 Ah

(2)　18Ah

(3)　48Wh

(4)　72Wh

解 答え　(3)。

　電気が単位時間に行う仕事の割合，すなわち，仕事率を電力（P）といい，電圧（E）と電流（I）の積で表され，単位には仕事率と同じW（ワット）を用いる。

　式で表すと次のようになる。

　　　　電力＝電圧×電流

　　　P（W）＝E（V）×I（A）

　また，電力が単位時間内にする仕事の総量を電力量（Wp）といい，電力（P）と時間（t）の積で表され，単位は W·h（ワット時）が用いられる。

　式で表すと次のようになる。

　　　　電力量＝電力×時間

　　　Wp（W·h）＝P（W）×t（h）

以上のことから，次のように求められる。

　　　P＝E×I＝12 V×2 A＝24 Wなので，

　　　Wp＝P×t＝24 W×2 h＝48 W hとなる。

ゆえに，答えは(3)となる。

21・10（3 級ジーゼル登録）

【No.21】　1 シリンダ当たりの燃焼室容積が 40cm³，圧縮比が 20 の 4 シリンダ・エンジンの総排気量として，**適切な**ものは次のうちどれか。

(1)　760cm³

(2)　1520cm³

(3)　2280cm³

(4)　3040cm³

—273—

解 答え (4)。

圧縮比は，吸入された空気がどれだけ圧縮されたかを表す数値で，図 1 のようにピストンが下死点にあるときのピストン上部の容積（排気量V＋燃焼室容積v）と，ピストンが上死点にあるときのピストン上部の容積（燃焼室容積v）との比をいう。

従って，圧縮比は次の式で表すことができる。

$$圧縮比 = \frac{排気量 + 燃焼室容積}{燃焼室容積}$$

$$= \frac{排気量}{燃焼室容積} + 1$$

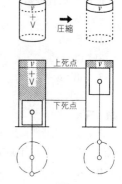

図1

V＝排気量 cm^3

v＝燃焼室容積 cm^3

圧縮比の式からも分るように，1 シリンダ当たりの排気量を算出することができる。また，総排気量は排気量×シリンダ数で求められる。

以上のことから，次のように求められる。

1 シリンダ当たりの排気量は，

$$圧縮比 = \frac{排気量}{燃焼室容積} + 1 \text{ より}$$

排気量 ＝（圧縮比 − 1）×燃焼室容積

　　　＝（20 − 1）× 40

　　　＝ 760cm^3 となる。

よって総排気量は，

V$_T$ ＝ 1 シリンダ当たりの排気量×シリンダ数

　　＝ 760 × 4 ＝ 3040cm^3

ゆえに，答えは(4)となる。

【No.23】 図に示すA−B間の合成抵抗として，**適切なもの**は次のうちどれか。ただし，配線の抵抗はないものとする。

(1) 4Ω
(2) 4.2Ω
(3) 5.0Ω
(4) 6.4Ω

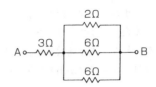

解 答え (2)。

設問の回路は、直・並列回路なので、まず2Ωと6Ωの抵抗2個の並列部分の合成抵抗をXとして求める。抵抗を並列に接続したときの合成抵抗は、接続された抵抗値の逆数の和の逆数となるから、

$$X = \cfrac{1}{\cfrac{1}{2}+\cfrac{1}{6}+\cfrac{1}{6}} = \cfrac{1}{\cfrac{5}{6}} = \cfrac{6}{5} = 1.2Ω となる。$$

従って、この回路は3Ωと1.2Ωの抵抗を直列接続した回路となることから、全合成抵抗Rは、R = 3Ω + 1.2Ω = 4.2Ω となる。

ゆえに、答えは(2)となる。

21・10 (2級ガソリン登録)

【No.18】 図に示すプラネタリ・ギヤ・ユニットでサン・ギヤを固定し、インターナル・ギヤを750回転させたときのプラネタリ・キャリヤの回転数として、**適切なもの**は次のうちどれか。ただし、( )内の数値はギヤの歯数を示す。

(1) 300回転
(2) 400回転
(3) 500回転
(4) 1200回転

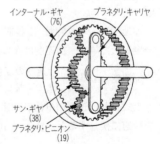

解 答え (3)。

サン・ギヤを固定し、インターナル・ギヤを回転させると、プラネタリ・ピニオンは自転しながら公転し、プラネタリ・キャリヤは減速されてイン

―275―

ターナル・ギヤと同方向に回転する。

また，プラネタリ・キャリアの見かけ上の歯数はインターナル・ギヤ歯数＋サン・ギヤ歯数で表されるので，インターナル・ギヤが入力，プラネタリ・キャリアが出力の場合の変速比は，次のようになる。

$$変速比 = \frac{インターナル・ギヤ歯数＋サン・ギヤ歯数}{インターナル・ギヤ歯数}$$

$$= \frac{76 + 38}{76}$$

$$= 1.5$$

従って，出力側の回転数は変速比に反比例することから，プラネタリ・キャリアの回転数は，750 ÷ 1.5 = 500 となる。

ゆえに，答えは(3)となる。

【No.33】 初速度 36km/h の自動車が，10秒後に 72km/h の速度になったときの加速度として，**適切なもの**は次のうちどれか。

(1) 1 m/s²

(2) 2 m/s²

(3) 3.6m/s²

(4) 4 m/s²

解 答え (1)。

加速度は，単位時間（1秒間）当たりの速度の変化量を表し，加速度を一定とした場合，加速度は次の式で求められる。

$$加速度 (m/s^2) = \frac{速度の変化量}{変化に要した時間} = \frac{終速度 (m/s) － 初速度 (m/s)}{変化に要した時間 (s)}$$

上式より，速度の単位が秒速なので，初速度 36km/h と終速度 72km/h を秒速に換算すると，1km = 1000m，1 h = 3600s より，

初速度は，$36km/h = 36 \times \frac{1000m}{3600s} = 10m/s$ となり，

終速度は，$72\text{km/h} = 72 \times \dfrac{1000\text{m}}{3600\text{s}} = 20\text{m/s}$ となる。

従って，加速度 $(\text{m/s}^2) = \dfrac{終速度(\text{m/s}) - 初速度(\text{m/s})}{変化に要した時間(\text{s})}$ より

$$= \dfrac{20 - 10}{10}$$

$$= 1\text{m/s}^2$$

ゆえに，答えは(1)となる。

【No.34】 エンジン回転速度 2400min^{-1}，ピストン・ストロークが100mmのエンジンの平均ピストン・スピードとして，**適切なもの**は次のうちどれか。

(1)　4 m/s

(2)　8 m/s

(3)　14.4m/s

(4)　28.8m/s

解 答え　(2)。

平均ピストン速度V (m/s) は，ピストンが1秒間にシリンダ内を何mの速さで動くかを表したもので，クランクシャフト1回転当たりのピストン移動距離2L（ツーストローク）に，クランクシャフト（エンジン）の毎秒回転速度N/60を掛けて求められる。

以上のことから，次の式により求められる。

$$V = 2L \times \frac{N}{60} = \frac{LN}{30} = \frac{0.1 \times 2400}{30} = 8\text{m/s}$$

ゆえに，答えは(2)となる。

(注) 平均ピストン速度の単位はm/sなので，ピストン・ストロークのmm単位をm単位に直して式に代入すること。

21・10（2 級ジーゼル登録）

試験問題実例

【No.11】 4サイクル・エンジン用電子制御式分配型インジェクション・ポンプで用いられている，回転速度センサの波形が下図のような場合，このときのエンジン回転速度として，**適切な**ものは次のうちどれか。

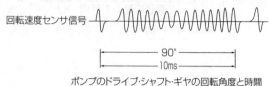

ポンプのドライブ・シャフト・ギヤの回転角度と時間

(1) 500min^{-1}
(2) 750min^{-1}
(3) 1500min^{-1}
(4) 3000min^{-1}

解 答え (4)。

設問では，インジェクション・ポンプのドライブ・シャフト・ギヤの回転角度と時間として，90°と10msが設定されているので，ポンプが1回転，すなわちドライブ・シャフト・ギヤが1回転（360°）で要する時間は10ms×4倍=40msで，このときのエンジン回転数は2回転している。（インジェクション・ポンプの回転は常にエンジン回転の1/2回転のため，ポンプが1回転しているならば，エンジン回転数は2回転していることになる。）

従って，40ms間でエンジン回転数が2回転するならば，60秒間（1分間）では何回転するかを求めれば良いことになる。

以上のことから，次の比の計算式が成り立ち求められるが，40msを秒に換算しておく必要がある。

40msを秒に換算すると，$40 \times \dfrac{1}{1000} = 0.04$s

$0.04\text{s} : 2\text{回転} = 60\text{s} : x\text{回転}$

$x \times 0.04 = 2 \times 60$

$x = \dfrac{2 \times 60}{0.04} = 3000$

ゆえに，答えは(4)となる。

【No.31】 図(1)の特性を持つ温度センサを図(2)の回路に用い，計測した温度が100℃の場合，コントロール・ユニットに入力される信号端子の電圧値として，**適切なもの**は次のうちどれか。ただし，配線の抵抗はないものとする。

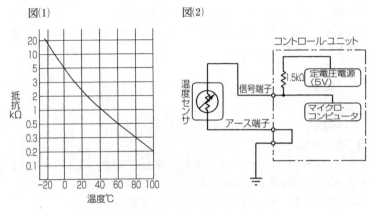

(1) 約 0.59V
(2) 約 1.25V
(3) 約 2.32V
(4) 約 3.54V

解 答え (1)。

図(1)の温度センサ特性から100℃のときの抵抗値を読み取ると 0.2kΩ である。

よって，5V 定電圧電源からアース間は直列回路であるため，この間の合成抵抗は，1.5kΩ + 0.2kΩ = 1.7kΩ であり，この回路に流れる電流は

$\dfrac{5V}{1.7kΩ} ≒ 2.94mA$ となる。

従って，信号端子電圧となる電圧は，信号端子とアース間の電圧降下であるため，2.94mA × 0.2kΩ ≒ 0.588V になる。

また，別解として単純に直列回路の分圧を利用して，次の計算式から求めても良い。

試験問題実例

$$信号端子電圧 = \frac{0.2k\Omega}{(1.5k\Omega + 0.2k\Omega)} \times 5V \fallingdotseq 0.588V$$

ゆえに，答えは(1)となる。

【No.32】　自動車が，こう配抵抗 500N の路面を，72km/h の一定速度で走行しているときの出力が 90kW だった。このときの駆動力として，**適切なものは次のうちどれか**。

(1)　3500N

(2)　4000N

(3)　4500N

(4)　5000N

解 **答え** (3)。

出力（仕事率）はワット（W）の単位で表し，1 秒間に 1 ジュール（J = N·m）の仕事量をする割合が 1 ワット（W）になる。

従って，出力（W）は次の式で表すことができる。

$$出力（W）= \frac{仕事量（J）}{時間（s）} = \frac{力（N）\times 距離（m）}{時間（s）} = 力（N）\times 速度（m/s）$$

上式より，速度の単位が秒速なので，時速 72km/h を秒速に換算すると，1km = 1000m，1h = 3600s より，

$$72km/h = 72 \times \frac{1000m}{3600s} = 20m/s\ となる。$$

また，出力 90kW を W に換算すると，1kW = 1000W なので，90kW = 90 × 1000W = 90000W となる。

よって，出力（W）= 力（N）× 速度（m/s）より，

$$力（N）= \frac{出力（W）}{速度（m/s）} = \frac{90000}{20} = 4500N\ となる。$$

ゆえに，答えは(3)となる。

—280—

22・3（3級シャシ登録）

【No.21】 図のようにかみ合ったギヤA, B, C, DのギヤAをトルク150N・mで回転させたときのギヤDのトルクとして，**適切なもの**は次のうちどれか。ただし，伝達による損失はないものとし，ギヤBとギヤCは同一の軸に固定されている。なお，（　）内の数値はギヤの歯数を示す。

(1) 60.5N・m
(2) 93N・m
(3) 186N・m
(4) 372N・m

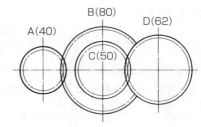

解 答え (4)。

ギヤAをトルク150N・mで回転させたとき，ギヤDのトルクは，ギヤA〜ギヤDまでの伝達される歯車比に比例するから，次の式により求められる。

$$歯車比 = \frac{出力側歯数}{入力側歯数} = \frac{ギヤBの歯数 \times ギヤDの歯数}{ギヤAの歯数 \times ギヤCの歯数}$$

$$= \frac{80 \times 62}{40 \times 50}$$

$$= 2.48$$

出力側のトルクは歯車比に比例することから，ギヤDのトルクは，150N・m×2.48＝372N・mとなる。

ゆえに，答えは(4)となる。

【No.26】 自動車で90km離れた場所を往復したところ3時間36分かかった。このときの平均速度として，**適切なもの**は次のうちどれか。

試験問題実例

(1) 25km/h

(2) 26.8km/h

(3) 50km/h

(4) 53.6km/h

解 答え (3)。

平均速度V(km/h)は，全体を通じて物が移動した距離L(km)を，全体を通じて要した所要時間 t (h)で割って求めた速度のことで，式で表すと次のようになる。

$$平均速度V(km/h) = \frac{全走行距離L(km)}{所要時間 t (h)}$$

従って，全走行距離は 90km を往復するので，90km × 2 = 180km となり，所要時間は 3 時間 36 分なので時間に換算すると

$$(3×60) + 36 = 216分 \Rightarrow \frac{216}{60} = 3.6h となることから，$$

平均速度V(km/h)は，$\frac{180km}{3.6h} = 50km/h$ となる。

ゆえに，答えは(3)となる。

22・3 （3 級ガソリン登録）

【No.23】　1 シリンダ当たりの燃焼室容積が60cm^3，圧縮比が9の4シリンダ・エンジンの総排気量として，**適切なもの**は次のうちどれか。

(1) 240cm^3

(2) 480cm^3

(3) 1,920cm^3

(4) 2,160cm^3

解 答え (3)。

圧縮比は，吸入された空気がどれだけ圧縮されたかを表す数値で，図

1のようにピストンが下死点にあるときのピストン上部の容積（排気量V＋燃焼室容積v）と，ピストンが上死点にあるときのピストン上部の容積（燃焼室容積v）との比をいう。

従って，圧縮比は次の式で表すことができる。

$$圧縮比 = \frac{排気量 + 燃焼室容積}{燃焼室容積}$$

$$= \frac{排気量}{燃焼室容積} + 1$$

圧縮比の式からも分かるように，1シリンダ当たりの排気量を算出することができる。また，総排気量は排気量×シリンダ数で求められる。以上のことから，次のように求められる。

図1

V：排気量 cm^3
v：燃焼室容積 cm^3

1シリンダ当たりの排気量は，

$$圧縮比 = \frac{排気量}{燃焼室容積} + 1 \text{ より}$$

排気量 =（圧縮比 − 1）×燃焼室容積
　　　 =（9 − 1）× 60
　　　 = 480 cm^3 となる。

よって総排気量は，V_T = 1シリンダ当たりの排気量×シリンダ数
　　　　　　　　　 = 480 × 4 = 1,920 cm^3

ゆえに，答えは(3)となる。

【No.24】 図のようなT型レンチでAとBに250Nの力を加えて矢印の方向に回転させたときの締め付けトルクが85N·mの場合，AからBまでの寸法として，**適切なもの**は次のうちどれか。

(1) 17cm
(2) 25cm
(3) 34cm
(4) 38cm

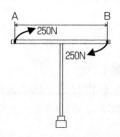

解 答え (3)。

次図のようなT型レンチに,向きが反対で大きさが等しい一対になった平行な力が働くことを,「偶力」といい,偶力が作用するときのO点周りのトルクTは,A側のトルクT_1とB側のトルクT_2の和になる。

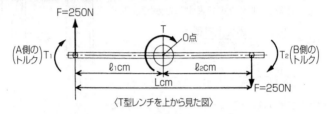

〈T型レンチを上から見た図〉

従って,次の式により求められる。

O点周りのトルク $T = T_1 + T_2 = (F \times \ell_1) + (F \times \ell_2)$
$= F \times (\ell_1 + \ell_2) = F \times L$

この式を変形してLを求めると,

$$T = F \times L \Rightarrow L = \frac{T}{F} = \frac{85 \text{N} \cdot \text{m}}{250 \text{N}} = 0.34 \text{ m}$$

よって,0.34 mをcmに換算すると $0.34 \times 100 = 34$ cm

ゆえに,答えは(3)となる。

【No.27】 図に示す電気回路において,電流計Aが1.5Aを表示したときの抵抗Rの抵抗値として,**適切なもの**は次のうちどれか。ただし,バッテリ及び配線等の抵抗はないものとする。

(1) 0.5 Ω
(2) 2 Ω
(3) 3 Ω
(4) 4 Ω

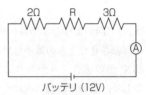

解 答え (3)。

電圧が12 Vで,回路に流れた電流が1.5 Aならば,この直列回路の合成抵抗は 12 V ÷ 1.5 A = 8 Ωとなる。

従って，抵抗を直列に接続したときの合成抵抗は，接続された抵抗値の総和（8Ω＝2Ω＋R＋3Ω）となることから，

未知抵抗R＝8Ω－（2Ω＋3Ω）＝3Ωとなる。

ゆえに，答えは(3)となる。

22・3（3級ジーゼル登録）

【No.21】 圧縮比が20，エンジンの排気量が1900cm³の燃焼室容積として，**適切なもの**は次のうちどれか。

(1) 95cm³
(2) 100cm³
(3) 190cm³
(4) 200cm³

解 答え (2)。

圧縮比は，吸入された空気がどれだけ圧縮されたかを表す数値で，図1のようにピストンが下死点にあるときのピストン上部の容積（排気量V＋燃焼室容積v）と，ピストンが上死点にあるときのピストン上部の容積（燃焼室容積v）との比をいう。

従って，圧縮比は次の式で表すことができる。

$$圧縮比 = \frac{排気量 + 燃焼室容積}{燃焼室容積}$$

$$= \frac{排気量}{燃焼室容積} + 1$$

圧縮比の式からも分るように，燃焼室容積を算出することができる。

以上のことから，次のように求められる。

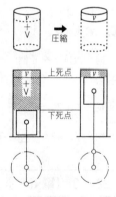

図1

V：排気量 cm³
v：燃焼室容積 cm³

試験問題実例

$$圧縮比 = \frac{排気量}{燃焼室容積} + 1 \, より,$$

$$燃焼室容積 = \frac{排気量}{(圧縮比 - 1)}$$

$$= \frac{1900}{(20 - 1)}$$

$$= 100cm^3$$

ゆえに，答えは(2)となる。

【No.23】 6Ωの抵抗3個を並列接続したときの合成抵抗として，**適切なもの**は次のうちどれか。

(1) 0.5Ω

(2) 2Ω

(3) 6Ω

(4) 18Ω

解 答え (2)。

同じ抵抗 r を n 個，並列に接続した場合の合成抵抗は $R = \dfrac{r}{n}$ で求められる。

従って，$R = \dfrac{r}{n} = \dfrac{6\,Ω}{3} = 2\,Ω$ となる。

ゆえに，答えは(2)となる

22・3 (電気装置登録)

【No.12】 スタータの特性テストを行ったところ，電流300A，トルク18 N・m，回転速度2000min^{-1}の結果が得られた。このときのスタータの出力として，**適切なもの**は次のうちどれか。ただし，円周率(π) = 3.14として計算しなさい。

(1) 約 0.75kW
(2) 約 1.88kW
(3) 約 3.76kW
(4) 約 4.06kW

解 答え (3)。

スタータの出力は次の式より求めることができる。ただし、求める単位がkWのため、前もって公式に $\frac{1}{1000}$ 倍してある。

> P：スータ出力 kW
> π：円周率（π）
> T：スタータトルク N·m
> N：スタータ回転速度 min^{-1}

$$P = \frac{2\pi TN}{60} \times \frac{1}{1000}$$

$$= \frac{2 \times 3.14 \times 18 \times 2000}{60 \times 1000} \fallingdotseq 3.76 \text{ kW}$$

ゆえに、答えは(3)となる。

22・3 (2級ガソリン登録)

【No.32】 図に示すバルブ機構において、バルブを全開にしたときに、バルブ・スプリングのばね力（荷重）が350N（F_2）とすると、そのときのカムの頂点に掛かる力（F_1）として、**適切なもの**は次のうちどれか。

(1) 250N
(2) 490N
(3) 500N
(4) 640N

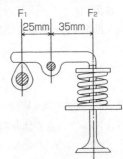

解 答え (2)。

「テコのトルクのつりあい条件」より、(作用点の力×作用点から支点までの距離)＝(力点の力×力点から支点までの距離)の計算式を立てて求めると、次のようになる。

$F_1 \times L_1 = F_2 \times L_2$

$F_1 = \dfrac{F_2 \times L_2}{L_1}$

$F_1 = \dfrac{350\,\text{N} \times 35\,\text{mm}}{25\,\text{mm}}$

$\quad = 490\,\text{N}$

ゆえに、答えは(2)となる。

【No.34】 図に示す電気回路において、電流計Aが示す電流値として、**適切なもの**は次のうちどれか。ただし、バッテリ及び配線等の抵抗はないものとする。

(1) 1.5 A
(2) 6 A
(3) 12 A
(4) 24 A

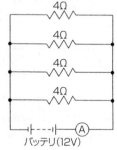

解 答え (3)。

同じ抵抗 r を n 個並列に接続した場合の合成抵抗は、次の式より求められる。

$$R = \dfrac{r}{n} = \dfrac{4}{4} = 1\,\Omega$$

従って、全電圧 E (V) が 12 V で、全抵抗 R (Ω) が 1 Ω なので、全電流 I (A) は、オームの法則より次のように求められる。

－288－

$$I(A) = \frac{E(V)}{R(\Omega)} = \frac{12V}{1\Omega} = 12A$$

ゆえに，答えは(3)となる。

22・3 (2級ジーゼル登録)

【No.31】 次の諸元を有するトラックの最大積載時の前軸荷重について，**適切なもの**は次のうちどれか。ただし，乗員1人当たりの荷重は550Nで，その荷重は前軸上に作用し，又，積載物の荷重は荷台に等分布にかかるものとする。

ホイールベース	5,600mm	乗車定員	2人
空車時前軸荷重	34,500N	荷台内側長さ	6,700mm
空車時後軸荷重	28,500N	リヤ・オーバハング (荷台内側まで)	2,550mm
最大積載荷重	63,000N		

(1) 38,600N
(2) 39,150N
(3) 44,600N
(4) 45,150N

解 答え (3)。

最初に荷台オフセットを求める必要がある。荷台オフセットとは，後軸から荷台中心までの距離で，一般には，次図のように後軸より前方に荷台中心がある。

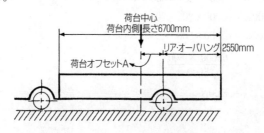

―289―

試験問題実例

荷台オフセットをAとすれば，図からわかるように，荷台オフセットは荷台内側寸法の1/2の長さ－リヤ・オーバハング量なので，次の式により求められる。

$$荷台オフセット = \frac{(荷台内側寸法)}{2} - リヤ・オーバハング量$$

$$= \frac{6700}{2} - 2550 = 3350 - 2550$$

$$= 800\text{mm}となる。$$

次に積載時前軸荷重は，空車時前軸荷重34500Nに乗員荷重2人×550N＝1100N（乗員重心が前軸上にあるので，1100Nがそのまま前軸に加わる。）と，荷物63000Nによる前軸荷重増加分が加わった値となる。

従って，次図に示すように，荷物63000Nによる前軸荷重増加分を x とすると，後軸には63000N － x の荷重がかかり，これらの荷重が後軸から800mmの位置にある荷物の重心を支点として，力のモーメントがつり合っていると考えれば，次の関係式が成り立ち，前軸荷重増加分 x を求められる。

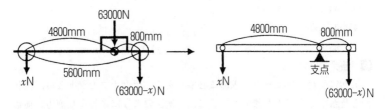

$$x \times 4800 = (63000 - x) \times 800$$
$$4800x = 63000 \times 800 - 800x$$
$$5600x = 63000 \times 800$$
$$x = \frac{63000 \times 800}{5600}$$
$$= 9000\text{N}$$

よって，空車時前軸荷重34500Nの他に，乗員荷重1100Nと，荷物による前軸荷重増加分の9000Nが加わるので，

積載時前軸荷重＝ 34500N ＋ 1100N ＋ 9000N ＝ 44600N

ゆえに，答えは(3)となる。

【No.32】 図に示す電気回路において，電圧計Vが示す値として，**適切なものは次のうちどれか。**ただし，バッテリ及び配線等の抵抗はないものとし，電圧計Vの内部抵抗は無限大とする。

(1) 3.2V
(2) 4.8V
(3) 6.4V
(4) 11.2V

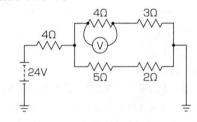

解　答え　(3)。

設問の回路は，直・並列回路なので，まず4Ωと3Ω並びに5Ωと2Ωの並列部分はそれぞれ7Ωの抵抗に置き換えることができ，同じ抵抗Rをn個並列に接続した場合の合成抵抗Xは，次の式より求められる。

$$X = \frac{R}{n} = \frac{7}{2} = 3.5 \ \Omega$$

よって，この回路は4Ωと3.5Ωの抵抗を直列接続した回路となることから，全合成抵抗Rは，R＝4Ω＋3.5Ω＝7.5Ωとなり，回路に流れる電流Iは24V÷7.5Ω＝3.2Aとなる。

また，4Ωと3Ω並びに5Ωと2Ωの並列部分に流れる電流は上下共同じ合成抵抗なので，3.2A÷2＝1.6Aが上下に分かれて流れる。

従って並列部分の4Ωの抵抗に1.6Aが流れたときの電圧降下は，1.6A×4Ω＝6.4Vとなる。

ゆえに，答えは(3)となる。

試験問題実例

22・10（3級シャシ登録）

【No.22】 図に示す電流計Aに4A流れた場合，R_1の抵抗値として，**適切なもの**は次のうちどれか。ただし，R_1とR_2は同じ値とし，バッテリ及び配線等の抵抗はないものとする。

(1) 3Ω
(2) 4Ω
(3) 6Ω
(4) 8Ω

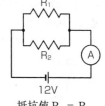

抵抗値 $R_1 = R_2$

解 答え (3)。

電圧が12Vで回路に流れた電流が4Aならば，この回路の合成抵抗は12V÷4A＝3Ωとなる。また，この設問は並列回路で，R_1とR_2は同じ値であることから，同じ抵抗Rをn個並列に接続した場合の合成抵抗Xは，次の式より求められる。

$$X = \frac{R}{n}$$

従って，同じ抵抗値を2個並列接続して合成抵抗Xが3Ωになることから，未知抵抗R_1は上記の式より次のように求められる。

$$X = \frac{R}{n} \Rightarrow R = X \times n = 3Ω \times 2 = 6Ω となる。$$

ゆえに，答えは(3)となる。

【No.27】 トルク・レンチに図のようなアダプタを取り付けて締め付けたとき，トルク・レンチの読みが65N･mだった。このときのナットの締め付けトルクとして，**適切なもの**は次のうちどれか。

(1) 65N･m
(2) 84.5N･m
(3) 130N･m
(4) 169N･m

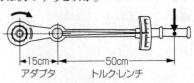

―292―

解 答え (2)。

トルク・レンチの目盛りに表示されるトルク(T)の数値は,握りに加えた力(F)とトルク・レンチの有効長さ(L)の積で表示される構造であり,次図のようにアダプタを取り付けた場合,Aの位置でのトルクではなく,Bの位置でのトルクとなる。

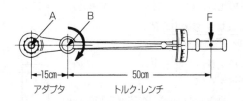

アダプタ　トルク・レンチ

従って,トルク・レンチの読みが65N·mで,トルク・レンチの有効長さが50cm = 0.5 m ならば,ナットを締め付け時に握りに加えた力(F)は,T(トルク) = F(力) × L(長さ)より,

$$F = \frac{T}{L} = \frac{65\text{N·m}}{0.5\text{m}} = 130\text{N となる。}$$

よって,アダプタを取り付けてナットを締め付けるトルクは,握りに加えた130Nの力とナットまでの長さ(アダプタ長さ0.15m + トルク・レンチの有効長さ0.5m) = 0.65mの積によって求められるので,

T = F × L = 130N × (0.15 + 0.5)m = 84.5N·m となる。

ゆえに,答えは(2)となる。

(注) トルクの単位がN·mなので,長さの単位cmをm単位に直して式に代入すること。

22·10 (3級ガソリン登録)

【No.11】 排気量480cm³,燃焼室容積が60cm³のガソリン・エンジンの圧縮比として,**適切なものは**次のうちどれか。

(1) 9　　(2) 8　　(3) 7　　(4) 6

試験問題実例

解　答え (1)。

圧縮比は，吸入された空気がどれだけ圧縮されたかを表す数値で，図1のようにピストンが下死点にあるときのピストン上部の容積（排気量V＋燃焼室容積v）と，ピストンが上死点にあるときのピストン上部の容積（燃焼室容積v）との比をいう。

従って，圧縮比は次の式で表すことができる。

$$圧縮比 = \frac{排気量 + 燃焼室容積}{燃焼室容積}$$

$$= \frac{排気量}{燃焼室容積} + 1$$

この式より，排気量480cm³，燃焼室容積60cm³のガソリン・エンジンの圧縮比は，

$$圧縮比 = \frac{排気量 + 燃焼室容積}{燃焼室容積}$$

$$= \frac{480}{60} + 1$$

$$= 9$$

ゆえに，答えは(1)となる。

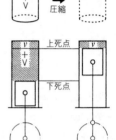

図1

V：排気量 cm³
v：燃焼室容積 cm³

【No.24】　図に示すベルト伝達機構において，Aのプーリが2,100min⁻¹で回転しているとき，Bのプーリの回転速度として，**適切なもの**は次のうちどれか。ただし，滑り及び機械損失はないものとして計算しなさい。なお，図中の（　）内の数値はプーリの有効半径を示す。

(1)　1,400min⁻¹
(2)　1,750min⁻¹
(3)　2,520min⁻¹
(4)　3,150min⁻¹

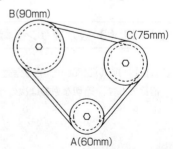

—294—

試験問題実例

解 答え (1)。

Aのプーリが2,100min⁻¹で回転しているとき，Bのプーリの回転速度は，両プーリの円周比（＝半径比）に反比例するから，次の式より求められる。

$$\frac{\text{Bのプーリの回転速度}}{\text{Aのプーリの回転速度}} = \frac{\text{Aのプーリの半径}}{\text{Bのプーリの半径}} \text{ より,}$$

$$\text{Bのプーリの回転速度} = \text{Aのプーリの回転速度} \times \frac{\text{Aのプーリの半径}}{\text{Bのプーリの半径}}$$

$$= 2,100\text{min}^{-1} \times \frac{60}{90} = 1,400\text{min}^{-1}$$

ゆえに，答えは(1)となる。

22・10（3級ジーゼル登録）

【No.21】 1シリンダ当たりの燃焼室容積が30cm³，圧縮比が20の6シリンダ・エンジンの総排気量として，**適切なもの**は次のうちどれか。

(1) 2280cm³

(2) 2400cm³

(3) 3420cm³

(4) 3600cm³

解 答え (3)。

圧縮比は，吸入された空気がどれだけ圧縮されたかを表す数値で，図1のようにピストンが下死点にあるときのピストン上部の容積（排気量V＋燃焼室容積v）と，ピストンが上死点にあるときのピストン上部の容積（燃焼室容積v）との比をいう。

従って，圧縮比は次の式で表すことができる。

$$\text{圧縮比} = \frac{\text{排気量} + \text{燃焼室容積}}{\text{燃焼室容積}}$$

$$= \frac{\text{排気量}}{\text{燃焼室容積}} + 1$$

-295-

試験問題実例

圧縮比の式からも分るように，1シリンダ当たりの排気量を算出することができる。また，総排気量は排気量×シリンダ数で求められる。

以上のことから，次のように求められる。
1シリンダ当たりの排気量排気量は，

$$圧縮比 = \frac{排気量}{燃焼室容積} + 1$$

排気量 = (圧縮比 − 1) × 燃焼室容積
　　　= (20 − 1) × 30
　　　= 570cm³ となる。

よって総排気量は，

V_T = 1シリンダ当たりの排気量×シリンダ数
　　= 570 × 6 = 3420cm³

ゆえに，答えは(3)となる。

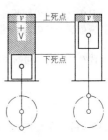

図1

V：排気量 cm³
v：燃焼室容積 cm³

【No.23】 図に示す回路の合成抵抗として，**適切なもの**は次のうちどれか。ただし，バッテリ及び配線等の抵抗はないものとする。

(1) 2.2Ω
(2) 3.6Ω
(3) 7Ω
(4) 12Ω

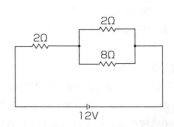

解 答え (2)。

設問の回路は，直・並列回路なので，まず2Ωと8Ωの並列部分の合成抵抗をXとして求める。抵抗を並列に接続したときの合成抵抗は，接続された抵抗値の逆数の和の逆数となるから，

$$X = \cfrac{1}{\cfrac{1}{2}+\cfrac{1}{8}} = \cfrac{1}{\cfrac{10}{16}} = 1 \times \cfrac{16}{10} = 1.6\,\Omega\;となる。$$

従って，この回路は2Ωと1.6Ωの抵抗を直列接続した回路となることから，全合成抵抗Rは，R = 2Ω+1.6Ω=3.6Ωとなる。

ゆえに，答えは(2)となる。

22・10（2級ガソリン登録）

【No.32】 図の回路においてA，B間の電圧として，**適切なものは**次のうちどれか。ただし，バッテリ及び配線等の抵抗はないものとして計算すること。

(1) 2.4 V
(2) 4.0 V
(3) 5.6 V
(4) 9.6 V

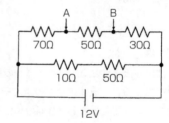

解 答え (2)。

単純に直列回路の分圧を利用して求めると次のようになる。

$$AB間の電圧 = \frac{50\,\Omega}{(70\,\Omega + 50\,\Omega + 30\,\Omega)} \times 12V = 4V$$

ゆえに，答えは(2)となる。

別解として，順序立てて求めてみるとAB間の電圧を求めるには，AB間に流れている電流を求める必要がある。回路は上側に70Ωと50Ω並びに30Ωが直列になっている回路と，下側に10Ωと50Ωが直列になっている回路で構成され，回路全体では上下で並列回路であるから，電源の12Vは上下の回路に等しく加わっていることになる。

よって，上側の70Ωと50Ω並びに30Ωが直列になっている回路部分に流れる電流は，

$$I = \frac{12 \text{ V}}{(70 \text{ Ω} + 50 \text{ Ω} + 30 \text{ Ω})} = 0.08 \text{ A となり,}$$

ＡＢ間の電圧は$E = I \times R = 0.08 \times 50 = 4$ Vとなる。

ゆえに，答えは(2)となる。

【No.35】 図に示す油圧装置でピストンＡの直径が25mm，ピストンＢの直径が75mmの場合，ピストンＡを300Nの力で押したとき，ピストンＢにかかる力として，**適切なもの**は次のうちどれか。

(1) 0.9kN
(2) 1.8kN
(3) 2.7kN
(4) 3.6kN

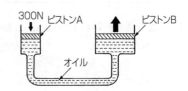

解 答え (3)。

油圧の伝達において，パスカルの原理により密閉された液体の一部に圧力を加えると，液体の全ての点でそれと同じだけの圧力が増加するので，ピストンＡ側とピストンＢ側の単位面積当たりの圧力は等しいことになる。

従って，次の関係式が成り立つ。

　（ピストンＡ側の油圧）　　　　　　（ピストンＢ側の油圧）

$$\frac{F_1(\text{N})}{S_1(\text{mm}^2)} \quad\quad = \quad\quad \frac{F_2(\text{N})}{S_2(\text{mm}^2)}$$

また，断面積の比は，内径（直径）の自乗の比に等しいので，ピストンＡ側の内径をD_1，ピストンＢ側の内径をD_2とすると，上式は次のように置き換えることが出来る。

$$\frac{F_1}{S_1} = \frac{F_2}{S_2} \quad \Rightarrow \quad \frac{F_1}{(D_1)^2} = \frac{F_2}{(D_2)^2}$$

従って，この式よりピストンＢ側に発生する力を求めると，

$$F_2 = F_1 \times \left(\frac{D_2}{D_1}\right)^2 = 300 \text{ N} \times \left(\frac{75}{25}\right)^2 = 2700\text{N} = 2.7\text{kN}$$

ゆえに，答えは(3)となる。

22・10（2級ジーゼル登録）

【No.31】 駆動輪の有効半径が0.4mの自動車が速度72km/hで走行しているときの駆動輪の回転速度として，**適切なもの**は次のうちどれか。ただし，タイヤのスリップはないものとし，円周率は3.14とする。

(1) 約 120min⁻¹

(2) 約 239min⁻¹

(3) 約 478min⁻¹

(4) 約 956min⁻¹

解 **答え** (3)。

駆動輪の回転速度から自動車の速度(km/h)を求めるには，駆動輪が1回転したときの進行距離 $2\pi r$ (有効円周)に駆動輪回転速度を掛け，回転速度1分間当たりを1時間当たりにするため60倍し，さらに，m単位をkm単位に直す必要から1000で割って求められる。

以上のことから，次の式により求められるので，この式より駆動輪の回転速度を逆算すると，

$$\text{車速} = \frac{\text{駆動輪の有効円周}(2\pi r) \times \text{駆動輪回転速度} \times 60}{1000}$$

$$\text{駆動輪の回転速度} = \frac{\text{車速} \times 1000}{\text{駆動輪の有効円周}(2\pi r) \times 60}$$

$$= \frac{72 \times 1000}{2 \times 3.14 \times 0.4 \times 60}$$

$$= 477.7\cdots\text{min}^{-1} \text{となる。}$$

ゆえに，答えは(3)となる。

試験問題実例

【No.32】 図に示すレッカー車の空車時の前軸荷重が11,000N, 後軸荷重が5,500Nである場合, ワイヤに5,000Nの荷重をかけたときの後軸荷重として, **適切なもの**は次のうちどれか。ただし, 吊り上げによるレッカー車の重心の移動はないものとする。

(1) 7,000N
(2) 10,000N
(3) 12,500N
(4) 19,500N

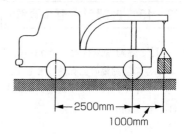

解 答え (3)。

レッカー車の後軸から1000mmの所に5000Nの荷重がかかっているので, この荷重に対して丁度つり合う後軸の支持力すなわち後軸荷重の増加分をxNとすれば, 次図のように前軸周りの力のモーメントのつり合い条件より, 次の関係式が成り立ち求められる。

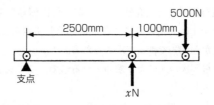

$$x\,\mathrm{N} \times 2500\mathrm{mm} = 5000\mathrm{N} \times (2500\mathrm{mm} + 1000\mathrm{mm})$$

$$x = \frac{5000\mathrm{N} \times 3500\mathrm{mm}}{2500\mathrm{mm}}$$

$$= 7000\,\mathrm{N}(後軸荷重増加分)$$

従って, つり上げたときの後軸荷重は, 元々の後軸荷重5500Nに, さらに7000Nの荷重が加わるので, 5500N+7000N=12500Nとなる。

ゆえに, 答えは(3)となる。

23・3 (3級シャシ登録)

【No.21】 図に示す回路の合成抵抗が4Ωの場合，Rの抵抗値として，**適切なもの**は次のうちどれか。ただし，バッテリ及び配線等の抵抗はないものとする。

(1) 3Ω
(2) 4Ω
(3) 8Ω
(4) 12Ω

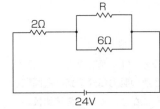

解 答え (1)。

設問の回路は直・並列回路であり，2Ωの抵抗とRΩと6Ωの並列部分の合成抵抗Xをたしたものが，回路全体の合成抵抗4Ωとなる。

従って，RΩと6Ωの並列部分の合成抵抗Xは，回路全体の合成抵抗4Ωから2Ωを差し引いた値，すなわち4Ω－2Ω＝2Ωとなる。

また，抵抗を並列に接続したときの合成抵抗は，接続された抵抗値の逆数の和の逆数となることから，設問のRΩは次のように求められる。

$$2 = \frac{1}{\frac{1}{R} + \frac{1}{6}} \text{ より,}$$

$$\frac{1}{R} = \frac{1}{2} - \frac{1}{6} = \frac{3-1}{6}$$

$$\frac{1}{R} = \frac{2}{6}$$

$$R = 3 \; \Omega$$

ゆえに，答えは(1)となる。

【No.26】 図に示す前進4段のトランスミッションで第2速のときの変速比として，**適切なもの**は次のうちどれか。ただし，図中の（ ）内の数値はギヤの歯数を示す。

－301－

試験問題実例

(1) 1.6
(2) 2
(3) 4
(4) 7

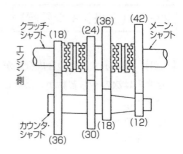

解 答え (3)。

第2速の動力伝達経路は右図に示すようになり，ギヤの変速比は

$\dfrac{\text{出力側ギヤ歯数}}{\text{入力側ギヤ歯数}}$で求められる。従って，

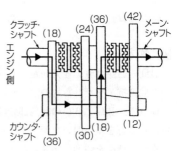

第2速の変速比 $= \dfrac{36}{18} \times \dfrac{36}{18}$

$= 4$ となる。

ゆえに，答えは(3)となる。

23・3（3級ガソリン登録)

【No.26】 図に示す電気回路において，電流計Aの電流値が2.4Aの場合，Rの抵抗値として，**適切なもの**は次のうちどれか。ただし，バッテリ及び配線等の抵抗はないものとする。

(1) 1Ω
(2) 2Ω
(3) 3Ω
(4) 5Ω

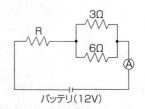

-302-

解　答え　(3)。

電圧が12Vで回路に流れた電流が2.4Aならば，この回路の合成抵抗は12V÷2.4A＝5Ωとなる。

また，設問の回路は直・並列回路であり，RΩの抵抗と3Ωと6Ωの並列部分の合成抵抗をたしたものが，回路全体の合成抵抗5Ωとなる。

従って，3Ωと6Ωの並列部分の合成抵抗をXとして，まず並列部分の合成抵抗を求め，次に回路全体の合成抵抗5Ωから求めた並列部分の合成抵抗Xを差し引いた値がRΩとなる。

以上のことから次のように求められる。

抵抗を並列に接続したときの合成抵抗は，接続された抵抗値の逆数の和の逆数となるから，

$$X = \frac{1}{\frac{1}{3}+\frac{1}{6}} = \frac{1}{\frac{3}{6}} = 1 \times \frac{6}{3} = 2\,\Omega となる。$$

よって，R＝5Ω－2Ω＝3Ωとなる。

ゆえに，答えは(3)となる。

【No.27】　図に示すトルク・レンチのピン部に400Nの力をかけて，ナットを150N・mのトルクで締付けるとき，トルク・レンチのAの長さとして，**適切なものは次のうちどれか。**

(1)　30cm
(2)　37.5cm
(3)　60cm
(4)　75cm

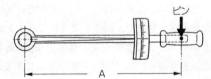

解　答え　(2)。

トルク・レンチの目盛りに表示されるトルク(T)の数値は，ピンにかけた力(F)とトルク・レンチの有効長さ(L)の積で表示される構造であり，式で表すと次のようになる。

　　T(トルク)＝F(力)×L(長さ)

試験問題実例

従って，400Nの力でナットを締め付けたときのトルク・レンチの目盛りが150N・mになるには，トルク・レンチのAの長さは，

$$T = F \times L \text{より}, \quad L = \frac{T}{F} = \frac{150\text{N·m}}{400\text{N}} = 0.375\text{m となる。}$$

長さの単位をcm単位に直すと，1m＝100cmなので，
0.375×100cm＝37.5cm
ゆえに，答えは(2)となる。

23・3（3級ジーゼル登録）

【No.21】 次に示す諸元のエンジンの圧縮比について，**適切なもの**は次のうちどれか。ただし，円周率は3.14として計算し，小数点第2位以下を切り捨てなさい。

(1) 16.3
(2) 17.3
(3) 17.6
(4) 18.6

○シリンダ内径 ：120mm
○ピストン行程 ：130mm
○燃焼室容積 ：90cm³

解 答え (2)。

圧縮比は，吸入された空気がどれだけ圧縮されたかを表す数値で，図1のようにピストンが下死点にあるときのピストン上部の容積（排気量V＋燃焼室容積v）と，ピストンが上死点にあるときのピストン上部の容積（燃焼室容積v）との比をいう。

従って，圧縮比は次の式で表すことができる。

$$\text{圧縮比} = \frac{\text{排気量} + \text{燃焼室容積}}{\text{燃焼室容積}}$$

$$= \frac{\text{排気量}}{\text{燃焼室容積}} + 1$$

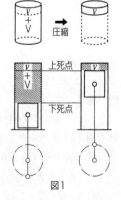

図1

—304—

式からも分るように、圧縮比を求めるには、まず排気量の値を算出する必要がある。従って、排気量はピストンが下死点から上死点に移動する間にピストンが排出できる容積で、図2に示した内径D及びピストン行程Lの円柱体積V（円の面積×高さ）となるので、次のように求められる。

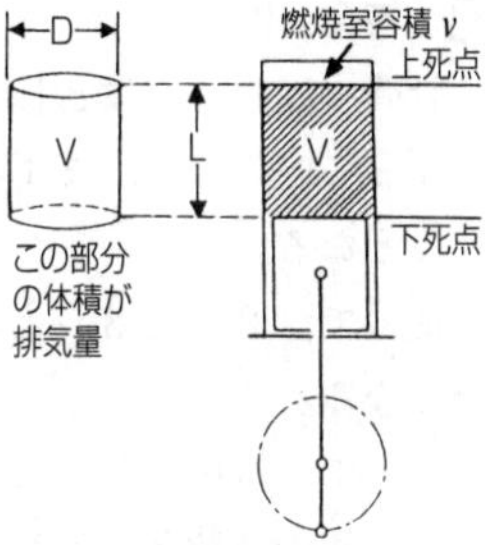

$$V = (半径)^2 \times \pi \times ピストン・ストローク$$
$$= \left(\frac{D}{2}\right)^2 \times \pi \times L$$
$$= \frac{D^2}{4} \times \pi \times L$$
$$= \frac{12^2}{4} \times 3.14 \times 13$$
$$= 1469.5 \text{cm}^3$$

図2

ただし、
V：排気量cm³
D：シリンダ内径cm
L：ピストン・ストロークcm
π：円周率3.14

となるから、圧縮比は、

$$圧縮比 = \frac{排気量}{燃焼室容積} + 1 \text{ より}$$
$$= \frac{1469.5}{90} + 1$$
$$= 17.3$$

ゆえに、答えは(2)となる。

（注）排気量の単位はcm³なので、内径及びストロークの単位mmをcm単位に直して式に代入すること。

【No.23】 図に示すA－B間の合成抵抗が2Ωの場合、RΩの抵抗値として、**適切な**ものは次のうちどれか。ただし、配線の抵抗はないものとする。

(1) 1Ω
(2) 3Ω
(3) 5Ω
(4) 7Ω

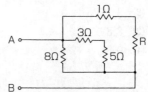

試験問題実例

解 **答え** (2)。

設問の回路は全体としては並列回路であるが，3Ωと5Ωの抵抗が直列になっているので，まずこの部分の合成抵抗を求めておくと3Ω＋5Ω＝8Ωとなる。

従って，8Ωと8Ωと（1Ω＋RΩ）の並列回路全体の合成抵抗が2Ωをとなる。

よって，抵抗を並列に接続したときの合成抵抗は，接続された抵抗値の逆数の和の逆数となることから，設問のRΩは次のように求められる。

$$2 = \cfrac{1}{\cfrac{1}{(1\,\Omega + R\,\Omega)} + \cfrac{1}{8} + \cfrac{1}{8}} \quad より$$

$$\frac{1}{(1\,\Omega + R\,\Omega)} = \frac{1}{2} - \frac{2}{8} = \frac{4-2}{8}$$

$$\frac{1}{(1\,\Omega + R\,\Omega)} = \frac{2}{8}$$

$$R = 4\Omega - 1\Omega$$

$$= 3\Omega$$

ゆえに，答えは(2)となる。

23・3 （電気装置登録）

【No.11】 スタータの負荷特性テストを行ったところ320Aの電流が流れた。バッテリの起電力を12V，その内部抵抗を0.01Ωとしたときのスタータの端子電圧として，**適切なもの**は次のうちどれか。ただし，配線などの抵抗はないものとして計算しなさい。

(1) 3.2V

(2) 3.75V

(3) 8.8V

(4) 9.8V

－306－

解 答え (3)。

内部抵抗0.01Ωのバッテリに320Aの電流が流れたときの電圧降下は，320A×0.01Ω＝3.2Vだから，このときのスタータの端子電圧は，バッテリの端子電圧12Vよりこの電圧降下分3.2Vを差し引いた値となる。

従って，スタータ端子電圧＝12V－3.2V＝8.8Vとなる。

ゆえに，答えは(3)となる。

23・3 （2級ガソリン登録）

【No.19】 図に示すプラネタリ・ギヤ・ユニットでプラネタリ・キャリヤを固定し，サン・ギヤを矢印の方向に1400回転させたときのインターナル・ギヤの回転方向と回転数の組合せとして，**適切なもの**は次のうちどれか。ただし，（　）内の数値はギヤの歯数を示す。

(1) 矢印と同じ方向に350回転
(2) 矢印と逆の方向に350回転
(3) 矢印と同じ方向に700回転
(4) 矢印と逆の方向に700回転

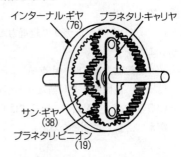

解 答え (4)。

プラネタリ・キャリヤを固定し，サン・ギヤを回転させると，プラネタリ・ピニオンが自転し，インターナル・ギヤはサン・ギヤと反対方向（逆の方向）に減速されて回転する。

また，サン・ギヤが入力，インターナル・ギヤが出力の場合の変速比は，次のようになる。

$$変速比 = \frac{インターナル・ギヤ歯数}{サン・ギヤ歯数}$$

$$= \frac{76}{38}$$

$$= 2$$

従って,出力側の回転数は変速比に反比例することから,インターナル・ギヤの回転数は,1400÷2＝700となる。

ゆえに,答えは(4)となる。

【No.28】 電解液の比重(20℃)が1.10の12V鉛バッテリの起電力として,**適切なもの**は次のうちどれか。
(1) 11.1V
(2) 11.4V
(3) 11.7V
(4) 12.0V

解 答え (3)。

1セル当たりのバッテリの起電力と比重の関係は,次の計算式で概略を知ることができる。

起電力≒0.85＋比重値

従って,設問の1セル当たりの起電力≒0.85＋比重値より,0.85＋1.10＝1.95Vとなり,12V鉛バッテリでは6セルのため,1.95×6＝11.7Vとなる。

ゆえに,答えは(3)となる。

【No.32】 図に示す方法で前軸荷重6000Nの乗用車をつり上げたとき,レッカー車のワイヤにかかる荷重として,**適切なもの**は次のうちどれか。ただし,つり上げによる重心の移動はないものとする。
(1) 1500N
(2) 4500N
(3) 4545N
(4) 4875N

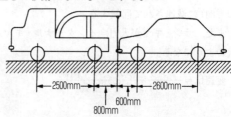

解 答え (4)。

乗用車をワイヤでつり上げると，次図に示すように乗用車の後軸が支点となり，乗用車の前軸荷重6000Nを，ワイヤと後軸で分担して支えることになる。

この場合，ワイヤが分担する荷重をxNとすれば，乗用車後軸周りの力のモーメントのつり合いにより，次の計算式が成り立ち求められる。

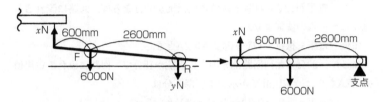

$$x \times (600 + 2600) = 6000 \times 2600$$

$$x = \frac{6000 \times 2600}{3200}$$

$$= 4875\text{N}$$

ゆえに，答えは(4)となる。

【No.35】 図に示す電気回路において，電圧計Vが示す値として，**適切なもの**は次のうちどれか。ただし，バッテリ及び配線等の抵抗はないものとする。

(1) 3V
(2) 4.8V
(3) 6.8V
(4) 9V

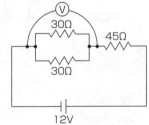

解 答え (1)。

設問の回路は，直・並列回路なので，まず30Ωの同じ抵抗2個を並列に接続した部分の合成抵抗をXとして求める。

同じ抵抗 r を n 個並列に接続した場合の合成抵抗は，次の式より求められる。

$$X = \frac{r}{n} = \frac{30}{2} = 15\,\Omega$$

従って，この回路は15Ωと45Ωの抵抗を直列接続した回路となることから，全合成抵抗Rは，R＝15Ω＋45Ω＝60Ωとなる。

また，電圧が12Vで回路全体の合成抵抗が60Ωならば，回路に流れる電流値はオームの法則より，

電流＝電圧÷抵抗＝12V÷60Ω＝0.2Aとなる。

よって，30Ωの並列回路部分の合成抵抗が15Ωで，回路に流れる電流値が0.2Aならば，電圧計Vが示す電圧降下分は，

電圧＝電流×抵抗＝0.2A×15Ω＝3Vとなる。

ゆえに，答えは(1)となる。

23・3 （2級ジーゼル登録）

【No.11】 4サイクル・エンジン用電子制御式分配型インジェクション・ポンプで用いられている，回転速度センサの波形が下図のような場合，このときのエンジン回転速度として，**適切なもの**は次のうちどれか。

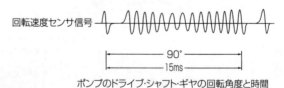

ポンプのドライブ・シャフト・ギヤの回転角度と時間

(1) $500\,\text{min}^{-1}$
(2) $1000\,\text{min}^{-1}$
(3) $1500\,\text{min}^{-1}$
(4) $2000\,\text{min}^{-1}$

解 答え (4)。

設問では，インジェクション・ポンプのドライブ・シャフト・ギヤの回転角度と時間として，90°と15msが設定されているので，ポンプが1回転，すなわちドライブ・シャフト・ギヤが1回転（360°）で要する時間は15ms×4倍＝60msで，このときのエンジン回転数は2回転している。（インジェクション・ポンプの回転は常にエンジン回転の1/2回転のため，ポンプが1回転しているならば，エンジン回転数は2回転していることになる。）

従って，60ms間でエンジン回転数が2回転するならば，60秒間（1分間）では何回転するかを求めれば良いことになる。

以上のことから，次の比の計算式が成り立ち求められるが，60msを秒に換算しておく必要がある。

60msを秒に換算すると，$60 \times \dfrac{1}{1000} = 0.06s$

$$0.06\ s : 2回転 = 60\ s : x 回転$$
$$x \times 0.06 = 2 \times 60$$
$$x = \dfrac{2 \times 60}{0.06} = 2000$$

ゆえに，答えは(4)となる。

【No.31】 図(1)の特性を持つ温度センサを図(2)の回路に用い，コントロール・ユニットに入力される信号端子の電圧値が1.25Vの場合，計測した温度として，**適切な**ものは次のうちどれか。ただし，配線の抵抗はないものとする。

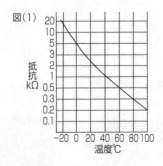
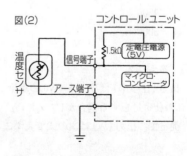

—311—

試験問題実例

(1)　約40℃

(2)　約60℃

(3)　約80℃

(4)　約100℃

解　**答え**　(2)。

5V定電圧電源から温度センサ経由でのアース間は直列回路であるため，信号端子の電圧値が1.25Vの場合，1.5kΩの両端では，

5V－1.25V＝3.75Vの電圧降下が生じることになる。

従って，この場合，回路に流れている電流は，$\dfrac{3.75\text{V}}{1.5\text{k}\Omega}$ ＝2.5mA となる。

また，信号端子電圧となる電圧は，信号端子とアース間の電圧降下であるため，温度センサの抵抗値をXとすると，1.25V＝2.5mA×X より，

X＝1.25V÷2.5mA＝0.5kΩになる。

よって，図(1)の温度センサ特性から0.5kΩのときの抵抗値を読み取ると60℃である。

ゆえに，答えは(2)となる。

【No.32】　自動車が36km/hの一定の速度で走行しているときの出力が40kWだった。このときの駆動力として，**適切なもの**は次のうちどれか。

(1)　3500N

(2)　4000N

(3)　4500N

(4)　5000N

解　**答え**　(2)。

出力（仕事率）はワット（W）の単位で表し，1秒間に1ジュール（ J ＝N・m）の仕事量をする割合が1ワット（W）になる。

従って，出力（W）は次の式で表すことができる。

－312－

$$出力(W) = \frac{仕事量(J)}{時間(s)} = \frac{力(N) \times 距離(m)}{時間(s)} = 力(N) \times 速度(m/s)$$

上式より，速度の単位が秒速なので，時速36km/hを秒速に換算すると，
1 km = 1000m, 1 h = 3600sより，

$$36km/h = 36 \times \frac{1000m}{3600s} = 10m/s となる。$$

また，出力40kWをWに換算すると，
1 kW = 1000Wなので，40kW = 40×1000W = 40000Wとなる。
よって，出力(W) = 力(N) × 速度(m/s)より，

$$力(N) = \frac{出力(W)}{速度(m/s)} = \frac{40000W}{10m/s} = 4000N となる。$$

ゆえに，答えは(2)となる。

23・10（3級シャシ登録）

【No.21】 図のようにかみ合ったギヤA，B，C，DのギヤAをトルク140N·mで回転させたときのギヤDのトルクとして，**適切なもの**は次のうちどれか。ただし，伝達による損失はないものとし，ギヤBとギヤCは同一の軸に固定されている。なお，（ ）内の数値はギヤの歯数を示す。

(1) 70N·m
(2) 140N·m
(3) 280N·m
(4) 420N·m

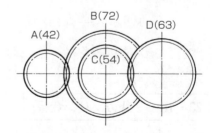

解 答え (3)。

ギヤAをトルク140N·mで回転させたとき，ギヤDのトルクは，ギヤA～ギヤDまでの伝達される歯車比に比例するから，次の式により求められる。

試験問題実例

ギヤA～ギヤDまでの歯車比

$$歯車比 = \frac{出力側歯数}{入力側歯数} = \frac{ギヤBの歯数 \times ギヤDの歯数}{ギヤAの歯数 \times ギヤCの歯数}$$

$$= \frac{72 \times 63}{42 \times 54}$$

$$= 2$$

出力側のトルクは歯車比に比例することから，ギヤDのトルクは，
140N・m × 2 ＝280N・mとなる。

ゆえに，答えは(3)となる。

【No.22】 9 Ωの抵抗3個を並列に接続したときの合成抵抗として，**適切な
ものは次のうちどれか。**

(1)　3 Ω

(2)　6 Ω

(3)　18Ω

(4)　27Ω

解 答え (1)。

同じ抵抗 r を n 個並列に接続した場合の合成抵抗は，次の式より求められる。

$$R = \frac{r}{n} = \frac{9}{3} = 3 \, \Omega$$

ゆえに，答えは(1)となる。

23・10（3級ガソリン登録）

【No.24】 図のようなT型レンチでAとBに250Nの力を加えて矢印の方向
に回転させたときの締め付けトルクが95N・mの場合のAからBまでの
寸法として，**適切なものは次のうちどれか。**

－314－

(1) 17cm
(2) 25cm
(3) 34cm
(4) 38cm

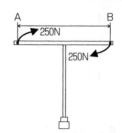

解 答え (4)。

次図のようなT型レンチに，向きが反対で大きさが等しい一対になった平行な力が働くことを，「偶力」といい，偶力が作用するときのO点周りのトルクTは，A側のトルクT_1とB側のトルクT_2の和になる。

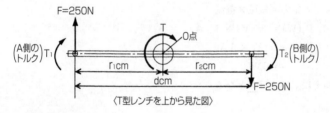

〈T型レンチを上から見た図〉

従って，式で表すと次のようになる。

O点周りのトルク $T = T_1 + T_2 = (F \times r_1) + (F \times r_2)$
$= F \times (r_1 + r_2)$
$= F \times d$

よって，上式の $T = F \times d$ より作用線間距離 d (cm) を求めると

$$d = \frac{T}{F} = \frac{95 \text{N} \cdot \text{m}}{250 \text{N}} = 0.38 \text{m}$$

0.38mをcmに換算すると，0.38m = 0.38 × 1m = 0.38 × 100cm = 38cm
ゆえに，答えは(4)となる。

【No.25】 図に示す電気回路において，電球に12V用の電圧をかけたとき，電流計Aに5A流れたときの消費電力として，**適切なもの**は次のうちどれか。ただし，バッテリ及び配線等の抵抗はないものとする。

試験問題実例

(1) 24W
(2) 60W
(3) 120W
(4) 144W

解 答え (2)。

電気が単位時間に行う仕事の割合,すなわち,仕事率を電力(P)といい,電圧(E)と電流(I)の積で表され,単位には仕事率と同じW(ワット)を用いる。

従って,次のように求められる。

電力=電圧×電流
$$P(W) = E(V) \times I(A)$$
$$= 12V \times 5A$$
$$= 60W$$

ゆえに,答えは(2)となる。

23・10 (3級ジーゼル登録)

【No.21】 圧縮比が16,ピストンの行程容積(排気量)が960cm³の燃焼室容積として,**適切なもの**は次のうちどれか。

(1) 60cm³
(2) 64cm³
(3) 120cm³
(4) 128cm³

解 答え (2)。

圧縮比は,吸入された空気がどれだけ圧縮されたかを表す数値で,図1のようにピストンが下死点にあるときのピストン上部の容積(排気量V+燃焼室容積v)と,ピストンが上死点にあるときのピストン上部の容積(燃

—316—

焼室容積v)との比をいう。

従って，圧縮比は次の式で表すことができる。

$$圧縮比 = \frac{排気量 + 燃焼室容積}{燃焼室容積}$$

$$= \frac{排気量}{燃焼室容積} + 1$$

よって，圧縮比の式から次のように求められる。

$$燃焼室容積 = \frac{排気量}{(圧縮比 - 1)}$$

$$= \frac{960}{(16-1)}$$

$$= 64 cm^3 \quad となる。$$

ゆえに，答えは(2)となる。

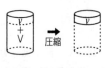

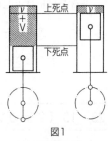

図1
V：排気量cm^3
v：燃焼室容積cm^3

【No.23】 図に示す電流計Aに6A流れた場合，R_1の抵抗値として，**適切なものは次のうちどれか**。ただし，R_1とR_2は同じ値とし，バッテリ及び配線等の抵抗はないものとする。

(1) 3Ω
(2) 4Ω
(3) 6Ω
(4) 8Ω

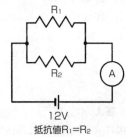

抵抗値$R_1 = R_2$

解 答え (2)。

電圧が12Vで回路に流れた電流が6Aならば，この回路の合成抵抗は，12V ÷ 6A = 2Ωとなる。

また，この設問は並列回路で，R_1とR_2は同じ値であることから，同じ抵抗Rをn個並列に接続した場合の合成抵抗Xは，次の式より求められる。

$$X = \frac{R}{n}$$

従って，同じ抵抗値を2個並列接続して合成抵抗Xが2Ωになることから，未知抵抗R₁は上記の式より次のように求められる。

$$X = \frac{R}{n} \Rightarrow R = X \times n = 2\Omega \times 2 = 4\Omega となる。$$

ゆえに，答えは(2)となる。

23・10（2級ガソリン登録）

【No.12】 図に示すトランジスタの電流増幅回路において，電流増幅率が80のとき，定格電圧12Vのランプを定格点灯させるために必要なベース電流の最小値として，**適切なもの**は次のうちどれか。ただし，バッテリ及び配線等の抵抗はないものとする。

(1) 0.4mA
(2) 2.5mA
(3) 16mA
(4) 30mA

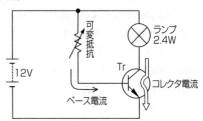

解 答え (2)。

図に示すランプ点灯回路では，トランジスタTrにベース電流を流せば，コレクタ電流が流れてランプが点灯する。このときベース電流とコレクタ電流の間には次のような関係がある。

コレクタ電流＝電流増幅率×ベース電流

従って，先にコレクタ電流を求めると，定格電圧12Vの2.4Wのランプのため，2.4W÷12V＝0.2Aとなり，mAに換算すると，

0.2A＝0.2×1A＝0.2×1000mA＝200mAとなる。

よって，ベース電流はコレクタ電流÷電流増幅率より，

200mA÷80＝2.5mAとなる。
ゆえに，答えは(2)となる。

【No.32】 図に示すバルブ機構において，バルブを全開にしたときに，バルブ・スプリングのばね力（荷重）が250N（F_2）とすると，そのときのカムの頂点に掛かる力（F_1）として，**適切なもの**は次のうちどれか。

(1) 175N
(2) 350N
(3) 625N
(4) 700N

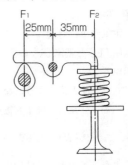

解 答え (2)。

この設問は次図に示すように，バルブ側のロッカ・アーム先端F_2に250Nの力をかけたとき，反対側であるカム側のロッカ・アーム先端F_1には何Nの力をかけたら，支点周りの力のモーメントがつり合うかを考えればよい。

従って，次の関係式が成り立ち求められる。

$F_1×L_1＝F_2×L_2$より，

$$F_1 = \frac{F_2 \times L_2}{L_1} = \frac{250 \times 35}{25}$$

＝350Nとなる。

ゆえに，答えは(2)となる。

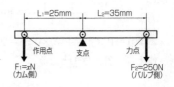

【No.34】 図に示す電気回路において，次の文章の（ ）に当てはまるものとして，**適切なもの**はどれか。ただし，バッテリ及び配線等の抵抗はないものとする。

12V用の電球を12Vの電源に接続したときの抵抗が3.6Ωである場合，この状態で30分間使用したときの電力量は（ ）である。

(1) 20Wh
(2) 40Wh
(3) 100Wh
(4) 1200Wh

解 答え (1)。

電気が単位時間に行う仕事の割合,すなわち,仕事率を電力(P)といい,電圧(E)と電流(I)の積で表され,単位には仕事率と同じW(ワット)を用いる。

式で表すと次のようになる。

電力=電圧×電流または(電圧)²×抵抗

$$P(W) = E(V) \times I(A) = \frac{E^2(V)}{R(\Omega)}$$

また,電力が単位時間内にする仕事の総量を電力量(Wp)といい,電力(P)と時間(t)の積で表され,単位はW・h(ワット時)が用いられる。

式で表すと次のようになる。

電力量=電力×時間

$$Wp(W\cdot h) = P(W) \times t(h)$$

以上のことから,次のように求められる。

$$P = \frac{E^2}{R} = \frac{12 \times 12}{3.6} = 40W \text{ なので,}$$

Wp = P × t = 40W × 0.5h = 20Wh となる。

ゆえに,答えは(1)となる。

23・10(2級ジーゼル登録)

【No.31】 下表の諸元を有する図のようなトラックにおいて,最大積載時の前軸荷重として,**適切なもの**は次のうちどれか。ただし,乗車1人550Nで,その荷重は前軸の中心に作用し,また,積載時による荷重は

荷台等分布にかかるものとして計算しなさい。

ホイールベース	3800mm
空車状態前軸荷重	18000N
空車状態後軸荷重	17000N
最大積載荷重	40000N
乗車定員	2名
荷台オフセット	760mm

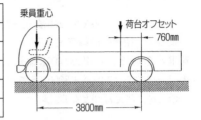

(1) 26000N
(2) 27100N
(3) 47900N
(4) 49000N

解 答え (2)。

積載時前軸荷重は，空車時前軸荷重18000Nに乗員定員荷重2人×550N＝1100N（乗員重心が前軸上にあるので，1100Nがそのまま前軸に加わる。）と，荷物40000Nによる前軸荷重増加分が加わった値となる。

従って，次図に示すように，荷物40000Nによる前軸荷重増加分をxNとすると，後軸には$(40000-x)$Nの荷重がかかり，これらの荷重が後軸から760mmの位置にある荷物の重心を支点として，力のモーメントがつり合っていると考えれば，次の関係式が成り立ち，前軸荷重増加分のxNが求められる。

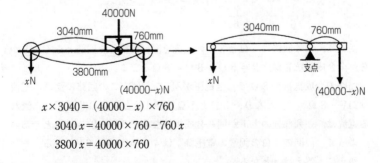

$$x \times 3040 = (40000 - x) \times 760$$
$$3040\,x = 40000 \times 760 - 760\,x$$
$$3800\,x = 40000 \times 760$$

試験問題実例

$$x = \frac{40000 \times 760}{3800}$$

$= 8000\text{N}$（前軸荷重増加分）

よって，積載時前軸荷重は元々の空車時前軸荷重18000Nの他に，乗員荷重=1100Nと，荷物40000Nによる前軸荷重増加分8000Nの荷重が加わるので，18000N＋1100N＋8000N＝27100Nとなる。

ゆえに，答えは(2)となる。

【No.32】 図に示す電気回路において，電圧計Vが示す値として，**適切なものは次のうちどれか**。ただし，バッテリ及び配線等の抵抗はないものとし，電圧計Vの内部抵抗は無限大とする。

(1)　3V
(2)　6V
(3)　9V
(4)　15V

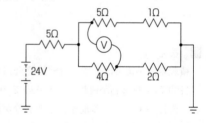

解　答え　(2)。

設問の回路は，直・並列回路なので，まず5Ω＋1Ω＝6Ω及び4Ω＋2Ω＝6Ωの並列部分の合成抵抗をXとして求める。抵抗を並列に接続したときの合成抵抗は，接続された抵抗値の逆数の和の逆数となるから，

$$X = \frac{1}{\frac{1}{6}+\frac{1}{6}} = \frac{1}{\frac{2}{6}} = 1 \times \frac{6}{2} = 3\,\Omega \text{となる。}$$

従って，この回路は5Ωと3Ωの抵抗を直列接続した回路となることから，全合成抵抗Rは，R＝5Ω＋3Ω＝8Ωとなる。

回路の合成抵抗が8Ωで，全電圧が24Vならば，この回路に流れる電流は24V÷8Ω＝3Aとなり，5Ωと1Ω及び4Ωと2Ωの並列部分に流れる電流は，並列部分の上下が同じ合成抵抗なので3A÷2＝1.5Aとなる。

よって，設問の4Ωの両端の電圧降下は4Ω×1.5A＝6Vとなる。

ゆえに，答えは(2)となる。

—322—

 MEMO

MEMO

自動車整備士の数学

1965年8月1日	初　版　発　行
2025年3月31日	改訂・増補83版第16刷発行

編著者　大須賀和美
発行者　木和田泰正
印刷所　三省堂印刷株式会社
発行所　㈱精文館

（検印省略）

〒102-0072　東京都千代田区飯田橋1-5-9
電話　03-3261-3293　振替　00100-6-33888

・乱丁、落丁本はおとりかえします
・Ⓒ2025 **ISBN978-4-88102-056-2 C2053**

精文館自動車図書ラインナップ
好 評 既 刊 の ご 案 内

（2025年2月現在）
※すべて税込価格

自動車整備士最新試験問題解説シリーズ

自動車整備士試験問題解説編集委員会　編

2 級ガソリン自動車	B6 版・¥1210
2 級ジーゼル自動車	B6 版・¥1210
3 級自動車ガソリン・エンジン	B6 版・¥1210
3 級自動車ジーゼル・エンジン	B6 版・¥1100
3 級自動車シャシ	B6 版・¥1210

「自動車整備士試験問題解説」シリーズが装いを新たに発売となりました。各科目とも検定・登録試験の問題を年度順に掲載し，多くの図版を用いてわかり易く，丁寧に解説しています。

自動車整備士試験問題実力養成テスト

精文館編集部　編

2 級ガソリン編	A4 版・66 頁・¥607
2 級ジーゼル編	A4 版・68 頁・¥607
3 級ガソリン編	A4 版・64 頁・¥607
3 級ジーゼル編	A4 版・64 頁・¥607
3 級シ ャ シ 編	A4 版・66 頁・¥660
2・3 級二輪自動車編	A4 版・66 頁・¥785

各編とも試験問題を各構造別に分類して出題してあり，巻末に答案用紙と模範解答を付けています。受験者が自分の実力を試すのに最適な問題集。